# TELLING TIME

# L'ÉLOGE DE L'HEURE

# TELLING TIME
# L'ELOGE DE L'HEURE

mudac
MUSÉE DE DESIGN
ET D'ARTS APPLIQUÉS
CONTEMPORAINS

5 CONTINENTS

# SOMMAIRE

# CONTENTS

# L'ÉLOGE DE L'HEURE

CHANTAL PROD'HOM
FABIENNE XAVIÈRE STURM

***Pourquoi* L'Éloge de l'heure ?**

Depuis longtemps, nous avons pu constater que l'extraordinaire savoir-faire des maîtres horlogers s'accompagne d'un certain classicisme formel récurrent. Cela nous a étonné par comparaison à la forte dynamique créatrice du design contemporain, suisse et international. Le mudac, seul musée de design en Suisse romande, région considérée comme un des berceaux de l'horlogerie mondiale, se devait un jour d'aborder le sujet avec indépendance d'esprit, approche ouverte qui doit être la marque de toute institution muséale. D'emblée, il n'a pas été question de monter une exposition d'horlogerie proprement dite ni d'être une vitrine des marques. Il a été choisi d'aborder le sujet de manière totalement inédite à ce jour.



Notre envie de fusionner nos deux regards complices a été immédiatement fondatrice dans le choix du parti pris : traiter de l'affichage de l'heure et non du temps. De la même façon spontanée, il a été évident d'instaurer un dialogue entre les horlogers traditionnels et les plasticiens et designers contemporains. Dès lors, une sélection rigoureuse tant historique qu'actuelle a dicté nos choix, certes subjectifs mais assumés. L'ensemble ainsi constitué se veut non exhaustif, mais toujours ciblé sur la question de la lecture de l'heure. L'exposition et le livre qui l'accompagne invitent à une promenade à la fois savante, poétique et surprenante, laquelle est affranchie de toute chronologie pour privilégier des thèmes. Nos quatre années de prospection ont validé notre intuition et permis de révéler l'extraordinaire richesse de cette approche.

***L'usage de l'heure est aussi l'usage du temps***

L'heure est dans la vie humaine une mesure qui peut être un carcan ou un bonheur, c'est selon. Quoi qu'il en soit, l'heure est définitivement une unité de mesure, calculée par l'homme, affinée par les horlogers qui l'ont traduite en de multiples divisions au fil des siècles. Elle est à la fois une durée précise : l'addition de 60 minutes, et une perception intérieure individuelle, longue ou courte, insuffisante ou trop pleine… Si la montre l'est, l'heure, elle, n'est pas fonctionnelle comme peut l'être une chaise ; pour s'en servir, nous avons soit la liberté d'en définir l'usage, soit une contrainte de la remplir, et lui donner ainsi, des deux manières, sa fonction de repère.

***L'heure des cadrans***

L'heure des cadrans est toujours et sans ambiguïté celle de l'instant précis, celle qui s'échappe à peine captée dans une course ininterrompue. Chiffrées ou scandées par des points ou des traits, les formulations horaires que mettent en place les horlogers sur les cadrans poursuivent leur matérialisation dans un objet de design que chaque époque a su produire. L'exposition met en évidence les innombrables déclinaisons de l'affichage de l'heure : montres, horloges, projections, installations, sons, odeurs, publications et tant d'autres supports qui témoignent de notre besoin de savoir l'heure qu'il est.

***Design horloger***

Au côté des horlogers, concepteurs de mouvement, mécaniciens de précision, ingénieurs, les designers en horlogerie sont des accoucheurs de formes qui permettent à l'heure de s'exprimer visuellement dans des habillages particuliers. Ils explorent de nombreuses pistes en s'attachant à revisiter des formes ou des affichages du passé, en trouvant des solutions porteuses d'anticipation sur un futur possible, en perturbant parfois les conventions.

### *Design d'auteur* versus *art plastique*

Le grand avantage des approches multiples est de s'approprier le domaine hors de la convention horlogère. Les créateurs sont incités à jouer plus librement sur le mode de l'appropriation, du détournement, de l'humour, de la poésie, de l'absurde. On constate cependant que la frontière ici, entre design d'auteur et art plastique, reste floue. La consigne fonctionnelle du design est dépassée, voire détournée au profit d'une interprétation personnelle. Lorsque le designer Maarten Baas convoque des balayeurs pour aligner des déchets formant sur le sol les aiguilles d'une horloge, il les oblige à recréer le passage du temps pendant 12 heures en poussant les détritus. Il fait ici œuvre d'artiste plasticien s'exprimant, avec sens et humour, par la performance. Valentin Carron, en implantant de grosses aiguilles noires sur un tableau monochrome rouge, installe le flou. Est-ce un tableau ? Est-ce une horloge ? Les deux, direz-vous. Mais est-ce bien sûr ? L'œuvre intitulée *10.51*, de Jorge Macchi, est exemplaire de l'expression de l'absurde. Dans ce bégaiement de l'aiguille qui bute à la frontière entre le mur et le plafond à 10h51, l'artiste traduit l'impuissance de l'heure à avancer et notre propre paralysie devant la définition du temps.

L'exposition donne aussi une tribune à une des traditions populaires parmi les plus fidèles, celle du monde des coucous. Grâce aux jeunes créateurs, ce folklore réactivé devient très attachant et amusant. La petite maison, l'oiseau qui en sort à chaque heure, l'iconographie entre forêt et montagne, offrent un formidable terrain à l'expression renouvelée de ces clichés.

### *Notre aventure partagée*

Nous avons souhaité créer avec ce livre une géographie singulière autour de l'exposition, en invitant d'autres regards pour cerner et à la fois ouvrir notre propos.

L'histoire strictement horlogère de l'affichage est abordée avec précision par Arnaud Tellier qui fait le tour des époques et des inventions compliquées d'une insatiable imagination. De leur côté, les artistes interrogent cet arrêt sur image qu'est la lecture de l'heure ; ils s'en emparent pour nous amener à des propositions dépassant la simple information de *l'heure qu'il est*. Karine Tissot, avec le regard très riche porté par son essai, nous entraîne dans un généreux panorama de la scène contemporaine. Lorette Coen se concentre sur les travaux d'un artiste et d'un designer présents dans l'exposition, et fait résonner leur voix et leur individualité avec une belle pertinence. Stéphane Bonvin a répondu à notre demande d'aborder l'esprit du temps en insistant sur les accessoires qui meublent notre quotidien, formatant nos attitudes et nos comportements. Joël Vacheron traque l'utopie *new age* et nous projette dans un futur qualifié de certain par les concepteurs de The Clock, symbole de la *slow attitude*, censée fonctionner 10 000 ans. Nous avons souhaité donner la parole à la littérature en conviant André Wyss à évoquer la voix des poètes ; il nous rappelle que l'heure ne fait sens que par rapport à une communauté et les actions qui s'y déploient. La quête de longue haleine menée par Luc Debraine commente les heures figées par un drame naturel ou un fait historique et leur donne une forte dimension mémorielle.

Enfin, nous tenions à confier aux étudiants de l'École cantonale d'art de Lausanne la conception de la scénographie, leur offrant de répondre à un mandat pointu et complexe par la diversité des œuvres présentées. Le directeur de l'ECAL, Alexis Georgacopoulos, commente les enjeux et le résultat de l'exercice.

### *L'Éloge de la minute mystérieuse*

Cachée, parfois même absente, l'heure devient un secret. Souvent, on croit la saisir mais c'est un leurre. Par exemple, dans son avancée, l'aiguille flotte d'une minute à l'autre. Ce doux petit flou quasi imperceptible disparaît complètement dans l'affichage numérique, où le chiffre passe abruptement d'une minute à l'autre. Autrement dit, le digital nous met devant une information immédiatement définitive : il est 10:34. L'aiguille, elle, nous dit pendant 60 secondes : il est *entre* 10h34 et 10h35.

C'est précisément dans cet *entre* que se situe le mystère secret de l'exposition, et de notre intention…

# L'HEURE QU'IL EST… CHEZ LES HORLOGERS[1]

**ARNAUD TELLIER**

« Qu'est-ce donc que le temps ? Si personne ne m'interroge, je le sais ; si je veux répondre à cette demande, je l'ignore. » (saint Augustin, *Les Confessions*, livre XI, chapitre XIV).

### Pourquoi les cadrans de nos montres sont-ils divisés en 12 heures, 60 minutes et 60 secondes ?

L'heure que nous utilisons aujourd'hui, de façon commune, à savoir la division du jour en 24 heures, n'est officiellement normalisée que depuis 1918. Pour en comprendre l'application que nous en faisons maintenant, nous devons nous intéresser à la perception du temps qu'ont eue nos lointains ancêtres. Si la division naturelle du jour et de la nuit est la notion de temps la plus élémentaire qui soit, la compréhension du concept de temps est la chose la plus abstraite qui soit.

### « Tempus fugit »

Aristote fait du temps une propriété du mouvement ; il le définit en effet comme « le nombre du mouvement selon l'antérieur et le postérieur ».

Pour saint Augustin, le temps est fondamentalement privation d'être, puisqu'il est constitué de trois néants : le passé qui n'est plus, l'évanescent présent (dès qu'il est, il cesse d'être) et l'avenir qui n'est pas encore.

D'après Kant, le temps n'est pas un concept tiré de l'expérience, mais la forme *a priori* par laquelle notre sensibilité organise et coordonne les phénomènes ; c'est en quelque sorte le prisme à travers lequel tout homme appréhende le monde.

Bergson oppose le temps spatialisé de l'horloge, quantifiable et universel, aux divers temps qualitatifs et subjectifs que vit la conscience au gré de son humeur. Si ces éminents philosophes nous donnent leurs perceptions du « temps », pour le commun des mortels, le temps est avant tout le temps qui passe et qui s'écoule de façon inexorable vers la fin de notre vie. Il reste également un point de repère nous permettant de nous situer dans la durée.

Le mot « temps » nous vient du latin *tempus*, qui signifie avant tout « division du temps », « époque ».

### De la division du jour

La division du jour en heures est probablement d'origine chaldéenne. Les Chaldéens adoptent la base 60 – le système sexagésimal – car, selon eux, une année est découpée en six périodes de 60 jours, et, en astronomie, ils divisent le cercle en degrés et utilisent un degré de 60 minutes et une minute de 60 secondes.

Les Babyloniens comptent par couples d'heures, appelées *kaspar* (douze *kaspar* constituent un jour). C'est aux astronomes babyloniens que nous devons la notion du découpage de la journée.

Il y a 4 000 à 5 000 ans, leurs jours sont divisés en six périodes ou « veilles » : trois périodes du lever au coucher du Soleil et trois autres du coucher du Soleil à son lever. Puis, les périodes sont raccourcies donnant six « veilles » de jour et six de nuit.

Plus tard, la journée est divisée en douze heures doubles de jour et de nuit : chacune est de durée inégale car le calcul s'effectue sur des durées respectives du jour et de la nuit. Ainsi, les heures du jour en été sont plus longues que celles d'hiver et inversement. L'Égypte ancienne adopte le même système.

En Chine, le jour est divisé, de la même façon, en douze *toki*.
Le partage en douze heures s'explique sans doute par le fait que dans une année solaire, il y a environ douze lunaisons. L'année se divisant en douze, la journée a dû être divisée de manière identique.
La journée commence à des heures variables selon les calendriers : au lever du jour en Égypte ancienne et en Inde, à la tombée du jour chez les Juifs, les Musulmans et les Chinois. À Rome, elle débute à minuit.
Le mot « jour » nous vient du latin *diurnus*, dérivé de *dies*, le jour, la lumière.
En Grèce et à Rome, le temps est fractionné en heures temporaires pour les besoins courants. Le « nycthémère » – unité physiologique de temps – comportant une nuit (*nux*, *nuktos* en grec) et un jour (*hemera*) qui sont partagés en douze heures de nuit (du coucher au lever du Soleil) et en douze heures de jour (du lever au coucher du Soleil) de durée variable suivant la saison. Il en est ainsi à Rome jusqu'à la fin du Moyen Âge.

### Histoire d'« heure »

Avant le x$^{e}$ siècle avant J.-C., les heures sont personnifiées par des phénomènes naturels : rosée, brumes, chaleurs fertilisantes, etc.

Aux temps homériques (VIII$^{e}$ siècle avant J.-C.), les heures sont incarnées par des divinités mineures, mais bienfaisantes, compagnes des Nymphes et des Grâces, suivantes des dieux et des déesses comme Apollon, Déméter, Aphrodite. Au IV$^{e}$ siècle avant J.-C., les heures sont au nombre de quatre, personnifiant les saisons de l'année.
Au III$^{e}$ siècle avant J.-C., à Alexandrie, puis à Rome, les heures sont les douze compagnes de la déesse Aurore (*Eôs*, en grec). Celle-ci les place, chaque jour, dans le ciel à des intervalles réguliers, pour qu'elles guident le char du dieu Soleil. Ces douze *Hôrai* nous ont donné le mot « heure » (transcription du latin *horae*), qui lui-même vient du grec et signifie une « période de temps revenant régulièrement » ; un terme qui désigne donc toute division du temps sans distinction de durée : l'année, la saison et, par la suite, l'heure.
Pour les Romains, comme nous l'avons vu, l'heure est de durée variable : elle correspond à un douzième du temps compris entre le lever et le coucher du Soleil pour l'heure de jour, et l'inverse pour l'heure de nuit. Ainsi, l'heure du jour est plus courte en hiver qu'en été : elle est de trois quarts d'heure en décembre et une heure et quart en juin.

### De la minute

L'heure se divise en 60 unités appelées minutes. L'heure découpée en 60 minutes et en 3 600 secondes nous vient des Babyloniens (qui comptent en base 60) par l'intermédiaire des Grecs et des Romains. Le mot « minute » vient du latin médiéval *minuta* signifiant « menu ».

### De la seconde

La minute se divise en 60 unités appelées secondes. Elle est la 3 600$^{e}$ unité de l'heure et la 86 400$^{e}$ unité du jour. Elle est utilisée universellement comme unité de base du système international de mensuration du temps.
La seconde est définie en 1967 comme la durée de 9 192 631 770 périodes unitaires de la radiation correspondant à la transition entre les deux niveaux hyper fins de l'état fondamental de l'atome de césium 133 ; c'est la seconde atomique.

### De l'usage de l'heure et de son application aux cadrans de nos horloges et de nos montres

Une raison tout à fait logique fait que la division des cadrans de nos garde-temps s'effectue en douze heures, celle de la simple compréhension, de la lisibilité, de la lecture du cadran de l'horloge, puis de celui de la montre.
Comme nous l'avons vu, l'usage courant des heures variables – les heures temporaires ou les heures canoniques –, bien que répondant à une tradition religieuse, ne peut que difficilement être appliqué de façon mécanique. Les lois, purement mathématiques, de la division des engrenages ne peuvent que difficilement cohabiter avec celles de la spiritualité[2].
Ces contraintes physiques expliquent facilement l'abandon de ce type d'heures, la fin du Moyen Âge et l'avènement des idées des humanistes de la Renaissance parachevant leurs déclins. Notons tout de même qu'en Italie on fait usage encore tardivement d'horloges et de montres divisées en six heures, dont les mécanismes de sonnerie se répètent de la même façon quatre fois par jour.
L'occupation d'une grande partie de l'Europe par les troupes du général Bonaparte, l'avènement de l'Empire et l'uniformisation des différents types de mesure par la généralisation du système décimal font disparaître toutes les mesures anciennes.

L'essai de décimalisation du temps par la Révolution française s'avère pourtant un échec, avant tout dû au fait que le peuple n'y trouve pas son compte. Le repos hebdomadaire du dimanche sous le calendrier grégorien est alors substitué par la journée dite « décadi », chaque dix jours sous le calendrier républicain.
Le XIX<sup>e</sup> siècle est marqué par la révolution industrielle, la vapeur et le chemin de fer, l'électricité, la productivité et la rentabilité de toutes les entreprises. Durant tout ce siècle, de nombreuses conférences sur les poids et mesures vont se succéder. Du « Code civil » de Napoléon à la Inter-Allied Conference of International Scientific Organisations de Paris en 1918, que d'efforts pour arriver à universellement unifier notre temps ! Les conférences sur les méridiens et la division de notre planète en fuseaux horaires marquant le point d'aboutissement de ces travaux.
Si des unités de poids et de mesures spécifiques restent en vigueur dans certains pays anglo-saxons, le reste du monde s'évertue à appliquer les mêmes valeurs ; trouvant ainsi des « standards » compréhensibles à tout un chacun. Ces derniers remparts des temps anciens seront bientôt de l'ordre du passé ; les « temps modernes » ayant accompli leurs œuvres.

### De la division scientifique du temps

Après des millénaires d'évolution dans notre conception du temps, nous utilisons aujourd'hui le temps « moyen » ou « civil » ; une journée représentant 24 heures « civiles », étalonnées sur la durée de la « seconde atomique ».

En astronomie, il existe :
- le jour sidéral : c'est la durée de la rotation de la Terre sur elle-même (environ 23 heures 56 minutes et 4 secondes) ;
- l'heure sidérale : c'est un 24e du jour sidéral ; elle est donc plus courte que l'heure civile ;
- le jour solaire vrai : c'est l'intervalle de temps séparant deux levers, deux couchers ou deux passages du Soleil au même méridien. Il varie de 23 heures 59 minutes 39 secondes à 24 heures 0 minute 30 secondes, il vaut en moyenne 24 heures. Le jour solaire vrai est donc plus long que le jour sidéral à cause du mouvement de la Terre autour du Soleil ;
- l'heure solaire vraie : c'est 1/24e du jour solaire vrai ;
- le jour solaire moyen : il dure 24 heures et commence à midi, tandis que le jour civil commence à minuit.

La durée du jour solaire varie pour plusieurs raisons :
- la vitesse angulaire de la Terre tournant autour du Soleil est plus grande quand la Terre est proche du Soleil ; la Terre décrivant une ellipse autour du Soleil ;
- l'angle que doit encore parcourir la Terre pour ramener le Soleil à midi n'est pas le même suivant la distance Terre-Soleil ; il est plus grand quand cette distance est petite ;
- l'angle entre le plan orbite terrestre et le plan équatorial ; très incliné aux équinoxes, peu aux solstices.

On constate donc que la notion de temps n'est pas étalonnée de la même façon pour tout le monde.

### La naissance de l'horlogerie et des premières montres

L'horlogerie mécanique apparaît en Occident dans le courant du XIIIe siècle. Elle est le produit d'un effort collectif remontant à la plus haute antiquité pour tenter de mesurer le temps au moyen de cadrans solaires, de clepsydres, puis, beaucoup plus tard, de sabliers. Les premières horloges mécaniques sont de grandes dimensions. Il faut attendre près de trois siècles pour que la miniaturisation progressive de leurs composants et l'invention du ressort moteur (vers 1435) donnent naissance à ce petit « trésor » à porter sur soi qu'est la montre.
Aucun spécialiste ne se hasarde aujourd'hui à avancer une date précise, pas plus qu'un lieu ni le nom de l'inventeur de la montre ; l'Allemagne du Sud, l'Italie du Nord et la France sont les régions où y sont attestés, par des témoignages écrits ou peints, les premiers exemples peu avant 1500. Les plus anciennes montres encore existantes remontent aux années 1530-1550.
Au XVIe comme au XVIIe siècle, les composants des mouvements sont réalisés en laiton doré et fer, puis, avec l'évolution des technologies, en acier. Les mouvements sont dotés d'un échappement[3] à roue de rencontre dit *à verge*. Les premiers balanciers de ces garde-temps sont appelés *foliot* ; ils sont soit droits, soit circulaires. Dès la fin du XVIe siècle, on ne les trouve plus que de forme

circulaire. Pour limiter le phénomène de renversement du balancier, en cas de chocs conséquents, les horlogers utilisent des soies de porc qui limitent l'amplitude de celui-ci.

Très tôt, les horlogers ont essayé d'optimiser la marche de leurs appareils horaires. Pour réguler la force motrice, ils emploient un mobile supplémentaire, la fusée. Celle-ci est placée après le barillet (qui renferme le ressort moteur) et délivre au rouage une force à peu près égale entre le haut et le bas de l'armage dudit ressort. En Allemagne, les horlogers utilisent plutôt le *stackfreed*, un fort ressort (*stark*, fort ; *feder*, ressort), placé au dos du mouvement, qui régule la force du ressort de barillet en la freinant plus ou moins.

L'heure n'est alors mentionnée sur les montres qu'avec une seule aiguille ; le cadran, divisé en douze heures, étant généralement orné de chiffres romains. Il faut attendre l'invention du pendule et son application sur les horloges vers 1660 pour voir apparaître l'aiguille des minutes et, sur le cadran, le rail des minutes, subdivisé en 60, pour une meilleure lecture du temps. Avec l'invention du *spiral réglant* (1675), on voit sur les montres, vers 1680, les premières applications de l'aiguille des minutes.

Avec ces deux inventions dues à Christiaan Huygens, mathématicien, astronome et physicien hollandais, les garde-temps passent du statut d'objet d'apparat au statut d'objet scientifique[4].

Vers 1700, la quasi-totalité des montres sont dotées de l'aiguille des heures et de celle des minutes. Pour ce faire, les horlogers mettent au point un rouage supplémentaire, celui dit de « minuterie ».

Depuis le XVIII^e^ siècle, la montre évolue avec l'apport de nouveaux échappements et de nouveaux matériaux, permettant peu à peu une meilleure précision du mouvement.

On constate que l'aspect esthétique des garde-temps se modifie avec l'évolution technique de l'horlogerie et le goût artistique de chaque époque. La montre est alors un condensé des arts et des sciences de son temps.

Les horlogers ont donc de tous temps cherché à améliorer la précision de leurs mouvements, mais aussi d'en réduire la taille et de donner le maximum d'informations avec des mécanismes additionnels ; c'est-à-dire de multiplier les complications horlogères (réveil, sonnerie au passage de l'heure ou à la demande, quantième avec ou sans indications astronomiques, équation du temps, mesure intermédiaire du temps, automates, musiques, etc.). Une autre « lubie » des horlogers est d'inventer de nouveaux affichages de l'heure, dont voici quelques exemples concernant la montre.

### L'heure vagabonde et l'affichage jour et nuit

Dès la fin du XVII$^{e}$ siècle – alors que l'aiguille des minutes fait juste son apparition –, des horlogers inventent ce que l'on appelle les « heures vagabondes », où les aiguilles sont remplacées par un jeu de demi-cercles et de guichet. C'est le premier type d'affichage « digital » de l'heure, il occupe uniquement la moitié supérieure du cadran : à l'extérieur de celui-ci, un demi-cercle mentionne les minutes (en chiffres arabes) ; au centre, un cercle tournant muni d'un guichet indique les minutes, il parcourt le demi-cercle en une heure ; dans ce guichet apparaît alternativement, chaque 60 minutes, la nouvelle heure (en chiffres romains) ; à l'intérieur du cadran, un demi-cercle mentionne les quarts d'heure. La disposition du cadran, avec l'affichage de l'heure sur la moitié supérieure, laisse la moitié inférieure libre pour recevoir une décoration gravée de feuillage ou d'armoiries. Ce type de montre est parfois orné de plaques peintes sur émail avec des portraits ou l'effigie d'un monarque. Ces montres avec cadrans à heures vagabondes sont très en vogue en Angleterre à la fin du XVII$^{e}$ siècle. Elles sont souvent commanditées par la Cour pour être offertes à d'importants visiteurs ou données en reconnaissance de services rendus envers le pays.

Au milieu du XVIII$^{e}$ siècle, ce genre évolue en affichage dit « jour et nuit ». Il n'utilise également que la moitié supérieure du cadran : à l'extérieur du cadran, un demi-cercle mentionne les heures (en chiffres romains) ; dessous, une graduation indique les quarts ; au centre, un disque orné d'un Soleil et de la Lune tourne en 24 heures ; l'astre du jour donne l'heure du matin au soir et l'astre de la nuit celle du soir au matin. Cette disposition du cadran laisse donc la moitié inférieure libre pour recevoir un décor.

### Heures sonnantes et chantantes

La sonnerie est un dispositif qui permet d'indiquer l'heure en sonnant au passage ou à la demande. Les différents mécanismes de sonnerie se divisent comme suit :

- La sonnerie au passage dans laquelle les heures sont sonnées automatiquement. Ce système est le plus ancien, il apparaît dans les montres au XVI^e^ siècle ; on réalise ensuite des montres qui sonnent en passant les heures et les quarts.
- La sonnerie ou répétition à quarts, qui sonne un coup grave pour les heures et un double coup pour chaque quart écoulé ; le premier sur un timbre à son aigu et le second sur un timbre à son grave.
- La sonnerie ou répétition à demi-quarts, qui sonne les heures et les quarts comme la précédente, mais frappe en plus un coup sur un timbre à son aigu toutes les fois que les aiguilles marquent sept minutes et demie de plus qu'un quart.
- La sonnerie ou répétition à cinq minutes, qui sonne les heures comme les précédentes, puis un coup sur un timbre à son aigu, pour chaque cinq minutes écoulées, sans sonner les quarts.
- Un autre genre de répétition à cinq minutes sonne les heures et les quarts comme précédemment, plus un coup sur un timbre à son aigu, pour chaque cinq minutes qu'il y a en plus d'un quart.
- La sonnerie ou répétition à minutes, la plus compliquée, mais aussi la plus répandue de nos jours. Elle sonne les heures et les quarts comme précédemment, puis les minutes, ces dernières sur un timbre à son aigu.
- La *Grande Sonnerie* sonne les heures et les quarts en passant, c'est-à-dire automatiquement, et peut répéter à volonté, par l'action d'un poussoir, les heures et les quarts écoulés, voire les minutes.
- La *Petite Sonnerie* sonne automatiquement les heures et les quarts, mais sans répéter les heures aux quarts.
- Le réveil sonne à une heure fixée à l'avance de façon continue sur un timbre ; est généralement utilisé pour se réveiller à une heure précise.

Il existe aussi des répétitions où les quarts sont sonnés sur trois ou quatre timbres (voire cinq, six ou sept timbres) de tonalités différentes ; on les appelle généralement carillons ou « cathédrales ». De toutes ces sonneries, la répétition à quarts et celle à minutes sont de loin les plus répandues, les autres se rencontrent rarement.



Dans les garde-temps construits jusqu'à la fin du XVIII^e^ siècle, les timbres sont des cloches d'airain. Après 1800, on utilise des ressort-timbres qui sont des lames d'acier trempé. Les premières ont une section carrée, genre rapidement abandonné au profit de ressort-timbres à section circulaire. Parmi ceux produits au début du XIX^e^ siècle certains sont bleuis.

**Les heures du monde**

Le modèle qui vient d'être cité utilise des mobiles qui tournent en 24 heures ; on les retrouve employés dans un nouveau type de montre qui apparaît vers 1780 : les « heures du monde ». Cette invention permet ainsi de connaître l'heure de différents endroits du globe. Sur les plus anciens exemples connus, la partie du fond du boîtier où sont gravés les noms des villes ou les lieux du globe terrestre est fixe ; le cadran central, gradué deux fois des chiffres horaires de 1 à 12, effectue un tour en 24 heures, à contresens de la rotation de l'aiguille des heures, renseignant ainsi sur l'heure locale de chacun de ces endroits. Cette lecture de l'heure tient plus du domaine de la curiosité car elle ne peut alors avoir d'usage concret. On ne téléphone pas encore à l'autre bout de la planète et on ne fait pas *de facto* attention à l'heure locale de notre correspondant américain ou asiatique ! Durant tout le XIX^e^ siècle et le XX^e^ siècle vont se succéder de nombreuses inventions dans ce domaine donnant naissance à des montres aux allures très variées (parfois double face, parfois dotées de multiples cadrans, etc.). Les toutes dernières – celles du XXI^e^ siècle – emploient même un petit globe terrestre tournant sur lui-même en 24 heures, qui n'est pas sans rappeler les horloges à planétaire dont l'invention remonte au XIV^e^ siècle (voir l'horloge de St Albans près de Londres [vers 1330-1340] de Richard de Wallingford ou l'*Astrarium* [1348-1364] de Giovanni Dondi à Padoue).

**L'affichage bras-en-l'air**

Une tout autre idée est de supprimer les aiguilles des cadrans et de les remplacer par une figurine qui, à la demande, lève ses bras afin de donner l'heure sur deux demi-cercles. Ce type, dit « bras-en-l'air », apparaît à la fin du XVIII^e^ siècle et reste en vogue une vingtaine d'années, avant d'être réinterprété à la période Art déco, puis repris et adapté – comme beaucoup d'autres idées – aux montres-bracelets de ces trente dernières années.

### Les aiguilles rétrogrades et extensibles

On voit également paraître à la fin du XVIIIe siècle les aiguilles rétrogrades. Là aussi, l'heure, la minute, voire la seconde, sont indiquées par des demi-cercles avec leurs aiguilles respectives qui, en fin de course, reviennent d'un coup au début de la graduation. Plus compliquées et beaucoup plus rares sont les aiguilles dites extensibles. Dans ce cas, la montre ou le cadran sont de forme ovale et les aiguilles s'allongent et se rétrécissent selon leurs positions. Connue sur une montre londonienne de la fin du XVIIe siècle, cette invention est reprise à la toute fin du XVIIIe siècle, toujours par un horloger anglais.

### Les heures mystérieuses

Autre genre, l'heure mystérieuse. Là, les aiguilles sont comme suspendues en l'air au milieu du cadran vitré. On doit cette invention, dès 1836, à Jean-Eugène Robert, horloger puis illusionniste ; le « rénovateur de la magie moderne ». Devenu Robert-Houdin en 1843, il construit de nombreuses pendules où le cadran est remplacé par deux disques transparents qui portent chacun l'aiguille des heures et l'aiguille des minutes. Ces disques sont entraînés par des courroies ou sont enchâssés dans des cercles métalliques dentés qui engrènent avec les mobiles du mouvement d'horlogerie, d'où l'illusion.

### Les heures digitales

Tout au long du XIXe siècle, on retrouve des montres dont l'affichage est dit « digital », les heures et les minutes, voire les secondes, sont peintes ou imprimées sur des disques et apparaissent dans des guichets, en lieu et place des traditionnelles aiguilles. De nombreux systèmes sont brevetés à la fin de ce siècle et au début du XXe siècle, à une période où la montre est largement démocratisée.
Comme on voit, il n'y a pas de limite à l'imagination des horlogers, seules les contraintes de la mécanique les arrêtent dans leurs efforts. Aujourd'hui, avec le regain d'intérêt que connaît l'horlogerie, les jeunes horlogers et créateurs continuent de nous éblouir avec de nouveaux systèmes d'affichage de l'heure.

1. Le titre de cet article fait référence au titre français de l'ouvrage – incontournable – de David S. Landes (1924-2013), *L'Heure qu'il est. Les horloges, la mesure du temps et la formation du monde moderne* (Paris, Gallimard, trad. de l'anglais par Pierre-Emmanuel Dauzat et Louis Évrard, 1987 ; ouvrage paru sous le titre de *Revolution in Time : Clocks and the Making of the Modern World*, Harvard, Belknap Press of the Harvard University Press, 1983).
2. Notons que les horlogers ont réussi à régler leurs horloges avec deux organes réglant spécifiques, l'un pour les heures longues, l'autre pour les heures courtes. Il nous reste de nombreux exemples d'horloges japonaises à deux foliots (balanciers circulaires), l'un diurne, l'autre nocturne, utilisées jusqu'au milieu du XIXe siècle.
3. Organe régulateur du mouvement horloger qui transforme l'énergie rotative du rouage en une énergie alternative et quantifiable.
4. Son invention du pendule remonte à 1656, tandis que sa loi de l'isochronisme des vibrations du pendule est énoncée en décembre 1659. L'invention du spiral réglant date du 20 janvier 1675 et est publiée, par lui, à Paris, le 25 février suivant dans le *Journal des Sçavans*.

# L'HEURE QU'IL EST… AUJOURD'HUI DANS L'ART CONTEMPORAIN[1]

**KARINE TISSOT**

Dans le milieu médical, demander à une personne de représenter une heure précise sur un cadran vide permet d'explorer les fonctions de la mémoire et l'orientation spatio-temporelle. Le *test de l'horloge* aide en effet à détecter des formes de démence, en vérifiant si l'ordonnancement des heures, la bonne représentation des aiguilles[2] et leur disposition par rapport à l'heure demandée sont exacts. Que faut-il penser alors de l'horloge photographiée par Adrienne Garbini[3], trouvée dans un magasin de seconde main et refusant de communiquer les matinées ? On y lit les douze chiffres habituels, coincés sur deux tiers du cadran avec la phrase *I Don't Do Mornings* (ill. 1), un tiers restant parfaitement lacunaire. Et que dire de *Week-end*[4] de Franck Scurti (ill. 2), qui s'étend sur 48 heures, indiquant uniquement le temps de loisir de la fin de la semaine sur un rondin de bois ? Ou comment interpréter, enfin, *Life Clock*[5] (ill. 3), de Bertrand Planes, dont le mécanisme est ralenti environ 60 000 fois afin de rejoindre l'échelle d'une vie ?

Les horloges revisitées par les artistes contemporains prennent des chemins divers qui relèvent d'une poésie visuelle, métaphorique ou philosophique échappant heureusement à toute forme de pathologie. À l'heure où le besoin de montre n'existe plus – l'heure étant donnée par n'importe quel téléphone portable ou ordinateur – et que l'industrie de l'horlogerie perdure tout de même pour sa valeur culturelle, patrimoniale ou artistique, il est de bon ton que les artistes participent à l'avancement des idées dans ce domaine. N'est-ce pas le Suisse Romain Jerome qui a réussi à vendre les seules montres à complication qui ne donnent pas l'heure, mais seulement le jour et la nuit[6] ? Romain Jerome qui a notamment collaboré avec son compatriote, l'artiste John M Armleder, en 2012, à la réalisation d'une tête de mort apposée sur une montre-bracelet, support parfaitement adéquat, bien que délicat étant donné son usage de toutes les minutes, pour exprimer le thème de la vanité.

### L'objet unique

De tous les travaux retenus dans cet article, on vérifiera rapidement qu'il est une utilisation abondante de l'horloge analogique. L'affichage numérique n'échappe cependant pas à l'art contemporain. À titre d'exemple, Darren Almond (ill. 4) parie sur un temps parfait[7] – ou imparfait –, qui, aléatoire dans son fonctionnement et abstrait dans sa réception, est en perpétuel mouvement sans jamais parvenir à communiquer une heure exacte. Gianni Motti[8] donne à voir sur un écran digital non pas le temps qui passe, mais celui qu'il reste à vivre – 5 milliards d'années – avant que le Système solaire, selon les dernières études scientifiques, n'explose (ill. 5). Alors que la Terre connaît déjà sa fin, Mars pourrait visiblement être perçue comme une hypothétique terre promise pour les Terriens. Ainsi *Relative Time*[9] (ill. 6), de Melik Ohanian, donne à lire l'heure de Mars – comprenant 39 minutes supplémentaires sur 24 heures, puisque Mars met environ 24 heures et 39 minutes pour faire une rotation sur son axe –, traduite en heure terrienne, les secondes étant donc sensiblement rallongées. Dans *Second Time*[10], l'artiste d'origine arménienne transpose 24 heures en 86 400 secondes dans l'idée, entre autres choses, de revisiter un

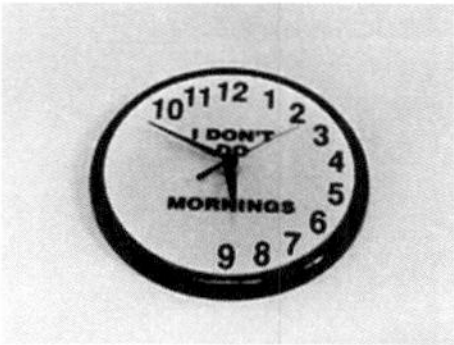
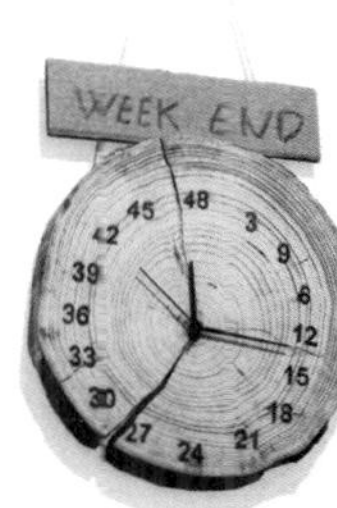


ill. 1 / ill. 2

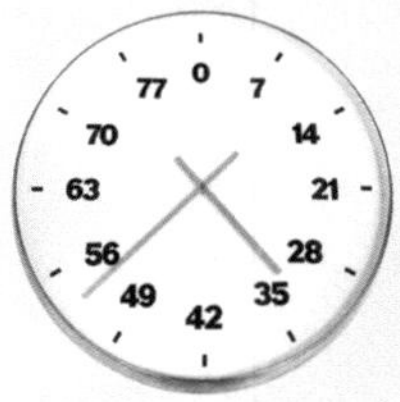
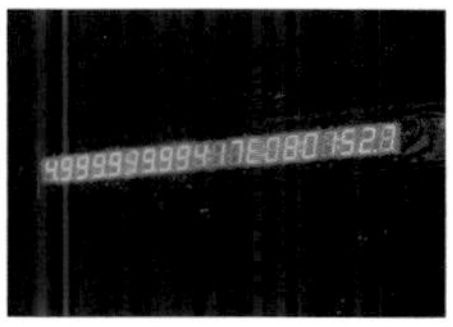

ill. 3 / ill. 5

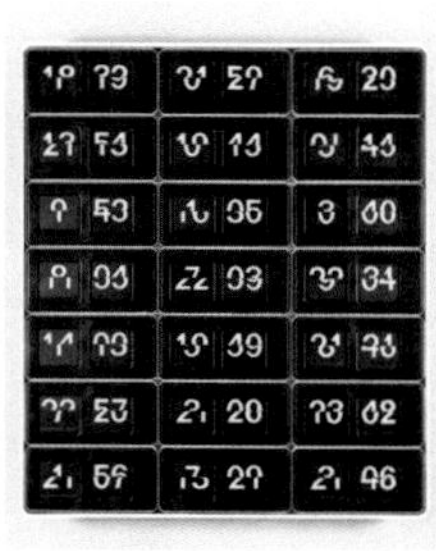
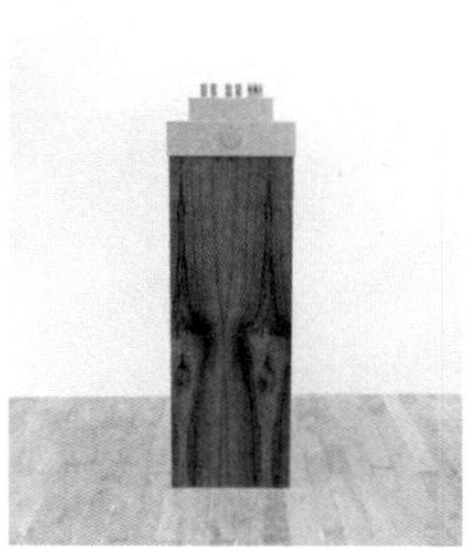

ill. 4 / ill. 6

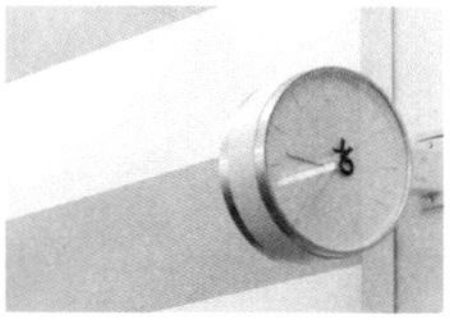
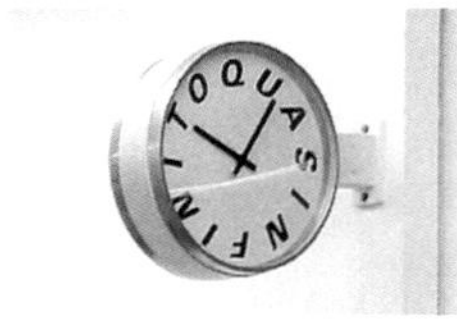


ill. 7 / ill. 8

chronomètre sportif, sachant que la pièce, monumentale, est installée dans une piscine municipale.

Parmi les artistes contemporains renouvelant la lecture de l'heure dans un cadran circulaire, Jochen Gerz insiste, par exemple, avec *OK KO*[11] (ill. 7), sur la subjectivité de l'heure ressentie : selon l'orientation des deux aiguilles se lit soit un OK ou, au contraire, un KO – rendant compte d'un temps qui passerait agréablement ou, à l'opposé, qui semblerait terriblement long. *Quasi Infinito*[12] (ill. 8) de Maurizio Nannucci a vu, en revanche, ses douze chiffres remplacés par autant de lettres racontant une interminable fuite en avant : le temps ne cesse de se répéter dans un cycle sans fin, il est q-u-a-s-i-n-f-i-n-i-t-o. Gourmande, l'aiguille des secondes montée par Bujar Marika sur un cadran qui réunit soixante fois le terme « encore[13] » tourne dans une consommation effrénée du temps. Alicja Kwade[14], jeune artiste polonaise, semble par contre vouloir faire résistance en faisant tourner au rythme des secondes le cadran tout entier, dans le sens contraire des aiguilles (ill. 9). La trotteuse donne ainsi l'impression de faire du surplace, dressée obstinément sur le chiffre douze et laisse passer dans le sens inverse les chiffres et les autres aiguilles du cadran. Claudio Parmiggiani[15] quant à lui tente peut-être de remonter le temps en inversant le mouvement d'une horloge (ill. 10). Enfin, Patricia Reed ancre au plus juste son horloge dans le présent[16] (ill. 11), saturant son cadran d'aiguilles et condensant tous les fuseaux horaires du monde.

Incontestablement, cette dernière se rapproche formellement d'une pièce de Marco Godinho[17] (ill. 12), constituée de douze pointes égales tournant au rythme des secondes – et non des minutes –, avec l'idée que chaque seconde efface la précédente, mais elle se veut avant tout un hommage à *« Untitled » (Perfect Lovers)*[18] (ill. 13) de Felix Gonzalez-Torres. Avec l'utilisation de deux horloges standard, par un rapprochement efficace et une parfaite synchronisation, Gonzalez-Torres touche au registre de l'émotion. Loin d'un simple commentaire sur la lecture de l'heure, les mécanismes des deux horloges singent les battements de cœurs jumeaux[19] que seules les batteries risquent, un jour, de mettre à mal. Pièce incontournable de l'histoire récente de l'art, elle est citée à de nombreuses reprises par d'autres artistes. Yann Sérandour réalise, par exemple, une pièce éponyme en 2008[20] en se servant de l'affiche de 1995 annonçant l'exposition de Gonzalez-Torres au Centro Galego de Arte Contemporánea de Saint-Jacques de Compostelle – dernière exposition du vivant de l'artiste américano-cubain et reproduisant ladite œuvre. Sérandour y fixe un système de mouvement à quartz devant l'horloge de droite : ses aiguilles donnent l'heure du temps présent, proposant une nouvelle lecture temporelle et symbolique. Deux ans plus tard, pour son exposition à l'Entre-Deux, à Nantes, l'artiste français imprime une affiche à partir d'une photographie d'une réplique de *« Untitled » (Perfect Lovers)* et recense différentes interprétations qui existent de cette œuvre, qu'elles émanent d'autres artistes ou de simples amateurs.

**L'horloge multipliée**

Si dédoublement de l'horloge il y a chez Gonzalez-Torres, on assiste à une démultiplication

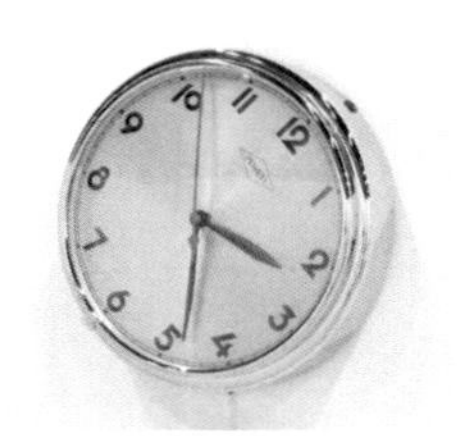
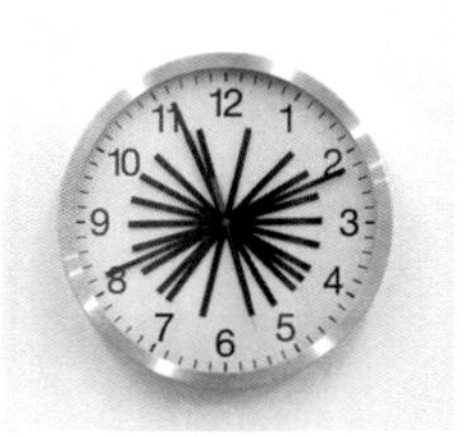
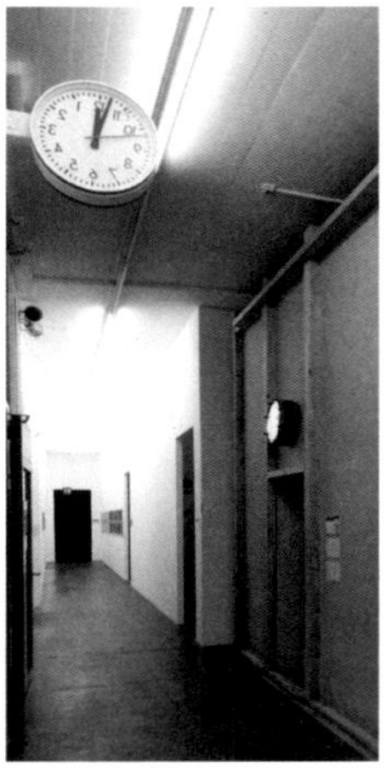

ill. 9 / ill. 10

ill. 11

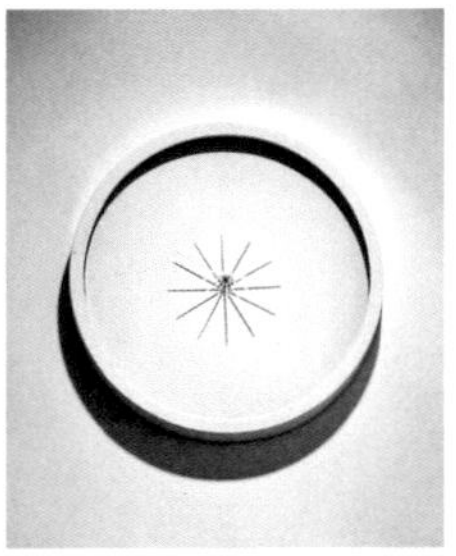
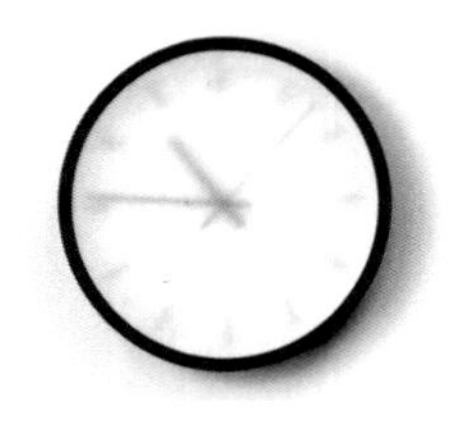
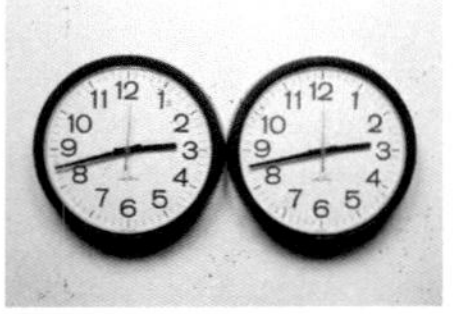
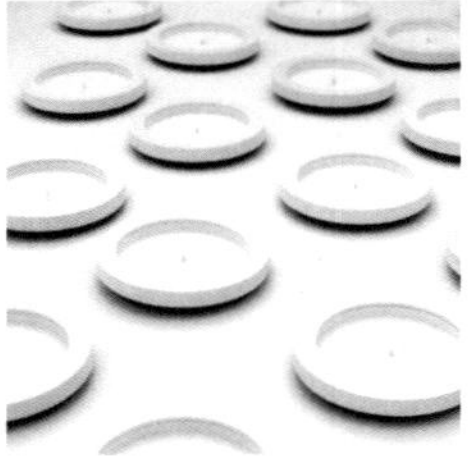

ill. 12 / ill. 14

ill. 13 / ill. 15



de l'objet dans *Trouble Time(s)*[21] (ill. 14) de Melik Ohanian, dont le cadran recouvert d'un verre sablé brouille l'intelligibilité de l'heure qu'il est. Quinze des cinquante exemplaires existants avaient été réunis dans la vitrine d'une librairie à Paris, figurant la temporalité co-existante des quinze espaces d'exposition impliqués dans la manifestation « From The Voice To The Hand » : ainsi s'opéraient une géographie mentale et une heure plurielle. Melik Ohanian mène depuis toujours une recherche active sur les questions du temps et l'horloge est souvent un visage essentiel à son expression. Il en était de même pour l'artiste albanais préalablement mentionné dans ce texte, Bujar Marika, qui a, par exemple, également fait coexister des dizaines d'horloges à quartz sur un même mur[22] (ill. 15), où des trotteuses blanches tournent dans des cadrans blancs produisant le son d'une pluie fine, sans passé ni futur. Autre exemple de dispositif évoluant hors du temps tout en usant de multiples mouvements horlogers, *Slow Motion*[23] (ill. 16) de Zilvinas Kempinas cherche à exprimer la durée de manière insécable. Par l'alignement d'une centaine de mouvements sur plusieurs rangées, avec un décalage de 5 minutes entre eux, l'artiste mêle deux représentations possibles du temps – linéaire et circulaire – sur un même panneau. Se dessine alors une ondulation graphique constituée de séquences, comme une vague silencieuse.

Bien plus bruyante, l'installation d'Edward Kienholz (ill. 17) propose un traitement de l'heure composé sur le mode figuratif et sonore, celui du rêve ou du souvenir. Sur un fond d'enregistrement original capté dans le bar-restaurant de *Barney's Beanery* – haut lieu de rencontres entre artistes dans le Hollywood des années 1960 –, elle traduit le temps que l'on tente de perdre, d'ignorer ou d'oublier autour d'un verre, par un imposant collage tridimensionnel : des horloges sont fichées sur les épaules de personnages qui n'ont pas d'autres faciès et dont le tempérament se lit peut-être dans la forme et la texture des cadrans, ainsi que dans l'heure qui s'y est figée. Seule la pénombre contribue à harmoniser cet univers hétéroclite et animé par des états d'âme divers.

Loin de l'anecdote mémorielle, le collectif The Raqs Media[24] ouvre la question du temps au phénomène bien réel de la mondialisation : qu'est-ce que cela signifie aujourd'hui de vivre dans un fuseau horaire plutôt que dans un autre ? À l'instar du lapin blanc dans *Alice au pays des merveilles*, nous sommes toujours pressés, stressés, manquons de temps et craignons le retard. Quelle que soit la ville évoquée dans leur dispositif *Escapement*[25], le temps s'égrène pareillement en « peur », « panique », « nostalgie » ou « fatigue ». Vingt-sept horloges au diamètre généreux, correspondant au même nombre de villes situées dans une zone temporelle différente – dont trois villes fictives comme Macondo ou Babel –, sont juxtaposées et parlent d'émotions ou de ressentis plutôt que de chiffres. Sur un air plus ludique et installé au grand jour, Richard Wentworth a aligné seize horloges donnant l'heure de différents lieux de la planète. Installée près du centre d'affaires de Canary Wharf à Londres, dont l'activité ouverte sur le reste du monde prend constamment en compte la réalité des variations horaires, *Globe, Half a Minute's*

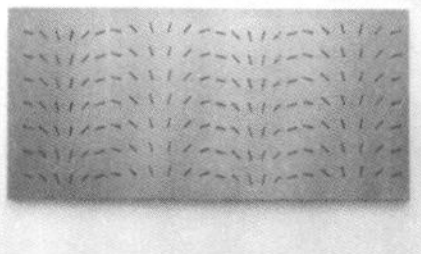

ill. 16

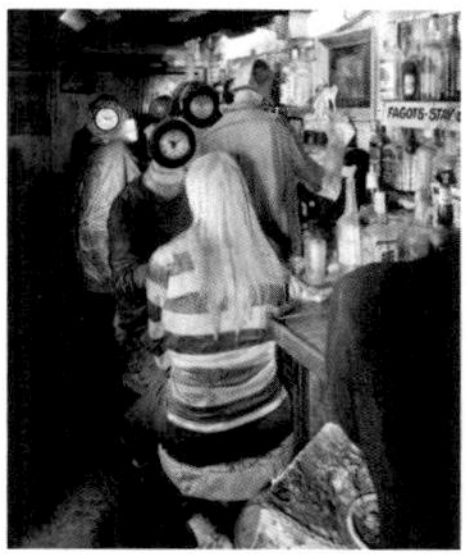

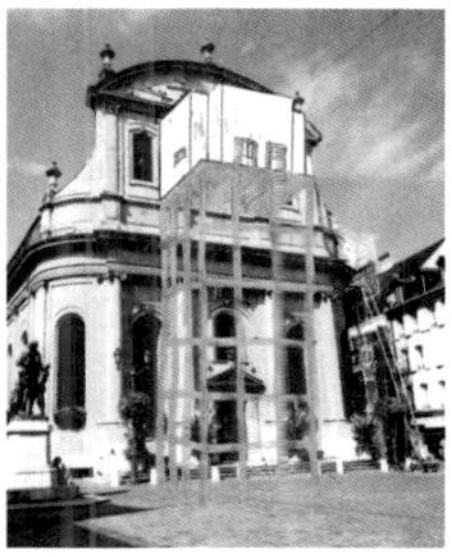

ill. 17 / ill. 18

*Walk*[26] nécessite environ 30 secondes pour parcourir à pied l'installation d'un point à l'autre du mur et, d'un point de vue imaginaire, le monde à travers ses fuseaux horaires.

En matière d'horloges indénombrables, celles entassées dans un savant désordre devant la gare Saint-Lazare à Paris[27] – dont les aiguilles arrêtées à d'autres moments se gardent bien de donner l'heure – sont connues des voyageurs. Si Armand, illustre accumulateur effréné d'objets, en est l'auteur, on peut se demander qui a décidé un jour que toutes les horloges sur la voie du Transsibérien – traversant pas moins de sept fuseaux horaires et 990 gares sur près de 9 288 kilomètres – seraient réglées à la seule et unique heure de Moscou ? Hors du contexte de l'art contemporain, voilà qui est révélateur du caractère autoritaire de l'horloge publique… Il suffit de penser aux imposantes horloges de Big Ben ou à celle de la place Saint-Marc à Venise.

### L'horloge publique

« Les horloges publiques sont les machines le plus généralement utiles parmi celles qui servent à la mesure du temps, parce qu'elles règlent les momens [*sic*] du travail et des devoirs de tous les citoyens[28] », expliquait en 1811 Antide Janvier, mécanicien astronome. Et il poursuit : « Dans les horloges publiques actuelles on a généralement placé le cadran à une trop grande élévation, en sorte que, pour distinguer l'heure, on a été obligé de lui donner un très grand diamètre[29]. » De nos jours, l'artiste japonais Tatzu Nishi pousse à le vérifier par ses installations sises sur le domaine public (ill. 18).

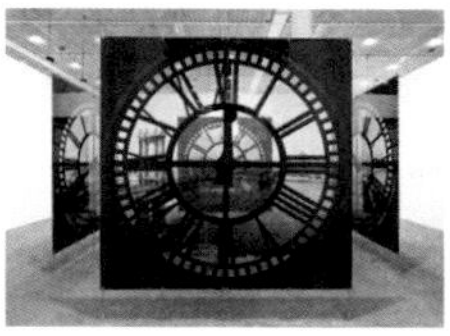

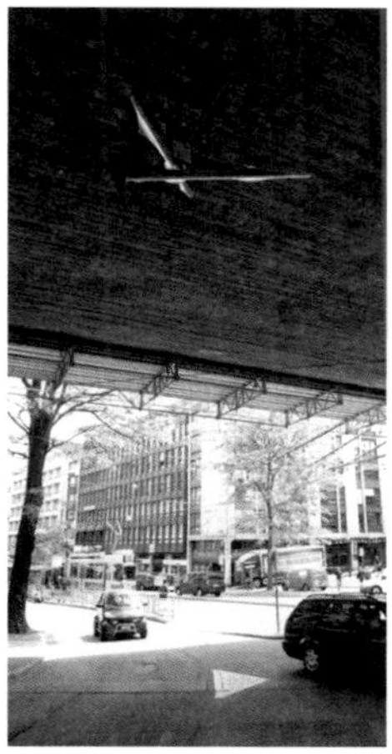

ill. 19 / ill. 20

Le haut de la tour de la gare Saint-Pierre à Gand[30] a ainsi été dissimulé par une structure temporaire de chantier : une nouvelle proximité avec l'horloge publique – pensée pour la ville et non pour l'intimité – pouvait être de cette façon expérimentée, puisque l'objet devenait le décor d'une chambre d'hôtel accrochée à 24 mètres de hauteur. Inversement, ce n'est pas le visiteur qui monte des marches, mais l'horloge qui, au contraire, descend le rencontrer grâce au travail de Vera Lutter[31] (ill. 19), photographe. Dans un espace d'exposition, quatre prises de vue, monumentales, noir et blanc, représentent quatre horloges trônant en haut d'une tour de Brooklyn et offrent une expérience différée dans le temps et dans l'espace : l'heure photographiée est désormais figée et la vue représentée rend compte du belvédère original. Dans le même sens, Tatzu Nishi encore avait fait démonter un cadran entier d'horloge publique pour le donner à voir dans le contexte d'une exposition et nous confronter, une fois de plus, à la grandeur du dispositif imaginé pour la place publique.

Puisque l'heure est souvent donnée par les temples ou les églises, Christine Zufferey fait implanter des aiguilles dorées du genre[32] sous un viaduc de béton, à l'horizontale, dans l'alignement de la construction qui domine un carrefour hautement fréquenté en ville de Bâle (ill. 20). La lecture de l'heure ne profite pour ainsi dire à personne. Une façon sans doute de présenter, en silence, une épée de Damoclès… celle du temps qui passe inexorablement au-dessus de nos vies trop affairées. Dans un autre ordre d'idées, Roman Signer réalise

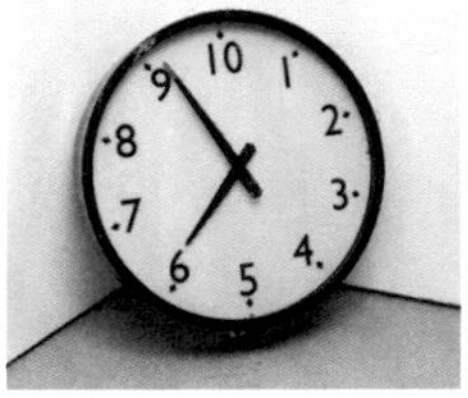

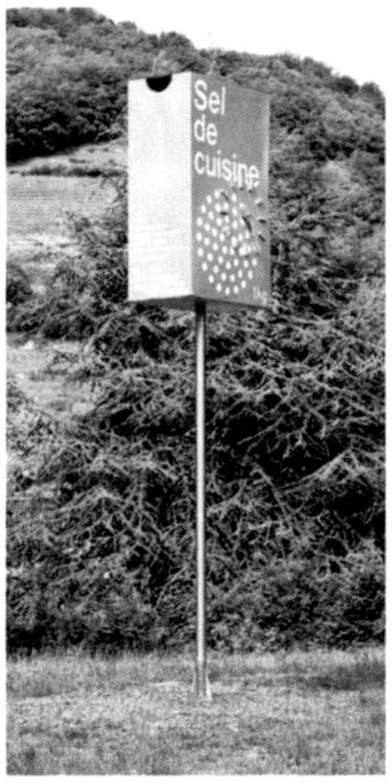


ill. 21 / ill. 22

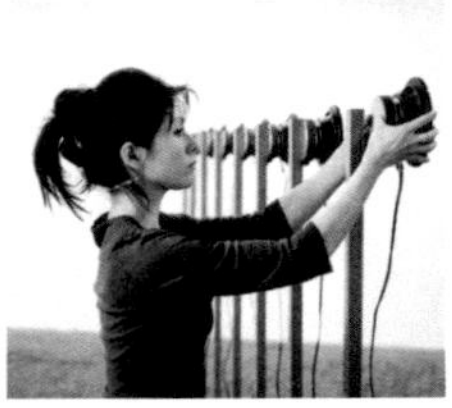

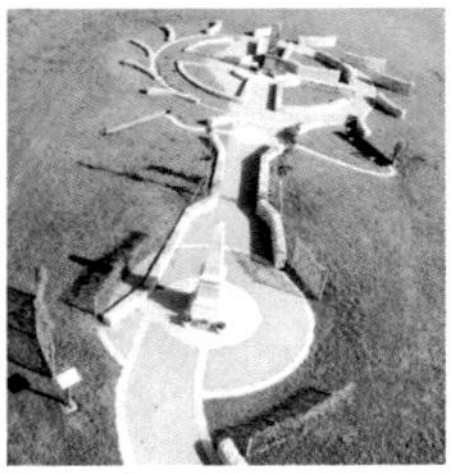

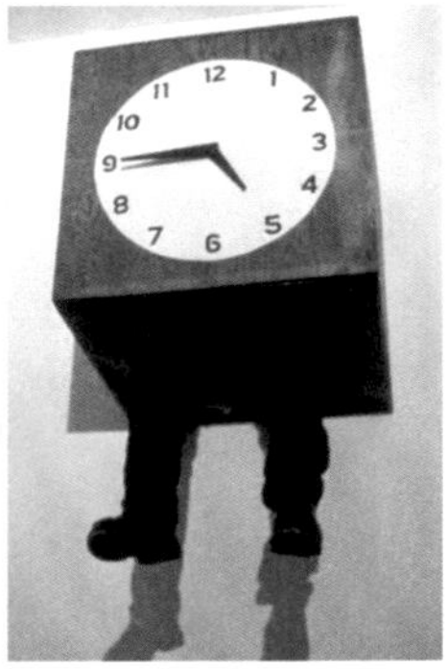

ill. 25

ill. 23 / ill. 24

*Le Pendule*[33] à Saint-Nazaire, proposant un généreux battement du temps qui ne cesse de s'écouler, régulièrement et inéluctablement. Deux exemples qui prennent appui sur une construction préalablement existante avant d'y ajouter des aiguilles dimensionnées à l'échelle d'une ville.

À Folkestone, Ruth Ewan[34] insère dans le tissu urbain une installation de dix horloges décimales, comme elles le furent un temps donné en Égypte, en Chine ou durant la première République française : ainsi minuit correspond à 10 heures et midi à 5 heures, chaque heure contenant 100 minutes – autrement dit correspondant à 2 heures actuelles et 24 minutes – et chaque minute 100 secondes ; un passé est par conséquent réveillé et nos habitudes de lecture chamboulées (ill. 21). Autre incursion multiple et citadine, le travail du collectif indien The Raqs Media se décline à partir d'une vidéo[35] présentant les mouvements erratiques d'une horloge qui, sans logique, s'arrête non pas sur des chiffres, mais des mots, provoquant d'improbables coïncidences. Dans la ville de Birmingham, quarante-huit photographies offraient ainsi une heure poétique après avoir été disséminées sur une centaine de panneaux d'affichage publicitaire[36]. Par leur titre – *Whenever The Heart Skips a Beat* –, elles rappelaient que le cœur est une « horloge » corporelle et qu'il lui arrive parfois d'arrêter de battre un bref instant, transformant notre perception du monde et notre relation au temps.

Dans un tout autre genre, avec le titre *Sel de cuisine*[37] (ill. 22), Stefan Burger ne semble pas *a priori* parler d'heure. Et pourtant, agrandie à l'échelle urbaine, cette réplique monumentale d'un emballage de sel se fait boîtier d'une horloge publique. Il y a là incontestablement un rapprochement à faire entre le grain de sel et celui de sable, qui s'égrène dans un sablier et marque le temps qui passe. Enfin, très récemment, l'Américaine Amy O'Neill a inauguré une œuvre[38] installée sur la commune de Grande-Rivière dans le Jura français (ill. 23). Afin de redonner une place contemporaine aux monuments aux morts, elle a adapté le motif de l'échappement, élément d'horlogerie qui contrôle la vitesse et la régularité d'une montre, et fait jouer à deux obélisques préexistants le rôle de pignons de roues dentées figurées au sol par des « murgers », des murs en pierre sèche. Le dispositif comprend également deux abreuvoirs qui évoquent le principe d'une clepsydre, autrement dit d'une horloge à eau. Sans donner littéralement l'heure, cette pièce d'art public agit comme un bastion contre l'oubli.

**L'horloge immatérielle**

Objets uniques ou multiples réunis sous forme d'installations, l'heure se lit aussi dans l'exercice de la performance. Exemple notoire, Charles Ray[39] s'était placé en 1978 à l'intérieur d'une horloge de fortune réalisée à son échelle pour actionner lui-même les aiguilles, le temps d'une journée (ill. 24). Isolé dans son boîtier, sans indicateur extérieur de temps, il œuvre jusqu'à 18 heures en remplaçant intuitivement le mouvement mécanique, sans réaliser qu'il s'est arrêté 3 heures trop tôt. Une photographie documente la performance avec tout ce qu'elle contient d'amusant, puisque ses jambes tombent dans le vide sans trop savoir si elles remplacent le balancier ou les deux contrepoids d'un traditionnel coucou.

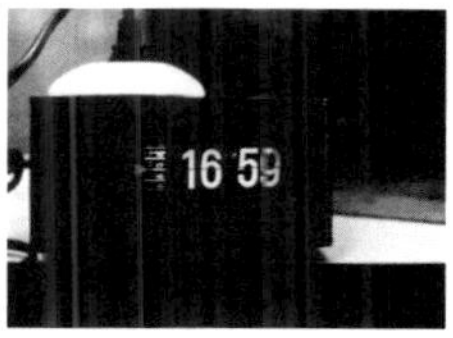


ill. 27

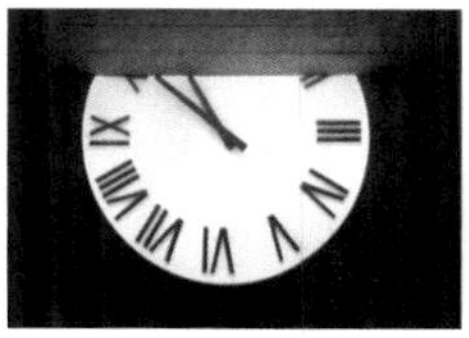

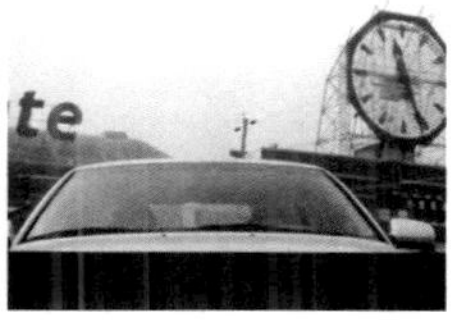

ill. 26 / 28

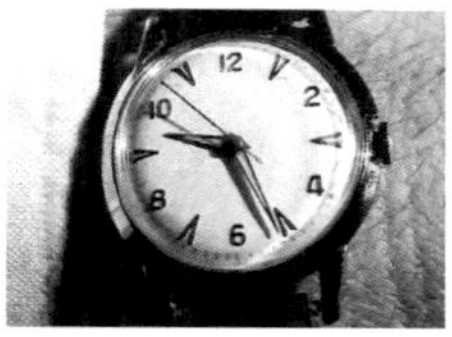

ill. 29

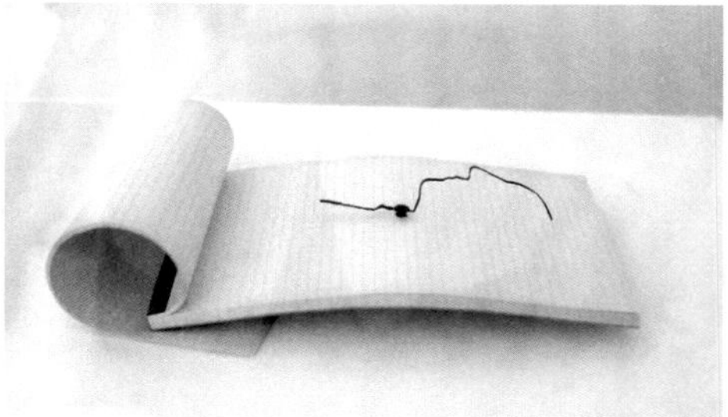

ill. 30

Dans *DAY-N*[40], il en va tout autrement (ill. 25). Mio Chareteau énonce les secondes, heure après heure, à haute voix. Le mouvement des secondes ordinairement orchestré par l'aiguille mécanique est exprimé oralement. Chaque heure est enregistrée puis diffusée par haut-parleurs. Les secondes de la première heure se superposent de cette manière à la deuxième heure, puis la première et la deuxième heures à la troisième et ainsi de suite. Au total, 28 800 chiffres sont répétés et superposés les uns aux autres selon un procédé d'enregistrement, prouvant combien une inexactitude – puisque articulée sans rigoureux mécanisme, par une voix humaine – s'installe, fatalement.

Performance d'une tout autre teneur, étalée sur une année, *One Year Performance (Time Clock Piece)*[41] présente, en résultat, des photographies de l'artiste taïwanais Tehching Hsieh, alors basé illégalement à New York dans les années 1980. Et pas n'importe quelles photographies : il s'agit d'autant de prises de vue qu'il y a d'heures dans une année. Chaque heure, appuyer sur le déclencheur, cela signifie qu'il n'existe que 59 minutes environ de temps libre entre deux prises de vue. Seuls 133 déclenchements ont été omis sur 365 jours, faute d'avoir résisté à l'endormissement en face de l'objectif, qui a cadré 8 627 fois le buste de l'artiste et l'horloge-timbreuse qui l'accompagne dans cet enfermement solitaire et déterminé.

Comme dans l'exercice performatif, l'emploi de la vidéo permet de dire l'heure sans avoir recours à un objet physique à proprement parler. Jorge Macchi[42] projette par exemple un cadran tronqué, fiché dans le plafond, ce qui empêche les aiguilles de poursuivre leur course, stoppées net à 10h51 (ill. 26). Avec la vidéo *XYZ* (2012), il projette dans un angle l'image de la célèbre Mondaine : elle indique 4 heures et 40 secondes, ce qui permet aux arêtes de l'angle d'être soulignées par les aiguilles, figées. Impossible de taire enfin le spectaculaire travail de Christian Marclay, *Clock* (ill. 27+28), primé lors de la 54ᵉ Biennale de Venise en 2011, où, grâce à un montage vidéo de 24 heures, l'heure se lit au gré de milliers de séquences filmographiques représentant une indication de l'heure et synchronisées avec le temps de la projection. Un travail qui évoque celui réalisé 10 ans plus tôt par Christoph Girardet[43] sur la durée, plus modeste, d'une minute (ill. 29).

Et si, en partant de toutes ces tentatives de retenir le temps, d'exprimer sa course, sa fuite ou sa subjectivité, on méditait sur *Paresse*[44] de Bujar Marika (ill. 30) ? Une aiguille distordue y révèle le profil de Marcel Duchamp. Celui-ci se découvre sur le côté et rappelle que, pour le maître français du conceptualisme, une horloge regardée de côté justement ne dit plus rien sur l'heure. *Fiktion*[45] de Christine Zufferey, citée plus haut, nous le prouve également. Et aucun doute que *Leurre exact* de Jérôme Hentsch – modeste monochrome blanc vertical et silencieux, entouré simplement de douze coups de stylo noir jetés à même le mur en cercle autour de la toile – accroché dans sa cuisine participe de cette évidence, sans jamais dire l'heure[46].

1. Afin de respecter la longueur du texte imparti, les exemples, plus rares, des montres-bracelets, seront écartés dans le présent article.
2. La petite et la grande aiguille.
3. *Cognitive Decline* #1, 2011, est une photographie prise par Adrienne Garbini. L'horloge photographiée fait partie d'une collection de l'artiste d'horloges et de photographies d'horloges non fonctionnelles.
4. *Week-end*, 2005, rondin de bois, carton et ficelle, Ø 30 cm, coll. privée.
5. *Life Clock* existe en trois versions. La première, *Life Clock 1* (2006, horloge, Ø 25 cm), présente notamment dans la collection d'Antoine de Galbert (éd. 8/9), offre un tour de cadran en 80 ans et son mécanisme est ralenti 61 320 fois. Dans sa deuxième version, un tour s'effectue en 84 ans. L'objet de l'horloge est détourné pour offrir l'expérience d'une autre échelle du temps « car on a cette liberté, que l'on s'accorde peu, de pouvoir s'inscrire dans l'échelle d'une vie et non redondante d'un tour d'horloge en douze heures », pour reprendre les dires de Bertrand Planes.
6. Ses modèles *Day and Night* se vendent jusqu'à 300 000 euros.
7. *Perfect Time*, 2012, horloges murales numériques, électromécanique, acier, vinyle, système de contrôle informatisé, et composants électroniques, 103 x 90 x 17 cm.
8. *Big Crunch Clock*, 1999, 10,5 x 81 x 5,5 cm, coll. de l'artiste, dépôt Mamco (Musée d'art moderne et contemporain de Genève). Le 1er janvier 1999, Gianni Motti met en marche pour la première fois *Big Crunch Clock*. L'objet est rectangulaire et digital. Il s'agit d'une édition dont un exemplaire est installé au rez-de-chaussée du Mamco de Genève, au-dessus des portes d'ascenseur. Il comporte 20 chiffres, des milliards d'années aux dixièmes de secondes pour traduire un compte à rebours et faire de cette forme d'horloge un détonateur. Non sans ironie, la pièce est censée s'actionner grâce à l'énergie solaire, alors que c'est précisément l'astre céleste qui la voue à sa destruction. L'artiste exige par ailleurs que chaque acquéreur adapte l'appareil aux inventions technologiques futures.
9. *Relative Time, Mars Clock Model*, 2008, horloge digitale, ampoules Nixie.
10. *Second Time*, 2008, est le pendant de *Second Sound*, deux œuvres commandées par la Ville de Paris dans le cadre du 1% artistique, pour accompagner l'ouverture du complexe sportif Alfred Nakache – piscine de Belleville – en avril 2009. *Second Time* embrasse la totalité de l'espace des deux bassins de la piscine : 560 plaques d'inox polymiroir à bascule produisent, par leur orientation, des chiffres 24h sur 24h – car l'œuvre est également visible de la rue durant la nuit –, sur cinq panneaux de 180 x 240 cm.
11. *OK KO* de Jochen Gerz est l'une des trois horloges installées sur les étages du Mamco. Ces trois horloges (1994, Ø 32,2 cm, coll. Mamco) appartenaient déjà au bâtiment même, lors de son ouverture en 1994. Elles ont été remises en état de marche par Piaget, puis leur fond confié à des artistes : Maurizio Nannucci (3e étage), Jochen Gerz (2e étage) et Claudio Parmiggiani (1er étage).
12. Voir note 11.
13. *Encore*, 2009, toile sur châssis, horloge, 30 x 30 cm, coll. succession de l'artiste.
14. *Gegen den Lauf*, 2014, horloge, Ø 29,5 cm, il existe plusieurs variantes de cette pièce.
15. Voir note 11.
16. *Perfect Present*, 2013, Ø 30 cm, coll. de l'artiste.
17. *Endless Time Searching # 3*, 2008, Ø 30 cm, horloge standard modifiée, coll. de l'artiste. Comme Patricia Reed, Marco Godinho a monté un bouquet d'aiguilles, mais dans un cadran dénué de tout autre repère.
18. Felix Gonzalez-Torres a intitulé deux de ses travaux *« Untitled » (Perfect Lovers)*. La version de 1991, conservée au MoMA de New York, est composée de deux horloges murales à bordures blanches. Une installation antérieure de *« Untitled » (Perfect Lovers)* datant de 1987-1990 est constituée de deux horloges à bordure noire et a été éditée en trois exemplaires et une édition d'artiste. Selon le vœu de l'artiste, les tirages ne peuvent pas être exposés simultanément dans deux lieux différents.
19. Et en filigrane, peut-être le militantisme de l'artiste pour la cause gay dans les années 1980-1990.
20. Yann Sérandour, *Perfect Lovers*, 2008. Alors qu'il est invité au Centro Galego de Arte Contemporánea de Saint-Jacques de Compostelle, Yann Sérandour se sert de l'affiche annonçant l'exposition de Felix Gonzales-Torres au même CGAC de 1995. Sur le poster est reproduite l'œuvre réalisée par Gonzales-Torres avant que son partenaire décède du SIDA.
21. *Trouble Time(s)*, 2008, horloge avec verre sablé, Ø 24 cm, édition de cinquante exemplaires numérotés et signés par l'artiste pour la collection Lambert à Avignon. En 2008, l'artiste investissait la vitrine de la librairie de la galerie Yvon Lambert avec quinze horloges *Trouble Time(s)*, indiquant toutes la même heure. Il existe également une version monumentale de *Trouble Time(s)* (2007, horloge, verre sablé, Ø 180 cm, coll. Frac Île-de-France, court. de l'artiste et de la galerie Yvon Lambert, New York).
22. *Liquid Time*, 2006, installation visuelle et sonore, nombre d'horloges modifiées variable, coll. succession de l'artiste.
23. *Slow Motion*, 2008, vingt-quatre colonnes et sept rangées d'aiguilles, comme la représentation possible d'une semaine. Il s'agit d'une édition de six pièces.
24. The Raqs Media Collective a été fondé en 1992 par Jeebesh Bagchi, Monica Narula et Shuddhabrata Sengupta.
25. The Raqs Media Collective, *Escapement*, 2009, vingt-sept horloges, verre, aluminium avec LED, quatre écrans plats, son et vidéo, dimensions variables, court. Frith Street Gallery, Londres.
26. Richard Wentworth, *Globe, Half a Minute's Walk*, 1998, seize horloges, mouvements adaptés aux différents fuseaux horaires.
27. *L'Heure de tous*, 1985, bronze, émail, commande publique du ministère de la Culture et de la Communication-CNAP de la Ville de Paris, cour du Havre de la gare Saint-Lazare. Après restauration, *L'Heure de tous* a été inaugurée le 14 mai 2014.
28. Antide Janvier, *Essai sur les horloges publiques, pour les communes de la campagne, dédié aux habitants du Jura*, Paris, Firmin Didot Frères, 1811, p. 1.
29. *Ibid.*, p. 7.
30. *Hotel Gent* a été réalisé en 2012 dans le cadre de *Track*, manifestation d'art public à Gand. Il était possible pour le public de visiter l'espace entre 10 heures et 18 heures tous les jours. Le soir était réservé à qui voulait bien louer une nuit au prix de 100 euros.
31. *Folding Four in One*, 2009, installation de photographies montées sur Plexiglas, 2,6 x 4,6 x 4,6 m. Tirées sur Plexiglas, ces prises de vue font expérimenter au visiteur la translucidité du dispositif architectural original et offrent des temps différents – par les vues des paysages superposées aux cadrans –, tout en ayant figé sur la pellicule une heure similaire pour chacune des quatre horloges.
32. *Fiktion/Fiction*, 2010, horloge sans cadran ni inscriptions, Ø 2,7 m. Lauréate du Kunstkredit 2009, Christine Zufferey fait installer pour 5 ans ce dispositif au centre-ville de Bâle, à Heuwaage.
33. À Trentemoult, Roman Signer est intervenu en 2009 de façon minimale sur une centrale à béton inutilisée, construite à la fin des années 1960. Il y fait accrocher un pendule de 7 mètres de long. Cette intervention s'inscrit dans le parcours d'art public « Estuaire Nantes-Saint-Nazaire, le paysage, l'art et la nature ».
34. *We Could Have Been Anything That We Wanted to Be* est un projet curaté en 2011 par Andrea Schlieker lors de la deuxième Triennale de Folkestone, dans le Kent. Une édition de cette horloge décimale existe également, 2011, Ø 100 cm, profondeur 31 cm, dont un exemplaire est conservé au Musée d'art moderne de Varsovie.
35. *Whenever the Heart Skips a Beat*, 2012, vidéo en boucle.

36. Du 2 au 29 avril 2012 ; ce projet a pu voir le jour grâce au soutien de la Frith Street Gallery.
37. *Sel de cuisine*, 2011, métal, laque, deux mouvements d'horloge, 550 x 140 x 80 cm, court. l'artiste et Freymond-Guth Fine Arts Zurich.
38. Fin 2009, par l'intermédiaire du Parc naturel régional du Haut-Jura et dans le cadre de l'action Nouveaux Commanditaires, les membres du conseil municipal de Grande-Rivière ont passé commande à l'artiste américaine Amy O'Neill d'une œuvre susceptible de réunir les deux monuments aux morts de la commune. L'un commémorant la Première Guerre mondiale et l'autre se souvenant de la Seconde. L'œuvre croise ainsi le temps de l'Histoire – deux conflits successifs – et celui des activités locales – horlogerie, élevage, fontaines naturelles du Jura.
39. *Clock Man*, 1978, bois, peinture, être humain, 76 x 76 x 137 cm. Charles Ray était installé dans le boîtier de l'horloge avec les jambes qui pendaient dans le vide à la manière d'un pendule. Un tirage photographique a été réalisé pour laisser une trace de la performance.
40. *DAY-N*, 2011, performance. À chaque nouvelle performance, le titre se décline ainsi : *DAY-1*, *DAY-2*, *DAY-3*… marquant le nombre de fois « performé ».
41. *One Year Performance (Time Clock Piece)*, 1980-1981, photographies accompagnées d'un film. Cette performance qui dura du 11 avril 1980 au 11 avril 1981 s'inscrit dans un cycle de cinq performances réalisées une année durant entre 1979 et 1986. Un film existe également, compilant les quelque 8000 prises de vue en une animation qui tient en 6 minutes.
42. *10:51*, 2009, installation vidéo.
43. *60 Seconds*, 2002, vidéo en boucle.
44. *Paresse*, sans date, bloc de papier quadrillé, mouvement horloger à quartz, 5 x 15 x 23 cm, coll. succession de l'artiste.
45. Voir note 32.
46. 2009, 32 x 21cm (toile), Ø 70 cm (cercle extérieur).

**ill. 1** Adrienne Garbini, *Cognitive Clock #1*, 2011
Photo : Adrienne Garbini / Courtesy de l'artiste

**ill. 2** Franck Scurti, *Week-End*, 2005
Courtesy de l'artiste & Galerie Michel Rein Paris-Bruxelles

**ill. 3** Bertrand Planes, *Life Clock #2*, 2008
Photo : Lucille Blanche / Courtesy de l'artiste

**ill. 4** Darren Almond, *Perfect Time*, 2012
Photo : Darren Almond / Courtesy Galerie Xippas

**ill. 5** Gianni Motti, *Big Crunch Clock*, 1999
Photo : Ilmari Kalkkinen – Mamco, Genève / Courtesy de l'artiste

**ill. 6** Melik Ohanian, *Relative Time*, 2008
Photo : Florian Kleinefenn / Courtesy de l'artiste et Galerie Chantal Crousel, Paris

**ill. 7** Jochen Gerz, *OK KO*, 1994
Photo : Ilmari Kalkkinen – Mamco, Genève / Courtesy Mamco

**ill. 8** Maurizio Nannucci, *Quasi infinito*, 1994
Photo : Ilmari Kalkkinen – Mamco, Genève / Courtesy Mamco, don de l'artiste

**ill. 9** Alicja Kwade, *Gegen den Lauf (ref: 12)*, 2014
Photo : Fabrice Seixas / Courtesy de l'artiste et kamel mennour, Paris

**ill. 10** Claudio Parmiggiani, *Horloge*, 1994
Photo : Ilmari Kalkkinen – Mamco, Genève / Courtesy Mamco

**ill. 11** Patricia Reed, *Perfect Present*, 2013
Photo: Cassander Eeftinck Schattenkerk / Courtesy Witte de With Center for Contemporary Art, 2014

**ill. 12** Marco Godinho, *Endless Time Searching #3*, 2008
Horloge modifiée, Edition 5 (+ 2 A.P.)
Photo : Carlos Mendes Pereira / Collection privée, Luxembourg

**ill. 13** Felix Gonzalez-Torres, *« Untitled » (Perfect Lovers)*, 1987-1990. Horloges murales, édition de 3, 1 EA
© The Felix Gonzalez-Torres Foundation
Courtesy of Andrea Rosen Gallery, New York

**ill. 14** Melik Ohanian, *Trouble Time(s)*, 2008
Photo : Florian Kleinefenn / Courtesy de l'artiste et Galerie Chantal Crousel, Paris

**ill. 15** Bujar Marika, *Liquid Time (à la Genève Horlogère)*, 2006
Installation visuelle et sonore, 81 horloges, 675 x 150 cm
Présentée à la galerie pieceunic à Genève en 2006 /
Photo : Bujar Marika

**ill. 16** Zilvinas Kempinas, *Slow Motion*, 2008
Photo : Daniel Spehr, Bâle. Installation musée Tinguely, Bâle, 2013
Courtesy LAWIN collection et Galerija Vartai, Vilnius

**ill. 17** Edouard Kienholz, *The Beanery*, 1965
Courtesy Stedelijk Museum, Amsterdam

**ill. 18** Tatzu Nishi, projet pour Yverdon-les-Bains CACY, 2013
Photo : Tatzu Nishi

**ill. 19** Vera Lutter, *Folding Four in One*, 2009
Photo : Vera Lutter / Courtesy de l'artiste

**ill. 20** Christine Zufferey, *Fiktion / Fiction*, 2010-2015
Photo : Christine Zufferey

**ill. 21** Ruth Ewan, *We Could Have Been Anything That We Wanted to Be*, 2011
Photo : Tim Meier / Courtesy Collection FRAC Champagne-Ardenne, Reims

**ill. 22** Stefan Burger, *Sel de cuisine*, 2011
Courtesy de l'artiste

**ill. 23** Amy O'Neill. *L'Échappement*, 2013
39150 Grande-Rivière, France
Une œuvre réalisée dans le cadre de l'action Nouveaux Commanditaires initiée par la Fondation de France – Médiation : le Consortium, Dijon
© Estelle Lacombe

**ill. 24** Charles Ray, *Clock Man*, 1978
Photo : Charles Ray / Courtesy Matthew Marks Gallery

**ill. 25** Mio Chareteau, *DAY-N*, 2011
Photo : Rebecca Bowring

**ill. 26** Jorge Macchi, *10:51*, 2009
Installation view: « Jorge Macchi: 10:51 »,
Künstlerhaus Bremen, Germany, 2009
Photo : Jens Weyers / Courtesy de l'artiste et Galerie Peter Kilchmann, Zurich

**ill. 27/28** Christian Marclay, *The Clock*, 2010
Photo : Ben Westoby / Courtesy White Cube

**ill. 29** Christoph Girardet, *60 Seconds (Analog)*, 2002
Photo (vue de l'installation) : Roland Schmidt

**ill. 30** Bujar Marika, *La Paresse,* œuvre non datée (2009)
Photo : Anne-Laure Oberson

# LES POÈTES AUSSI

ANDRÉ WYSS

«Je cherche en même temps l'éternel et l'éphémère.» Georges Perec

Le poète n'a pas de montre: «Rêvons, c'est l'heure» (Verlaine); «Voici l'heure du soir qu'aima P.-J. Toulet» (étonnant alexandrin de Bernanos, placé tout au début de *Sous le soleil de Satan*). Ou Philippe Jaccottet: «De nouveau ce moment où l'heure est parfaitement immobile, où le ciel semble plus haut, quand la lumière est une huile qui dore la terre bientôt plus sombre.» Et même la philosophe Jeanne Hersch, citée dans un wagon des CFF: «Petit *maintenant* qui ne s'écoule pas et dans lequel l'éternité reste un moment captive.» Variante d'un fameux «Ô temps, suspends ton vol», rêve d'un monde où l'heure n'aurait plus lieu d'être.



Mais quand il s'agit de l'heure *montrée*, le poète peut se situer à l'occasion très loin du mode élogieux. Relisons dans «L'horloge» des *Fleurs du Mal*, une vision très noire: la mesure du temps s'y confond tout bonnement avec l'horreur du temps qui s'écoule; l'aiguille des secondes montre non pas l'instant que l'on vit, mais le temps qui passe; «Trois mille six cents fois par heure», elle rappelle que nous allons vers notre mort. On voudrait évoquer un outil de mesure du temps, on se retrouve en présence d'un symbole terrible; l'horloge, assimilée cruellement aux abstractions à quoi nous réduisons le temps pour le comprendre (*Maintenant, Autrefois* personnifiés, *Souviens-toi* comme un *leitmotiv*), n'est occasion que d'angoisses. L'image de la clepsydre met le comble à cette horreur: elle ne se vide pas pour indiquer l'heure, mais pour montrer cruellement l'inexorabilité du temps qui passe. L'horloge la plus fruste devient ainsi le symbole le plus fort de notre vie qui s'écoule – qui s'épuise: clepsydre, montre-moi ma mort, rappelle-moi ce sacrifice que l'humanité fait en permanence au «dieu sinistre». Par un curieux transfert, Baudelaire, au début de son poème, assimile l'horloge à ce dieu, alors qu'elle n'en est que l'idole. La «voix d'insecte» qui annonce ma mort et le «gosier de métal qui parle toutes les langues» pompent ma vie pour la livrer à ce dieu cruel, rendu finalement par l'image d'un gouffre qui a toujours soif.

Les horloges automates présentent en général des allégories moins désespérées que cette horloge baudelairienne, et elles les composent le plus souvent sous forme d'historiettes, telle la Zytglogge de Berne. Apollinaire en a vu une à Prague: «Nous allâmes entendre tinter l'heure à l'horloge de l'Hôtel de Ville. La Mort, tirant la corde, sonnait en hochant la tête. D'autres statuettes remuaient, tandis que le coq battait des ailes et que, devant une fenêtre ouverte, les Douze Apôtres passaient en jetant un coup d'œil impassible sur la rue.»

Le Goethe de *Faust* («Prologue dans le ciel») considère cela plus métaphysiquement: «Die Sonne tönt nach alter Weise / In Brudersphären Wettgesang» (littéralement: «Le soleil sonne selon le mode ancien / Dans le chant de concours des sphères sœurs.» Plus élégamment: «Le Soleil, selon le rite antique, / Mêle sa voix au chœur harmonieux des sphères» – Henri Lichtenberger). Ici le moindre mot signifie: «tönt», alors que cela se passe silencieusement – c'est la musique des sphères, une véritable sonnerie céleste! «nach alter Weise»: en effet, ce chant est plus vieux que tout; «Brudersphären»: les étoiles sont sœurs; «Wettgesang»: c'est l'émulation cosmique. Bien plus tard et plus trivialement (encore que plus scientifiquement), nous aurons l'horloge astronomique; naguère encore, nous avons eu le bip de l'Observatoire chronometrique de Neuchâtel. Images ou réalité, les étoiles jouent une musique pythagoricienne pour indiquer le temps.

Dans *Alcools*, Apollinaire revient sur son souvenir de Prague et sur une autre horloge – «Les aiguilles de l'horloge du quartier juif vont à rebours / Et tu recules aussi dans ta vie lentement» – assimilant cet «à rebours» au retour vers le passé; or ces vers sont immédiatement précédés d'une référence biblique: «Tu ressembles au Lazare affolé par le jour.» Magie de l'image, qui, émanant d'un poète, est toujours plus ou moins de la pensée, par la force même de sa signification! Ce «Lazare affolé par le jour» c'est l'inverse assez exact, mais non pas consolant pour autant, du vers de Baudelaire: «Le jour décroît; la nuit augmente, *souviens-toi*!» À moins que le sens inversé des aiguilles d'une montre ne soit espoir de retour vers le passé, ne soit passage de la mort à la vie. Image naïve et profonde aussi bien, qui consolerait de l'angoisse baudelairienne.

Les romanciers, quant à eux, indiquent souvent le temps qui passe ou le moment que l'on vit, mais chacun le fait à sa manière. Prenons deux exemples extrêmes. Dans *À la recherche du temps perdu*, il y a paraît-il 46 montres, 16 pendules, 7 horloges et un réveil matin, mais on s'y interroge peu sur l'heure qu'il est; les 3000 pages de ce roman déroulent toute une vie sans qu'on sache (sauf à de rares exceptions) à quelle date, même en quelle année on se trouve; et d'ailleurs, on ne sait pas quand cela se termine, de toute façon après la mort de l'auteur, à qui son narrateur survit. Cependant que toute *La Vie mode d'emploi* de Georges Perec se passe directement ou indirectement à un moment bien précis («C'est le vingt-trois juin mille neuf cent soixante-quinze et il n'est pas loin de huit heures du soir»: éloge de l'heure!), mais l'ensemble des histoires que l'auteur y raconte couvre une période qui s'étend de 1833 à l'automne 1975: éloge d'un temps qui excède la durée d'une vie, non celle de nos mémoires.

En somme, la littérature nous demande avec insistance s'il peut y avoir un comput des heures. La langue dans laquelle elle s'écrit peut avoir un point de vue là-dessus: *conter* et *compter* remontent tous les deux au latin classique *computare*. Ce rapport bien parlant entre deux verbes qu'on n'eût pas dits frères se retrouve en allemand: conter (*erzählen*), c'est compter (*zählen*), c'est énumérer des faits comme d'autres énumèrent des jours (le computiste qui établit le calendrier ecclésiastique) ou des heures (le guetteur de la cathédrale de Lausanne – «il a sonné cinq» –, le sonneur du couvent – prime, tierce, sexte, none). Non, le *computus* ne mène pas qu'au *computeur*.

Mais l'ordinateur en découle. Il semble qu'il doive bientôt se mettre à notre poignet pour faire l'éloge de l'heure numérique, une heure qui serait bien plus qu'une heure, une heure dont on saurait enfin faire quelque chose! «All watches tell time. This one helps you to make the most of it». Ce slogan des poètes de Cupertino donne en français: «Le temps retrouvé». Ça paraît plus littéraire, mais ce temps n'a rien de proustien, il est tout utilitaire, car il ne s'agit plus de savoir l'heure qu'il est, mais d'apprendre à gérer son temps. Et pour cela de rester *connecté*. Mais l'heure ne fait-elle pas sens que par rapport à une communauté? L'illusion est ici que le réseau social puisse remplacer les sociétés. Connexion, nouvelle religion.

«C'est l'heure exquise» (Verlaine). Heure de rêver, heure de se retrouver, c'est égal: quand elle est montrée par le clocher de l'église ou par une horloge publique sur quelque autre tour, l'heure mesurée est l'heure donnée pour la collectivité et cette heure a peut-être toujours eu et gardera, on veut l'espérer, un caractère de bonne intelligence des uns avec les autres. Par-là, elle mérite de toute façon nos éloges.

# UNE HORLOGE POUR L'ÉTERNITÉ?

**JOËL VACHERON**

"I think it is time for us to start a long-term project that gets people thinking past the mental barrier of the Millennium. I would like to propose a large (think Stonehenge) mechanical clock, powered by seasonal temperature changes. It ticks once a year, bongs once a century and the cuckoo comes out once a millennium".[*] Daniel Hillis, 01993

**01880**

Vers la fin du XIXe siècle, l'heure moyenne de Greenwich est adoptée par la plupart des compagnies ferroviaires de Grande-Bretagne.La révolution industrielle pouvait se déployer en suivant un temps coordonné. «Time is money», aimait rappeler Benjamin Franklin. Dans les sociétés modernes, gagner du temps c'est prendre de l'avance. Les individus sont contraints de suivre le rythme rapide du changement, car rester immobile signifie bien souvent reculer. Saisir une opportunité, créer des connexions, demeurer compétitif…, la moindre période de repos pourrait être fatale. L'évolution récente des systèmes de communication a marqué un changement dans notre rapport au temps. Les images et les courriers fusent dans les arcanes de la Toile. Les ordinateurs et téléphones portables offrent une liberté de mouvement et d'action sans précédent. L'informatisation des marchés et l'usage généralisé des cartes de crédit consacrent l'avènement d'une époque où le monde semble être accessible d'un seul clic.

**02000**

Alors que la première bulle Internet était sur le point d'éclater, ces vagues d'accélération successives brouillaient visiblement les perspectives. L'obsolescence planifiée, les programmes à court terme, le culte de l'instantanéité, etc., cette «révolution» numérique s'accompagne d'une pénurie des repères stables à partir desquels il est possible d'envisager le futur. En regard de l'accroissement des dysfonctionnements structurels et psychiques, il est toujours plus évident que cette omniprésente vélocité devient un obstacle pour toutes formes d'évolutions futures[1]. Des cours de yoga à la réclusion volontaire, en passant par des appels à la slow attitude ou au droit à la «déconnexion», quelques solutions palliatives permettent aux individus d'enrayer cette «famine temporelle[2]».

**01996**

C'est dans ce contexte que The Long Now Foundation voit le jour en 01996. La Fondation souhaite développer des outils, théoriques et utilitaires, pour canaliser cette fuite en avant. À l'approche du cap mythique de l'an 2000, il devint nécessaire de promouvoir un nouvel horizon vers lequel pouvait tendre l'humanité. À travers différents projets, la mission visait à réintroduire le long terme dans notre perception du temps. Riches, puissants et presque retraités, les membres fondateurs de la Fondation formaient une sorte de conseil d'oracles de la cyberculture. Dans leurs domaines respectifs, ils ont tous fait preuve d'une certaine acuité en matière d'évolution technologique[3].

**01968**

C'est le cas notamment de Stewart Brand, figure incontournable de la contre-culture américaine. Réputé pour sa perspicacité en matière d'innovations technologiques, on lui doit le terme *personal computer*, il est souvent convoqué pour évangéliser les terrains vagues de l'économie numérique. Vers la fin des années 1960, il militait pour que la Nasa publie les premières photographies de la Terre vue depuis l'espace. Selon lui, cette inversion des perspectives était nécessaire pour générer une nouvelle sensibilité en matière d'environnement. Cinquante ans plus tard, il met à profit ses talents de lobbyiste visionnaire pour réformer notre relation au temps. *Time and Responsability: The Ideas behind the World's Slowest Computer* (1999) se présente comme un plaidoyer sur les implications philosophiques et techniques à l'origine de L'Horloge de l'Année 10 000[4]. Le programme phare de The Long Now Foundation.

**01993**

C'est Daniel Hillis qui a eu l'idée utopique de fabriquer une horloge censée fonctionner 10 000 ans. The Clock a été ainsi conçue comme un dispositif, mécanique et mythologique, susceptible de redéfinir en profondeur nos repères temporels. Hillis a passé plusieurs années à développer ce garde-temps truffé de fonctions complexes. À l'instar de sites mythiques comme Stonehenge, les pyramides de Giza ou les temples shinto, cette horloge est envisagée comme un symbole destiné aux hypothétiques civilisations à venir. L'Horloge doit être placée dans un lieu protégé et difficile d'accès afin d'amplifier la dimension mystique de cette incursion dans les limbes du temps[5].

**01999**

Quelques prototypes et appels de fonds plus tard, un emplacement a été acheté dans l'ouest du Texas, sur une parcelle jouxtant un Parc national. Des équipes sont actuellement en train de creuser un puits, d'environ 150 mètres de profondeur, qui constituera l'écrin de roc dans lequel sera érigé ce monument à la gloire du Temps long. Aucune date de finition ne peut être encore avancée et il faudra attendre quelques années avant de voir s'attrouper les premiers pèlerins. En attendant, à travers des cycles de conférences, The Long Now Foundation continue de vanter la fusion bénéfique de l'utopie et des technologies.

**10000**

Voir très loin, c'est aussi une manière de ne pas regarder trop près. Les perspectives offertes par cette vaste entreprise de maîtrise du temps semblent séduire certains CEO's de la Silicon Valley. Jeff Bezos[6] s'est montré particulièrement généreux en se délestant de 42 millions de dollars, déductibles d'impôts, afin de financer la réalisation du projet. Une manière efficace pour tempérer les modèles d'organisation du travail contraignants, inspirés pas le toyotisme[7], qui font l'efficacité de l'Amazon Way. Après avoir supprimé les contingences spatiales dans nos habitudes d'achat, il nourrit peut-être le rêve d'uniformiser les pulsations désynchronisées de la globalisation. Si l'heure de Greenwich a pu servir de référence temporelle universelle durant l'ère industrielle, pourquoi cette horloge du nouvel âge ne prendrait-elle pas le relais dans l'ère numérique[8] ?

∞

À défaut d'exprimer explicitement les enjeux actuels, les scénarios proposés ressassent les clichés d'une conception du progrès déterminée exclusivement par la fabrication de machines plus complexes. Toutefois, à travers cette apologie du temps long, les nouveaux maîtres du temps n'offrent qu'un palliatif superficiel pour cacher l'inertie de notre époque. Emportés par des velléités démiurgiques, ces futurologues essaient de nous convaincre que le génie humain, réduit à sa dimension technique, peut nous permettre de nous affranchir de tout. Même la mort[9], cette ultime frontière temporelle, peut désormais être instrumentalisée. Sous des attraits plutôt épiques, The Clock fait partie des mythes fonctionnels à travers lesquels les cyber-élites cherchent à transcender l'horizon inatteignable dessiné par l'accélération. Ondoyante au milieu du tumulte, la vulgate accompagnant l'érection de « cet ordinateur le plus lent du monde » ne vise rien d'autre qu'à proposer un équivalent sécularisé à la promesse d'éternité.

* «Je pense qu'il est temps de commencer un projet à long terme qui incite les gens à penser au-delà de la barrière mentale du Millénaire. Je propose une grande horloge mécanique (à l'échelle de Stonehenge), actionnée par les changements de température saisonniers. Elle tique une fois l'an, sonne une fois par siècle et le coucou sort chaque millénaire.»

1. Cet argument est largement traité par le sociologue Hartmut Rosa dans son analyse des impacts sociaux et politiques de l'accélération. Il part notamment du constat que la crise économique actuelle est une conséquence de cette tendance, initiée à partir des années 1980, à démanteler toutes les institutions et autres formes de régulations qui pourraient garantir une stabilité à long terme.

2. Toujours selon Rosa, « la facette la plus oppressante et étonnante de l'accélération sociale est peut-être la spectaculaire et épidémique "famine temporelle" des sociétés modernes (occidentales). Dans la modernité, les acteurs sociaux ressentent de manière croissante qu'ils manquent de temps et qu'ils l'épuisent. C'est comme si le temps était perçu comme une matière première consommable telle que le pétrole et qu'il deviendrait, par conséquent, de plus en plus rare et cher », in *Aliénation et Accélération*, Paris, La Découverte, 2010, p. 25.

3. Parmi les membres fondateurs, on compte : Daniel Hillis, fondateur de Thinking Machine Inc. et ancien responsable des questions touchant à l'intelligence artificielle chez Disney. Stewart Brand, souvent cité comme un pionnier de la cyberculture avec des projets comme le Whole Earth Catalogue ou la communauté en ligne The Well. Kevin Kelly, fondateur et éditeur exécutif du magazine *Wired* et théoricien influent de la nouvelle économie. Peter Schwartz, cofondateur avec Stewart Brand du Global Business Network et auteur d'ouvrages prônant la croissance continue comme *The Art of the Long View* (1991) ou *The Long Boom* (1999). Brian Eno, musicien et entrepreneur. Paul Saffo, futurologue et consultant. Mitchell Kapor, fondateur de Lotus Development Corporation et cofondateur de l'Electronic Frontier Fondation, et Esther Dyson, journaliste spécialisée en informatique, devenue *angel investor* (investisseur mettant à disposition son expertise en plus de son apport financier).

4. Aussi appelée The Millenium Clock, 10 000 Year Clock, Horloge of the Long Now, ou, plus simplement, The Clock.

5. À noter qu'une des pièces de la cave dans laquelle se trouvera The Clock servira de bibliothèque où seront entreposés 1 000 livres, choisis par les fondateurs de The Long Now Foundation. Ils sont destinés à communiquer l'état de nos connaissances à d'hypothétiques civilisations futures.

6. Jeff Bezos est le fondateur et l'actuel directeur d'Amazon.

7. Développé au sein de la firme Toyota après la Seconde Guerre mondiale, le toyotisme a succédé au fordisme comme modèle de référence de l'industrie automobile. L'idée à la base de ce système d'organisation du travail consiste à « produire juste à temps, ce dont on a juste besoin ». Gestion rigoureuse des stocks, autonomisation des équipes, contrôle exigeant de la qualité des produits et des services, etc., ces stratégies du « juste à temps » forment également la base des techniques de *lean management* popularisées en Occident avec l'essor des start-up.

8. Le concept de l'Horloge de 10 000 ans, qui consacre l'avènement d'un nouvel âge, a été proposé au même moment que la Déclaration d'indépendance du cyberspace : « Governments of the Industrial World, you weary giants of flesh and steel, I come from Cyberspace, the new home of Mind. On behalf of the future, I ask you of the past to leave us alone. You are not welcome among us. You have no sovereignty where we gather », in John Perry Barlow, *A Declaration of the Independence of Cyberspace* (1996).

9. C'est le cas notamment de Ray Kurzweil, un apôtre médiatisé du transhumanisme qui a rejoint Google en 2012 pour travailler sur les questions d'intelligence artificielle (AI). Selon lui, l'extension de nos espérances de vie est devenue une priorité : « If we have radical life extension only, we would get profoundly bored, we'd have profound existential ennui, running out of things to do, and new ideas, but that's not what's going to happen. In addition to radical life extension, we're going to have radical life expansion, we're going to have millions of virtual environments to explore, we're going to literally expand our brains »
(Global Future Congress 2045, juin 2013).

# REGARDER, ÇA MONTRE

## STÉPHANE BONVIN

« À 20 ans, si t'as pas ta Rolex, t'as quand même raté ta vie de rebelle. »
Lao Tseu, sur le site wired.com, mai 2015

Pourquoi le temps existe-t-il ?
Parce qu'on le mesure, répondra le philosophe.

Pourquoi la montre existe-t-elle ?
Pour qu'on me voie en train de la regarder, répondra le journaliste de mode.

Cet article part d'une évidence : avoir l'heure à son poignet, aujourd'hui, n'est plus vraiment nécessaire. Donc, pour beaucoup, une montre est une affaire de choix. Désormais superflu, le bracelet-montre n'en devient que plus porteur de symbole, de sens, de lien social, de singularité, de valeur ajoutée, de signe d'appartenance, de rituel, d'exhibition, de confession, de mise en scène de soi, bref de messages. Il en va de même pour toute une foultitude d'objets que les conventions ou le renouvellement technologique ont rendus obsolètes et qui, dès lors, sont devenus des marqueurs sociaux : le porte-plume, la cravate chez les footballeurs, les vinyles, les 4x4 qui se prennent pour des tracteurs en milieu urbain, etc. Bref, de nos jours , en Occident, peu de choses sont aussi essentielles au récit de nos vies aseptisées et de nos mythologies vidées de tout danger, que nos accessoires. Et la montre de souscrire à cette règle. Et l'heure portée sur soi, celle que l'on regarde et que l'on donne à voir, d'être passée du domaine de l'outil à celui du symbole.

On peut lire une époque, on peut deviner ses aspirations utopiques ou ses craintes sourdes à la forme de ses voitures, au style de ses maisons, à son goût en matière d'esthétique culinaire. Et justement, que disent les montres en vogue, les montres en vue, les montres exhibées par l'élite du goût, des tendances, par les artistes médiatisés, par les stars prises pour modèles, par les défricheurs de comportements ?

D'abord que la montre, en tout cas la montre masculine, reste, malgré son obsolescence, un attribut omniprésent. Ensuite, feuilletez les blogues de mode. Attablez-vous dans un de ces bistrots de bobos. Contemplez, à Bâle, à Milan ou à Miami, les montres que portent les visiteurs des foires d'art ou de design. Soupesez les montres au poignet des footballeurs (qui sont, hélas, les figures identificatoires les plus universelles de nos années 2000). Scrutez l'allure des rockers ou des créateurs aux avant-gardes. Regardez les modèles de garde-temps *cheap* qui se vendent par wagons une saison et puis s'en vont. Et vous verrez. La montre à la mode, la montre à avoir et à faire voir, reste la montre de luxe, la montre à papa, la montre traditionnelle, la montre de riche, la montre patrimoniale. La montre qui donne l'heure, oui, mais la montre dont le design murmure ceci : « Je ne suis pas de votre temps. Je suis née avant vous. J'ai un lignage. Je vous survivrai. » Rolex. Audemars Piguet. Vacheron Constantin. Omega. Panerai. Bréguet. Patek. Rolex. Rolex. Rolex.

Bizarre non ? Bizarre pour une époque, les années 2013-2015, qui voit apparaître ces objets ou ces bracelets qui servent à nous quantifier, qui comptent nos pas, nos battements de cœur, nos faits et gestes, qui tiennent le pouls de nos horloges internes et qui donnent aussi l'heure. Bizarre, que ces gadgets nouveaux, porteurs d'utopie et de progrès, de rationalité et de fiction, n'aient pas (encore) remplacé les montres à aiguilles archaïques. Même les premières iWatch, ces bracelets-connectés dévoilés avec beaucoup de théâtre par Apple, ont repris, autant que possible, le design d'une montre à l'ancienne.

On peut trouver toute une foule de raisons à cet attachement actuel à des codes esthétiques qui ressortent tant du passé. Il y a d'abord le fait que les grands groupes de luxe, à la fin des années 2000, ont mis la main sur une bonne partie des designers et racheté beaucoup de marques de mode. Elles ont alors imposé, sans que le consommateur ne s'en rende bien compte, l'idée que c'est le luxe, ce qui est cher et griffé, qui est désirable, et non plus comme c'était la croyance depuis *grosso modo* les années 1960, les objets qui ressortent de la rupture, du rejet de certaines conventions ou d'une forme de rébellion. On n'a pas encore mesuré l'emprise qu'exerce ce changement de paradigme sur le goût mondialisé. Autrement dit : depuis deux décennies, ces marques qui comptent tant dans notre façon de dire qui nous sommes se sont déplacées du champ de la nouveauté vers celui du patrimonial.

Si l'on excepte une frange de designers aux limites de l'art contemporain présentés par *L'Éloge de l'heure*, l'horlogerie et les façons de se choisir un objet montreur d'heure souscrivent à cette rétrostalgie. Plutôt qu'être synchrone avec son temps, préférer l'inscription dans une lignée. La durée. La diachronie.

Et cela se comprend. On ne fera pas l'injure de rappeler au lecteur ce qui, dans un garde-temps, relève du décompte des jours, de la perte, de la mort, du manque. La montre, les montres que l'on voit partout, aujourd'hui, semblent nous rattacher à un temps suspendu, retenir les instants qui fuient, regretter les époques révolues, plutôt que nous inciter à nous jeter dans le présent. Voilà ce que cristallisait, grossièrement, la fameuse phrase du publicitaire français Jacques Séguéla. En février 2009, pour défendre Nicolas Sarkozy et son goût visiblement bling, Séguéla déclare que si on n'a pas de Rolex à 50 ans, on a quand même raté sa vie. Tollé, hurlements, cris. Derrière le mauvais goût et le toc de cette déclaration : bien plus de vérité contemporaine qu'il n'y paraît.

Il est un autre contexte dans lequel le port de la montre chère, traditionnelle et de luxe est apparu. C'est un port circonscrit à des cercles de consommateurs branchés et aisés, mais qui cristallise tout ou presque de notre rapport contemporain aux objets, de ce que nous leur confions comme pouvoir autobiographique. Prenons Jérôme, 39 ans, croisé dans un restaurant à la mode de Lausanne. Tatouages bien en vue. Barbe mal domptée. Chemise de bûcheron. Bagouzes têtes de mort. Mais Rolex à 11 000 francs au poignet. Et déjà une belle carrière dans l'hôtellerie. Cette façon de faire claquer sa montre de prestige sur une allure de rocker qui pique, voilà qui est tout sauf anecdotique. Se composer des looks par patchwork, nouer un foulard d'aventurier sur son costume de banquier, porter un blazer sur un mini-short d'adolescentes, faire dépasser ses gris-gris brésiliens de ses poignets de chemise classiques. Arriver au bureau avec une parka conçue pour vaincre l'Everest. Et porter, ironiquement ou non, une Rolex sur des tatouages. Tout cela dit le refus, chez l'individu du XXIe siècle, de se limiter à une seule identité ; de considérer le récit de son existence comme enclos dans une seule catégorie sociale. Ce genre de stratégie tellement contemporaine et relativement nouvelle, ce bricolage esthétique dit la négation, héroïque ou puérile, du côté fini et définitif de nos vies. Nos intérieurs de bric et de broc chic où se côtoient souvenirs de voyages et pièces de designers néo-vintage, notre refus des total-looks ou des uniformes, notre façon de nous constituer des goûts culturels métissés et mixés, n'illustrent que notre tentative de repousser les frontières de nos existences, d'entretenir l'illusion que nos choix ne sont pas comptés, nos décisions jamais définitives.

Et c'est ce refus de la mort et de voir que nos jours s'écoulent, qui se reflète dans la lunette de ces montres de luxe accrochées aux poignets des *hipsters* barbus. Une Rolex sur un poignet tatoué, voilà qui peut paraître anecdotique. Et pourtant. Rien ne révèle mieux notre rapport aux objets. Rien ne résume mieux le pouvoir qu'on leur donne, aujourd'hui. Celui de figurer nos vies. Celui, même, de les configurer. Oublie que tu n'as pas tout le temps, disent ces garde-temps.

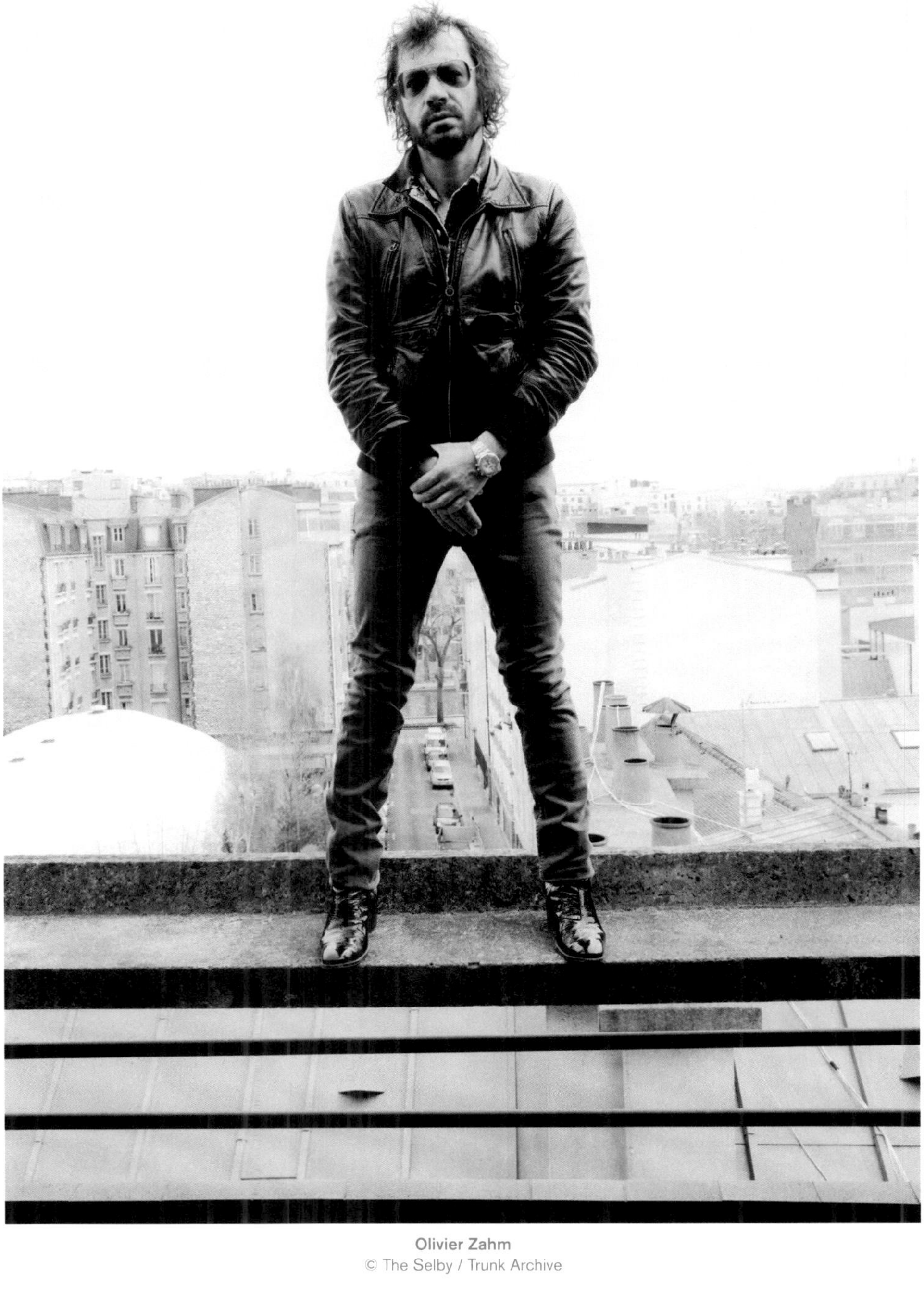

**Olivier Zahm**
© The Selby / Trunk Archive

# ENTRETIEN AVEC MAARTEN BAAS

## DESIGNER DE LA QUATRIÈME DIMENSION

**PAR LORETTE COEN**

ill. voir p. 151



Maarten Baas n'a pas achevé sa formation à la Design Academy Eindhoven qu'il se trouve déjà propulsé dans la carrière qu'il s'est choisie. Son tout premier objet, le chandelier *Knuckle* (articulation), qu'il conçoit encore étudiant, est immédiatement adopté par un éditeur. En 2002, ses deux travaux de diplôme installent d'emblée ce jeune Néerlandais sous le feu des projecteurs. Le projet « Smoke » frappe par son caractère malicieusement radical, au point que Moooi, l'entreprise de Marcel Wanders, incorpore directement trois pièces dans ses collections ; la série « Smoke », désormais développée, y figure toujours. Et les principaux musées et galeries de design l'acquièrent et l'exposent. Pour son autre travail de fin d'études, il met au point une horloge solaire qui, par un jeu d'ombres et de lettres, projette la fameuse phrase de Galilée : « Eppur si muove ». Ainsi s'annonce très tôt un programme de designer où l'affichage de l'heure et le passage du temps occupent la place centrale.

Maarten Baas n'a alors que 24 ans ; il en a 36 au moment où il se prête à cet entretien pour lequel il a préféré, non sans humour, l'ambiance gothique de l'Olivier, une ancienne église transformée en bar à bière et café, au cœur de la vieille ville d'Utrecht. La vaste ferme où il fabrique la plupart de ses produits se situe, elle, dans la plate campagne des environs de 's-Hertogenbosch (Bois-le-Duc), chef-lieu de la province du Brabant-Septentrional, proche d'Eindhoven. Il l'a aménagée en 2005, avec son associé Bas den Herder, pour en faire le studio Baas & den Herder où il produit ses pièces uniques, tandis que dans la grange il construit ses prototypes et réalise de petites séries.

Ce designer qui courtise la métaphysique renâcle à s'exprimer. Trop d'interviews, une visibilité qu'il trouve dorénavant excessive, l'incitent à une réserve défensive. Ce qui est certain, c'est qu'on ne l'enfermera pas dans un discours arrêté, lui qui affectionne l'équilibre instable ; et l'on n'obtiendra pas de lui des certitudes, lui qui pose chacune de ses pièces comme une interrogation.

**Comment vous est venu l'intérêt et l'envie de montrer l'heure ?**

Le temps a toujours habité mon travail. J'y vois l'effet d'un processus inconscient plutôt que d'un choix délibéré. Lorsque je carbonise des meubles pour la série « Smoke », que je les fige ensuite en les recouvrant de résine époxy translucide, je mets en scène leur caractère périssable. Les pièces de la série « Clay Furniture », fabriquées sans moule et entièrement modelées à la main, portent la marque des doigts qui les ont façonnées ; l'argile industrielle qui les constitue ainsi que ces traces disent la fugacité du temps. Le sablier *Just About Now*, je l'ai créé volontairement imprécis, adapté aux cas où il n'est pas nécessaire de mesurer le temps exactement.

**Vous faites vibrer le temps au cœur de vos produits pour les enrichir d'une nouvelle fraîcheur. Vous dégagez les objets de leurs limites officielles pour leur donner de l'allégresse et un nouvel élan.**

Je réponds d'abord à des demandes. Je ne vois aucun intérêt à créer des objets qui existent déjà ; je cherche à comprendre ce qu'il est nécessaire de faire qui aurait du sens et des raisons d'exister. Et ce qui, sans provocation, pourrait changer la manière de regarder. J'ai immédiatement répondu positivement à Amnesty International lorsqu'il a fallu composer l'affiche pour sa campagne de défense de la liberté d'expression. *The Empty Chair* en est devenue le symbole. J'aime aussi jouer. En 2014, au dernier Salon du meuble de Milan, les affiches annonçaient : « Baas is in town » ! J'y ai présenté la plus sauvage de mes expositions, composée uniquement d'improvisations, de travaux instantanés, développés sur place. Une sorte de cirque pour faire écho à celui qui se déroule chaque année dans la ville.

**Pour lancer votre grande exposition de 2004, *Where There's Smoke...*, chez Murray Moss, à New York, vous avez tranquillement fait flamber au chalumeau vingt-cinq meubles originaux aussi sacrés que ceux des Eames ou de Rietveld. En vous en prenant à ces œuvres majeures de l'histoire du design, qu'avez-vous éprouvé ?**
J'ai cherché à faire mon boulot le plus sérieusement possible, préoccupé avant tout de tirer un maximum de ces pièces. Les icônes ne me touchent pas particulièrement ; elles ne m'irritent pas non plus. En les transformant à ma manière, je soulève cette question : alors que tout bouge continuellement, est-il bien raisonnable de vouloir arrêter le temps en conservant religieusement de telles œuvres ? Je ne prétends pas apporter de réponse. Je me donne pour unique ambition de fabriquer des objets. Et pour les imaginer, j'obéis à des intuitions. J'explique ainsi le succès de la série « Smoke », née au lendemain du 11 septembre 2001, à un moment où les esprits étaient prêts à la recevoir. Avant que les tours jumelles ne s'effondrent, tout paraissait immobile et sans espoir ; la scène du design manquait d'inspiration. J'ai alors eu l'impression qu'il fallait brûler ce que l'on possédait pour que l'air puisse circuler enfin librement et pour que l'on retrouve la liberté d'aller de l'avant. Comme les fermiers brûlent leurs champs pour les fertiliser.

**Vous avez même sculpté par le feu un Steinway de 1934 et produit un Smoke Pleyel à la demande de la manufacture de pianos et de votre galerie, Carpenters Workshop ! Vous vous inscrivez sans doute dans l'esprit de l'époque ; à preuve, l'enthousiasme avec lequel ont été accueillis, au Salon du meuble de Milan de 2005, votre *Hey Chair, be a Bookshelf !*, vos *Treasure Furniture* construits avec des objets de récupération, et vos *Flatpack Furniture* obtenus par croisement de pièces en kit d'Ikea. Ensuite, avec la série « Real Time », vous vous êtes lancé dans l'exploration sérieuse de la quatrième dimension.**
Après ces succès, je me sens plus tranquille, j'ai pris de l'assurance et je me suis donné du temps. En 2009, j'ai présenté à Milan trois longues vidéos de 12 heures, en fait des performances filmées, où je mets en scène différentes manières d'afficher l'heure. Chacune poursuit un but et exprime un thème. Dans la *Sweepers Clock* (l'horloge des balayeurs), deux hommes poussent des tas de détritus avec lesquels ils composent les aiguilles d'une montre et les déplacent à mesure que l'heure avance. Comme le travail de nettoyage, le mouvement infini ici filmé se répète interminablement. Aucune allusion écologique (je ne suis pas un militant) mais l'illustration même de la monotonie. Dans l'*Horloge analogique digitale*, je mets plutôt l'accent sur la précision sans faille. Un petit homme dissimulé derrière les chiffres les efface et les redessine sans arrêt. À 12 heures, il gomme tout puis recommence. Ce personnage qui s'occupe du temps en a fait son travail et son destin. La troisième histoire, celle de la *Grandfather's Clock*, prend pour thème l'horloge comtoise classique avec sa longue caisse en bois et son cadran, en réalité un écran, derrière lequel se profile un homme. On devine qu'il boit, qu'il fume, qu'il mange mais, régulièrement il efface l'aiguille et la redessine d'un trait charbonneux en la reportant une minute plus loin ; il en fera autant pour celle des heures.

**L'année suivante, on a vu affichée à Milan cette proclamation : « Le nouveau Maarten Baas pour seulement 99 centimes » ! De ces vidéos pour galeries, vous avez fait des applications destinées aux smartphones. Sans en avoir l'air, votre proposition allait loin. Elle interrogeait la montre qui, vidée de sa fonction d'usage, se réfugie dans le passé et dans le luxe.**
Les vidéos étaient, en effet, des prototypes à partir desquels j'ai fabriqué aussi bien des pièces de musée très chères – comme la *Grandfather's Clock*, suivie d'ailleurs de la *Grandmother's Clock* – que des applications accessibles à tous. Il ne faut pas y voir un jeu mais une recherche de design qui va en profondeur. Qu'est-ce que montrer l'heure ? Je tente d'appréhender à la fois le temps et le sentiment subjectif de la durée. Et pour explorer ce paradoxe, je convoque l'art de raconter des histoires et celui de créer l'illusion ; et je me sers d'outils dont l'usage me passionne : la vidéo, le théâtre, la performance.

# ENTRETIEN AVEC IVÁN ARGOTE

## ARTISTE VOYAGEUR DANS LES INCERTITUDES DU TEMPS

**PAR LORETTE COEN**

ill. voir p. 65

Il a installé son atelier dans un dédale de salles d'une usine désaffectée de La Courneuve, à Paris, dont il partage les locaux avec d'autres artistes. « Je crois bien que je suis le plus envahissant », avoue Iván Argote dans un éclat de rire, en désignant la cour encombrée de ses travaux. Chez ce Colombien de 31 ans qui touche à tous les médias – vidéo, sculpture, installation, performance, logiciels, peinture – le sourire affleure vite. Il est vrai que tout lui réussit : débarqué en France en 2006 grâce à un prix, il étudie aux Beaux-Arts et, cinq ans après, le voici adopté par Emmanuel Perrotin, l'un des galeristes les plus en vue de Paris, qui lui consacre une première exposition individuelle en 2011, suivie d'une autre, importante, en 2014.



Quelques images cueillies au gré des vidéos. *Glup glup (Monument)* (2009) a été tournée sur le campus de l'Université nationale de Colombie où il fut admis à l'âge de 16 ans. On le voit dans une classe d'art soulever un lourd plâtre représentant Simón Bolívar en buste et le plonger jusqu'au nez, d'ailleurs mutilé, au centre d'un bassin circulaire où le Libertador, presque humanisé, barbote et fait des bulles. Irrévérencieux à Bogotá, récidiviste à Paris. Dans *Feeling* (2009), le voici qui danse dans un musée, mince et juvénile, face à une croix noire peinte par Malevitch, au son de sa radio portative. Ou dans une salle d'exposition, taguant prestement un Mondrian d'un long trait noir sinusoïdal – en vérité rajouté en post-production (*Retouche*, 2008).

Méticuleux dans la préparation, rapide dans l'exécution, Iván Argote mobilise peu de moyens mais exploite les ressources illimitées de l'espace public pour réaliser des vidéos brèves, faisant des passants, des passagers du métro ou du bus les protagonistes involontaires de mises en scène qui capturent le temps. L'insolite qu'il suscite sert de moteur mais son attitude n'a rien du défi ; il évite à tout prix la dénonciation et, surtout, ne milite pour aucune cause. L'artiste sollicite, interroge, s'étonne et propose de partager une interaction comme on accompagne un moment de méditation. « On se tromperait en ne voyant qu'une ironie superficielle dans mes travaux. Mon approche engage l'action, la pensée, la poésie. Pour moi, l'art représente un excellent mode de recherche pour s'attaquer à des sujets graves et difficiles. »

Il précise : « J'ai commencé par réaliser des vidéos mais j'aime aussi utiliser d'autres moyens, pour complexifier, pour éviter les positions de confort, pour être amené à me poser des questions. » Ainsi a-t-il mis au point le logiciel de l'horloge *Global Time* qui, toutes les secondes, affiche l'heure qu'il est dans une série de villes du monde choisies au hasard. Une œuvre qu'il se propose de développer et de renforcer en élargissant encore la liste des localités.

**Vous prenez appui sur les pulsations régulières et attendues de la montre pour embarquer en direction de l'imprévu et vous transformez ainsi la mesure du temps en voyage aléatoire… Que voulez-vous pointer par-là ?**

Sachant que le rapport de chacun à l'heure et au temps est très déterminé par la géographie et par l'histoire, j'ai inventé une horloge globale et démocratique qui empêche une lecture locale, celle de l'ici et du maintenant, et qui, ce faisant, se contredit elle-même ! Je joue de l'idée de simultanéité, vérité toute relative, certitude que je déstabilise. En sélectionnant systématiquement des villes de taille modeste, au nom souvent inconnu, je donne une existence à des lieux sur lesquels l'attention ne s'arrête jamais. De cette façon, je donne un peu de pouvoir aux petits, aux vulnérables. Je ne propose pas un grand discours, j'éveille une conscience de l'ailleurs.

**Dans *Time is Money*, vous êtes encore plus explicite.**

Oui, cette pièce questionne le statut ambigu de l'œuvre d'art. Il s'agit d'une montre multimédia qui affiche l'heure réelle en billets et en monnaie. Sa simplicité et son caractère délibérément utilitaire me permettent de mener l'expression critique jusqu'au bout. Car cette montre va à l'encontre de ce qu'elle illustre : à la contempler, on perd du temps – donc de l'argent ! Elle existe en deux versions, l'une en euros, l'autre en dollars. Elle est livrée à ses acquéreurs sous la forme d'un ordinateur comprenant cet unique logiciel et dont l'affichage de l'heure est la fonction exclusive. Je rêve d'en faire une application pour téléphone mobile, à la portée de tous.

**Vous accueillez vos visiteurs sur Internet par une vidéo troublante : *Geometría* (2012). Dans une jungle humide et chaude, deux jeunes femmes souriantes se racontent tranquillement et se passent alternativement un lourd revolver. « Je suis née ici…, et moi là…, j'ai grandi ici…, et moi là…, je suis ici mais, maintenant, j'aimerais être là… » À chaque fois, elles visent la direction ; un violent coup de feu claque. Encore une de vos partitions où vous taquinez l'espace et le temps ?**

C'est vrai. Ce thème m'occupe depuis mon travail de diplôme de graphisme, à Bogotá. Pendant toute l'année 2004, j'ai travaillé sur la manière dont, à partir d'images fixes, et indépendamment de ce qu'elles montrent, se constitue la sensation de temporalité. Comment donner du sens aux images ? C'est à ce moment-là que m'est venue l'idée de construire un logiciel où le sens de l'image et le mouvement s'altèrent mutuellement.

**On vous observe, d'une œuvre à l'autre, engagé dans un jeu d'esquive. À quoi voulez-vous échapper et que cherchez-vous ?**

J'ai été élevé dans un milieu syndical très politisé ; si j'en partage beaucoup d'idées et de propositions, je rejette la radicalité frontale, le discours bloqué, rigide, dogmatique. Généralement, j'estime essentiel de s'interroger sur l'autorité des formes et de faire en sorte qu'elles s'interrogent sur elles-mêmes. Comment s'approcher des sujets ? On ne peut faire l'économie d'une politique du discours appliquée au ton et aux formes, qu'il s'agisse d'objets, d'images ou de mots. C'est le symbolique qui m'intéresse et pas uniquement dans l'art, dans la politique aussi, pourquoi pas ?

**N'est-ce pas ce qui vous conduit à creuser l'histoire et à réfléchir à la manière de la raconter ?**

En effet. En 2011, j'ai réalisé un film, *La Estrategia*, où je reconstitue l'esprit des militants colombiens de la génération qui, dans les années 1970, prévoyait la révolution et s'y préparait. Avec des comédiens improvisés, nous avons repris les récits d'anciens membres de groupes clandestins, nous nous sommes glissés dans leur tête et dans leur peau. En créant de fausses archives de la période, en donnant une seconde voix à l'histoire, j'y ai aussi introduit des brèches ; j'en ai fait une réalité fictionnelle et je l'ai ramenée au présent. Cette réflexion, je la poursuis dans un nouveau film, *The Messengers*, où je recueille les propos de deux jeunes militants américains non concernés par le marxisme mais hostiles à l'économie de marché, ainsi qu'au système culturel actuel. Je les propulse dans deux villages historiques, l'un situé au fond de la Colombie, l'autre en Andalousie. Dans de tels contextes, marqués par la colonisation, la tradition et la culture locale, leurs discours, issus du monde développé, connaissent comme un ébranlement et laissent entrevoir leurs ambivalences.

# EN AVANCE SUR SON TEMPS!

ALEXIS GEORGACOPOULOS



L'ECAL est régulièrement à l'heure de l'horlogerie. Les coopérations avec de prestigieuses manufactures de montres sont légion au sein de notre institution. Après avoir été associée avec des marques comme Audemars Piguet, Hamilton, Hublot, Rado ou Swatch, l'ECAL collabore depuis deux ans avec Vacheron Constantin, partenaire principal du Master of Advanced Studies in Design for Luxury and Craftsmanship. À l'occasion des travaux de diplômes, nos étudiants proposent également fréquemment des déclinaisons originales de montres. Plusieurs de ces projets sont d'ailleurs à découvrir lors de cette exposition. C'est donc avec enthousiasme que nous avons accepté la proposition de Chantal Prod'Hom, directrice du mudac, de travailler sur la scénographie de « L'Éloge de l'heure ».

Comment réinventer la sempiternelle notion d'écrin chère au monde horloger? Que faut-il pour garantir la protection des œuvres tout en les rendant accessibles au regard du visiteur? De la traditionnelle montre gousset à des pièces plus imposantes comme celle de Valentin Carron, comment gérer les différents rapports d'échelle des objets présentés? Les étudiants de 3e année en Bachelor Design Industriel étaient invités à répondre à ces problématiques lors du cours semestriel « Exhibit Design » dispensé par le designer suisse Adrien Rovero. Parmi la dizaine de projets proposés par les groupes composés, celui d'Iris Andreadis, Anna Heck, Pauline Lemberger et Jérôme Rütsche s'est imposé comme une évidence.

En dématérialisant la notion de vitrine au profit de plaques transparentes simplement adossées aux parois de l'espace d'exposition et derrière lesquelles sont placés les objets, les quatre jeunes designers ont trouvé une solution parfaite, qui allie simplicité et haute sécurité. Un cadre entoure et souligne les pièces, qui au gré des déplacements du spectateur, crée une nouvelle perception visuelle, proche d'une sensation de trois dimensions. Ce système, ainsi que la surface large des vitrines permettent avec élégance de réunir et de dissocier à la fois les différentes thématiques et familles de montres exposées.

Cette scénographie bien réglée témoigne de la capacité de nos étudiants à s'adapter à toutes les situations et démontre que l'ECAL garde toujours un temps d'avance!

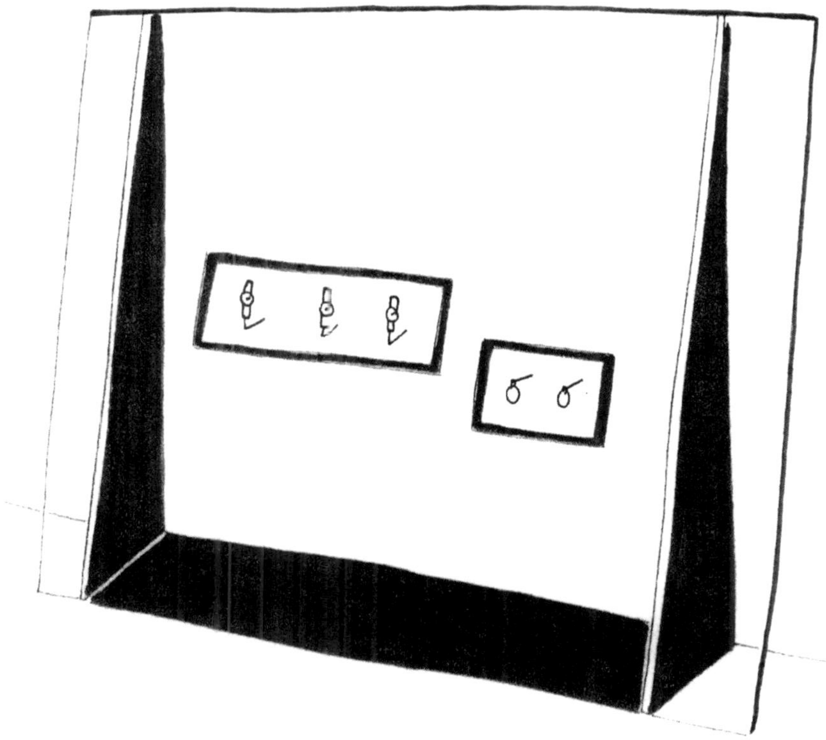

Croquis de la scénographie réalisée par
Iris Andreadis, Anna Heck, Pauline Lemberger et Jérôme Rütsche
Développement Actoform

# LES HEURES INTERROMPUES

**LUC DEBRAINE**



Que se passe-t-il lorsque l'heure ne s'affiche plus? Plus précisément, quand elle reste figée à jamais? Cette pétrification de la durée me passionne depuis des années. Drôle de quête: je cherche et je photographie des horloges et des montres cassées qui sont chargées de la mémoire d'un événement précis. Des garde-temps, au sens littéral du terme.

«Per non dimenticare», pour ne pas oublier. Ces quelques mots ornent une plaque de verre fixée sur la façade de la gare de Bologne. Ils donnent du sens à la présence, juste au-dessus, d'une grande horloge aux aiguilles immobiles. Elle est figée sur 10h25, l'heure de l'attentat fasciste qui a coûté la vie à 85 personnes, le 2 août 1980.

Plus tard, en souvenir de la tragédie, les autorités de la ville ont installé en face de la gare une grande sculpture commémorative. Mais, comme si ce geste mémoriel ne suffisait pas, ou qu'il manquait de pouvoir de suggestion, les autorités ont aussi voulu conserver l'une des horloges ferroviaires qui avaient été stoppées par le souffle de la bombe.

Car le symbole est simple, fort, doté d'un étrange pouvoir d'émotion. Surtout si l'on pense à son origine mécanique, assemblage inanimé de rouages, de cadran et d'aiguilles. Or tout se passe comme si, une fois immobilisé sur une heure cruciale, l'objet inanimé se dotait d'une âme. Comme si le mouvement suspendu actionnait une autre dynamique, plus intérieure, presque métaphysique, à même de solliciter la mémoire aussi sûrement qu'une madeleine chez Proust.

Il existe d'autres horloges, pendules ou montres qui se sont arrêtées sous le coup d'un événement brutal, qu'il s'agisse d'une guerre, d'une tempête, d'un raz de marée, d'un attentat ou d'un accident. Ce sont les garde-temps fondus par l'explosion atomique d'Hiroshima, le 6 août 1945 à 8h15, ou à Nagasaki, le 9 août 1945 à 11h02. Les horloges dévastées par les attentats terroristes à New York et au Pentagone, le 11 septembre 2001. La montre en titane d'un passager de métro qui a survécu de justesse aux attentats de Londres le 7 juillet 2005 à 8h49. Ce sont des objets rares. Ils sont conservés sur place, comme à Bologne, ou dans des musées, des centres de la mémoire, chez des particuliers.

Lestée d'une lourde charge allégorique, forte du signe évident qu'elle adresse à quiconque pose ses yeux sur elle, l'horloge cassée en impose, comme une stèle ou un talisman qui protège de l'oubli. Les conserver en lieu sûr relève d'un geste naturel, comme celui des employés de l'entrepôt de bus voisin de l'ex-usine AZF, à Toulouse. Leur bâtiment ayant été anéanti par l'explosion du 21 septembre 2001, ils ont voulu conserver une des grandes horloges du dépôt de bus, sidérée à 10h17. Et tant pis si l'aiguille des minutes a bougé durant le déplacement du pesant mouvement horloger vers un local d'entretien. L'important est que la mécanique atteste de la catastrophe accidentelle, qui a tué 30 personnes et en a blessé 2500 autres,

–1–
Hiroshima, bombe atomique,
6 août 1945, 8h15

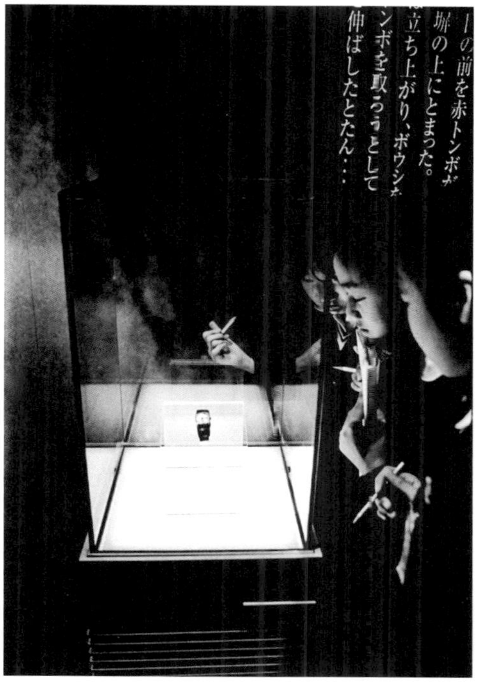


–2–
Londres, attentat,
7 juillet 2005, 8h49

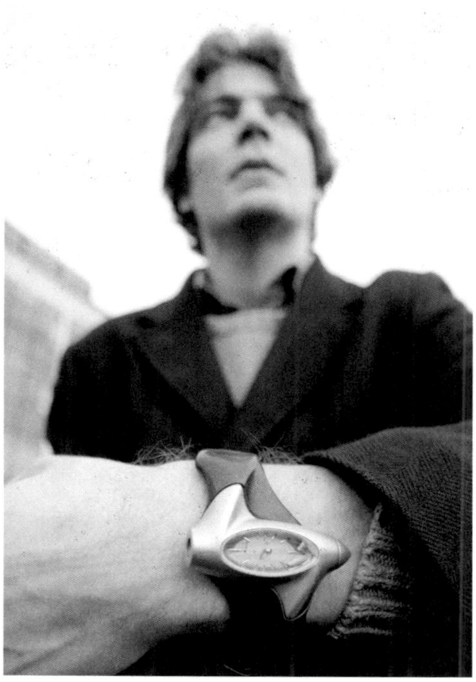

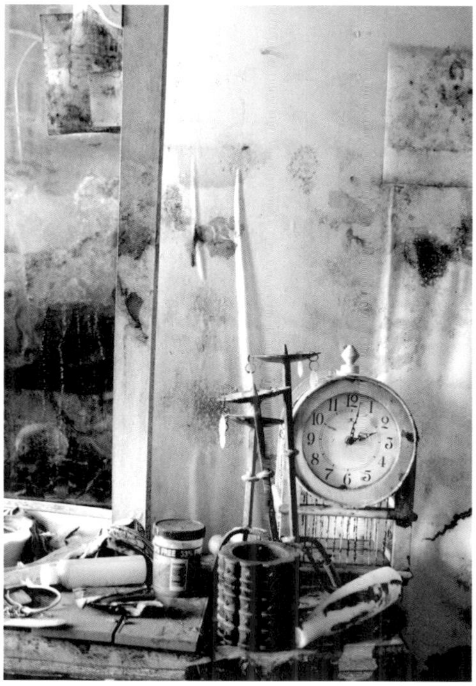

–3–
La Nouvelle-Orléans, ouragan
30 août 2005, 2h02

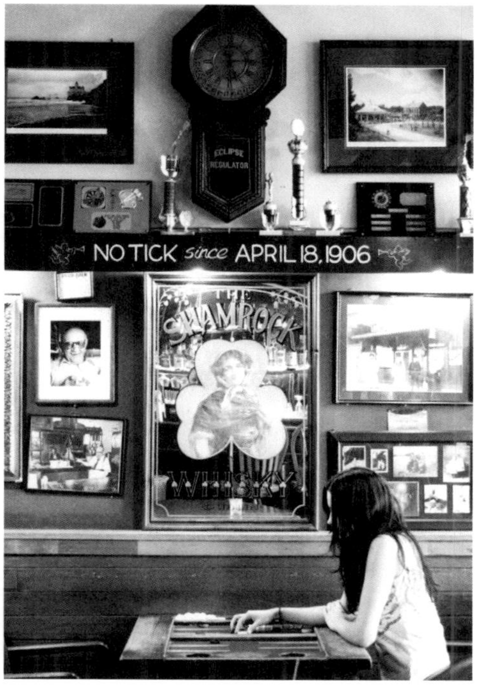


–4–
San Francisco, tremblement de terre,
18 avril 1906, 5h14

–5–
New York, attentat,
11 septembre 2001, 9h04

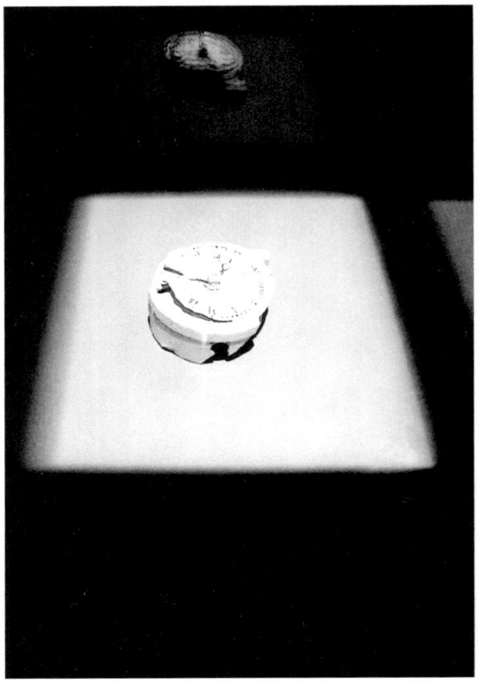

–6–
Bologne, attentat,
2 août 1980, 10h25

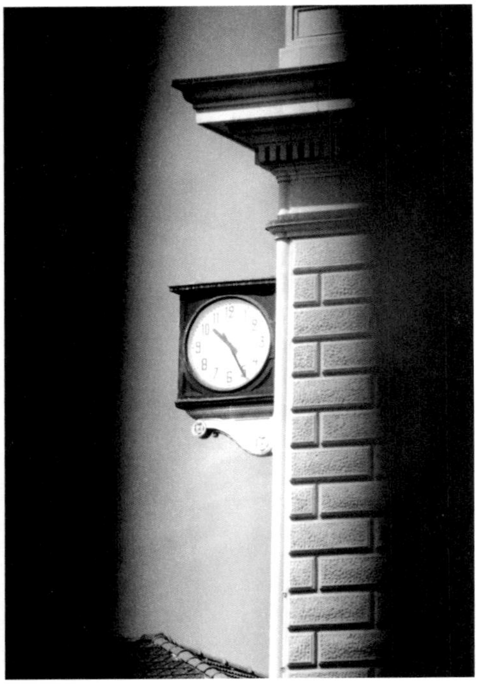



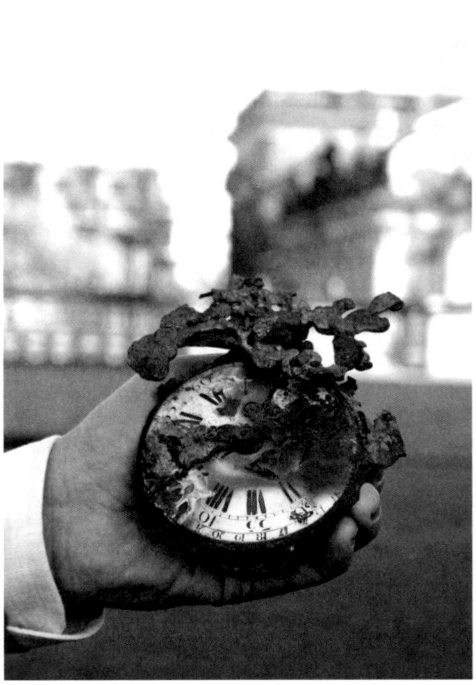

–7–
Dresde, bombardements alliés,
13 février 1945 dans la nuit

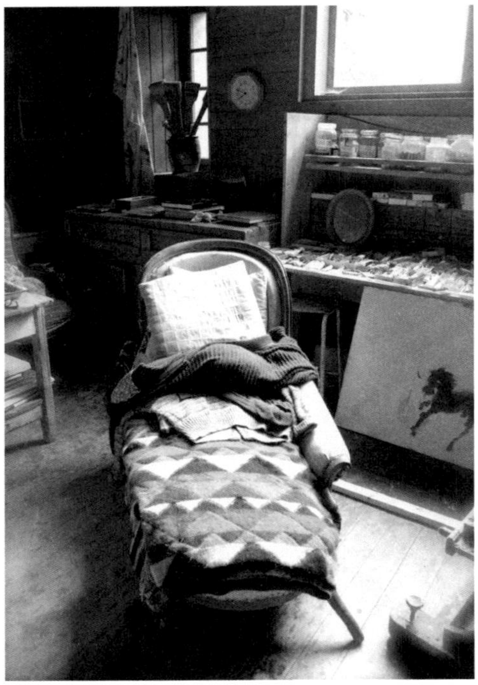

–8–
Rossinière,
après le 18 février 2001

dont de nombreux employés de la compagnie toulousaine de transport. Ne pas oublier.

En savoir davantage, aussi. Une équipe du Centre des ouragans de l'Université de Louisiane a tiré parti des innombrables horloges qui se sont arrêtées dans les maisons de la Nouvelle-Orléans, lorsque les digues qui étaient supposées protéger la ville se sont brisées après le passage dévastateur de Katrina, fin août 2005. Les enquêteurs n'ont longtemps pas su où et quand les digues avaient cédé. Pour résoudre l'énigme, ils ont entrepris de récolter toutes les horloges, montres, pendules ou réveils arrêtés dans les maisons qui avaient été inondées. Pour la plupart électriques, ces mouvements avaient immédiatement stoppé leur course au contact de l'eau salée. De même, les pendules des vieilles horloges s'étaient immobilisées une fois submergées.

Les scientifiques ont consigné les heures données par une soixantaine de ces témoins silencieux du désastre. Les horloges de l'église Saint-Bernard se sont figées un matin à 6h30, alors que dans le quartier voisin du Ninth Ward, les garde-temps ont continué de battre leur cadence jusqu'à 7h30. Dans le centre-ville, aux alentours de la 17e rue, elles ne se sont arrêtées qu'à 10h15 du matin. En remontant le fil du temps, les enquêteurs ont remonté le cours des eaux folles. Ils ont pu déterminer le lieu et le moment précis de la première rupture de digue. L'horloge cassée a joué ici le rôle de témoin muet dans le cadre d'une analyse forensique inédite.

J'ai entrepris de photographier ces pièces d'horlogerie gelées pour composer, par leur entremise, une fresque des séismes de l'histoire. Car il se passe une chose étrange lorsqu'une montre cassée s'inscrit sur la surface sensible d'une photographie. Deux mécaniques *a priori* dissemblables, l'horloge et l'écriture lumineuse, convergent l'une vers l'autre avant de tirer à la même corde métaphorique. Toutes deux ont la capacité de suspendre le temps et de solliciter le souvenir. Ces deux boîtes noires, la première pleine d'engrenages grippés, la seconde de lentilles, miroirs ou capteurs, ont l'étonnante faculté de fixer la durée sur un point unique. Un point que l'on aimerait croire absolu, mais qui n'est que fragile.

**Les heures interrompues, légendes des photographies.**
**Crédits des photos : Luc Debraine**

**1. Hiroshima, bombe atomique, 6 août 1945, 8h15.** Des écoliers visitent le Musée pour la Paix, où sont conservées plusieurs montres et horloges arrêtées par la déflagration.

**2. Londres, attentat, 7 juillet 2005, 8h49.** La montre de Jean-Christophe Le Saux, un jeune Français qui se trouve dans le métro où une bombe a été posée, est cassée par l'explosion.

**3. La Nouvelle-Orléans, ouragan, 30 août 2005, 2h02.** Des scientifiques de l'Université de Louisiane récoltent, dans les maisons détruites, les heures des horloges stoppées par la montée de l'eau de mer. Autant d'indices qui leur permettent de retracer l'itinéraire de l'eau dévastatrice. Et de mieux localiser les endroits où les digues de la ville ont cédé.

**4. San Francisco, tremblement de terre, 18 avril 1906, 5h14.** Pendant le grand séisme, le régulateur d'un pub de la ville tombe à terre et s'immobilise. Remise au mur, l'horloge est depuis lors conservée telle quelle, en souvenir du désastre.

**5. New York, attentat, 11 septembre 2001, 9h04.** Cette horloge se trouvait dans la tour sud du World Trade Center. Elle s'est figée suite à l'impact de l'avion d'United Airlines 175.

**6. Bologne, attentat, 2 août 1980, 10h25.** L'explosion dans la gare, qui coûte la vie à 85 personnes, arrête la grande pendule extérieure du bâtiment. Elle est toujours conservée en l'état. En dessous, une plaque en explique la raison : « Per non dimenticare ». Pour ne pas oublier.

**7. Dresde, bombardements alliés, 13 février 1945 dans la nuit.** Propriété du Mathematisch-Physicalischer Salon dans le palais du prince électeur de Saxe, cette montre de carrosse de 1740 a été fondue par les bombes larguées du ciel.

**8. Rossinière, après le 18 février 2001.** L'horloge de l'atelier de Balthus s'est arrêtée après le décès du peintre. Elle est conservée ainsi, dans la pièce occupée par l'artiste jusqu'à son dernier souffle.

**9. Buchenwald, 11 avril 1945, 15h15.** L'horloge de la porte principale a été volontairement arrêtée à la libération du camp de concentration par les Alliés.

**10. Aix-en-Provence, après la Seconde Guerre mondiale.** Antichambre d'Auschwitz, le camp des Milles était l'un des principaux camps d'internement et de déportation en France. Cette ancienne tuilerie a été remise en service après la guerre, puis abandonnée avant d'être transformée en 2012 en site-mémorial. L'horloge de la façade est restée arrêtée.

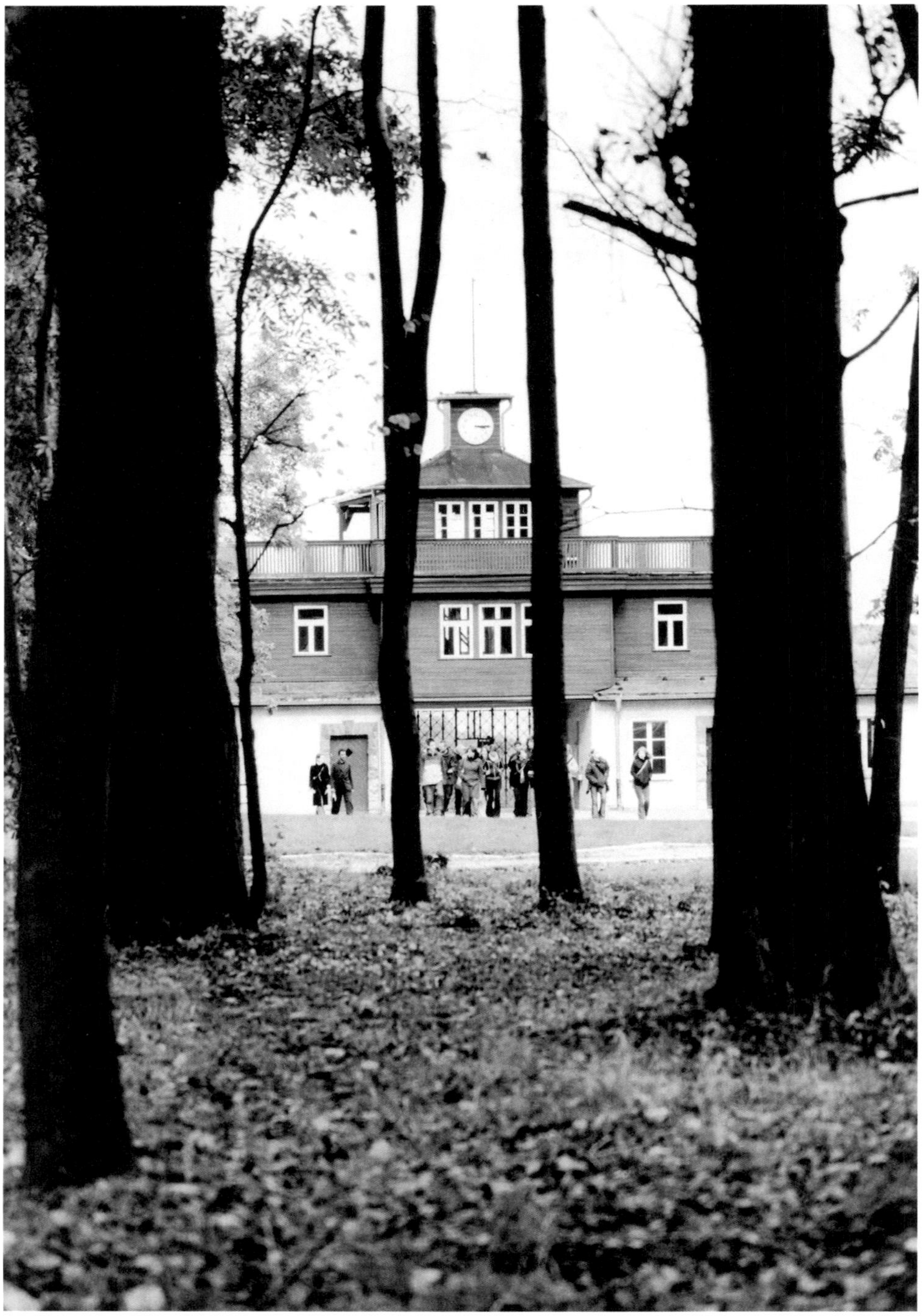

–9–
Buchenwald,
11 avril 1945, 15h15

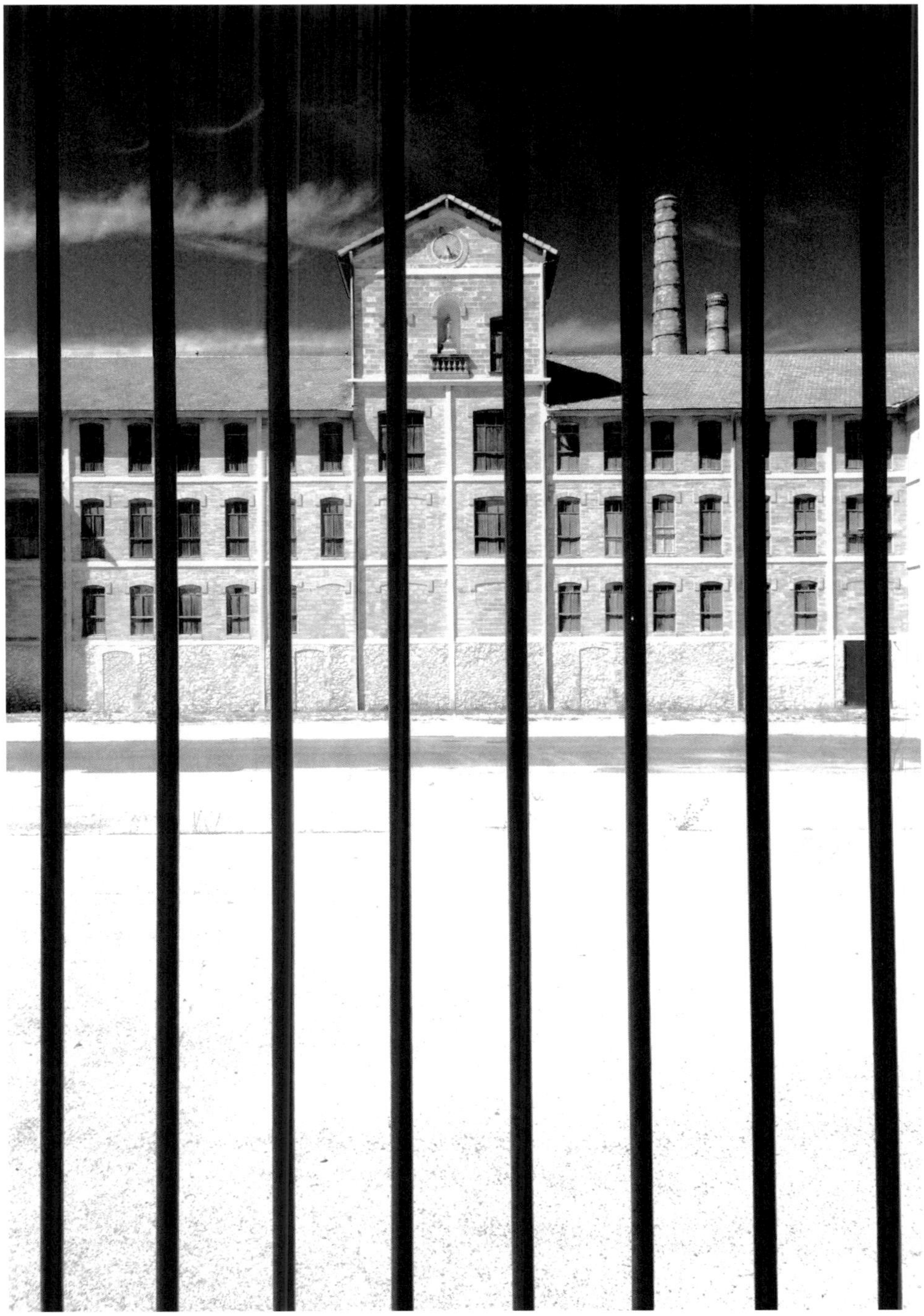

–10–
Aix-en-Provence,
après la Seconde Guerre mondiale

# ŒUVRES ET OBJETS
## WORKS & OBJECTS

For full English captions, see pp. 208 to 218

# MEMENTO MORI

## VANITAS VANITATUM, ET OMNIA VANITAS

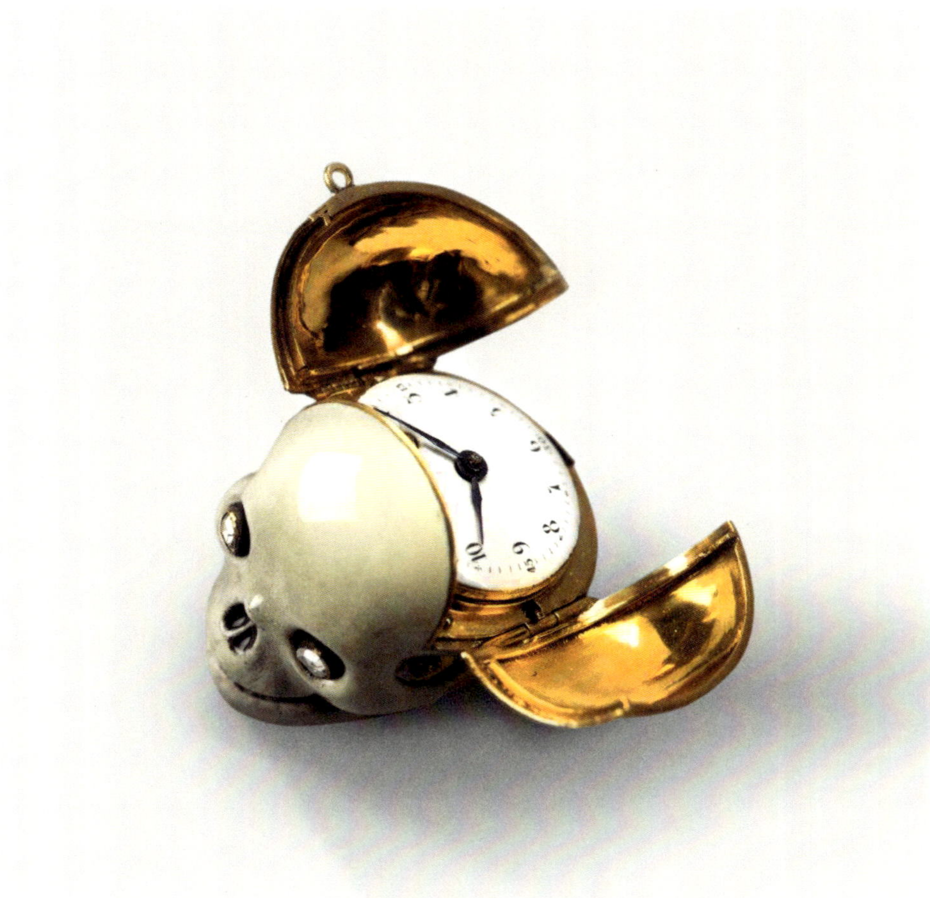

F.J. Pompej, montre pendentif en forme de crâne, Vienne, vers 1810

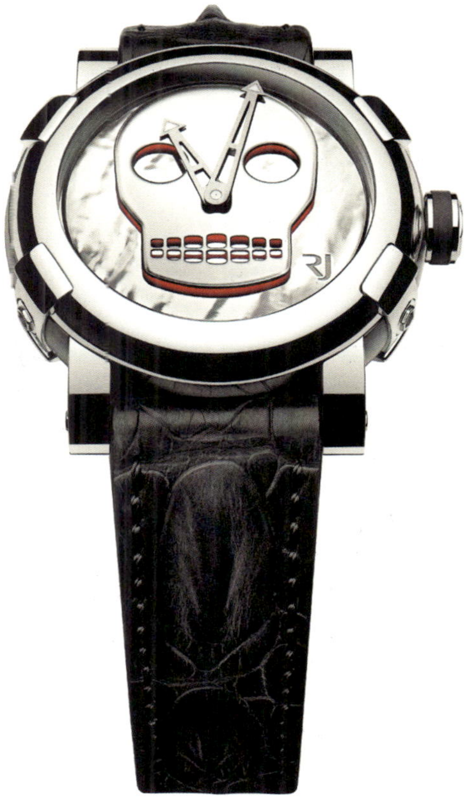


John Armleder/ RJ-Romain Jerome, *Art-DNA*, 2012
© RJ-Romain Jerome

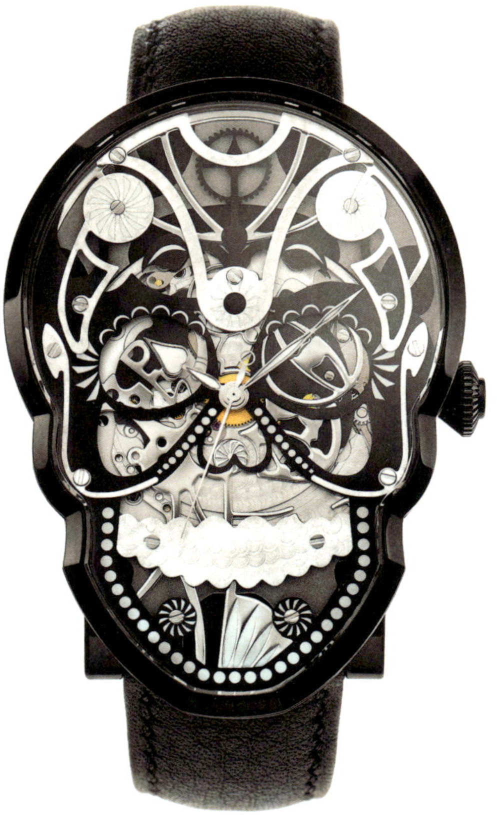

Fiona Krüger, *Black Skull*, 2014

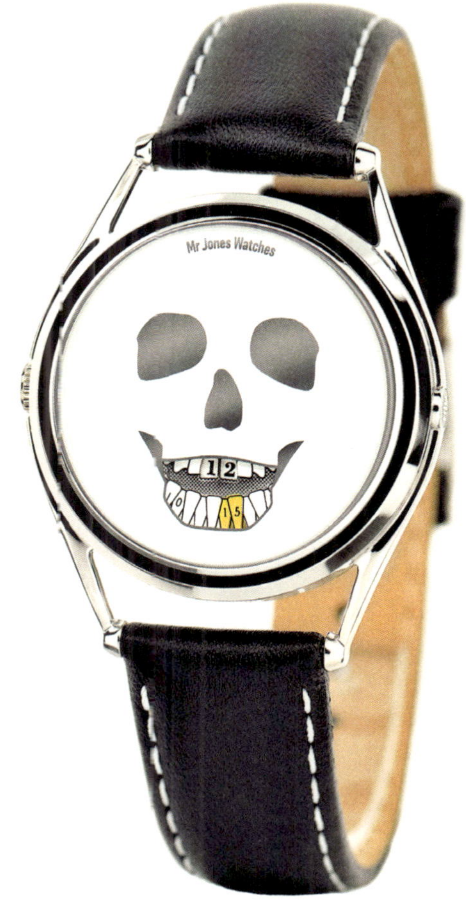


**Cr spin Jones, *The Last Laugh*, 2009**
Courtesy Mr. Jones Watches

# VIVRE, CONSTRUIRE, ÉCRIRE L'HEURE

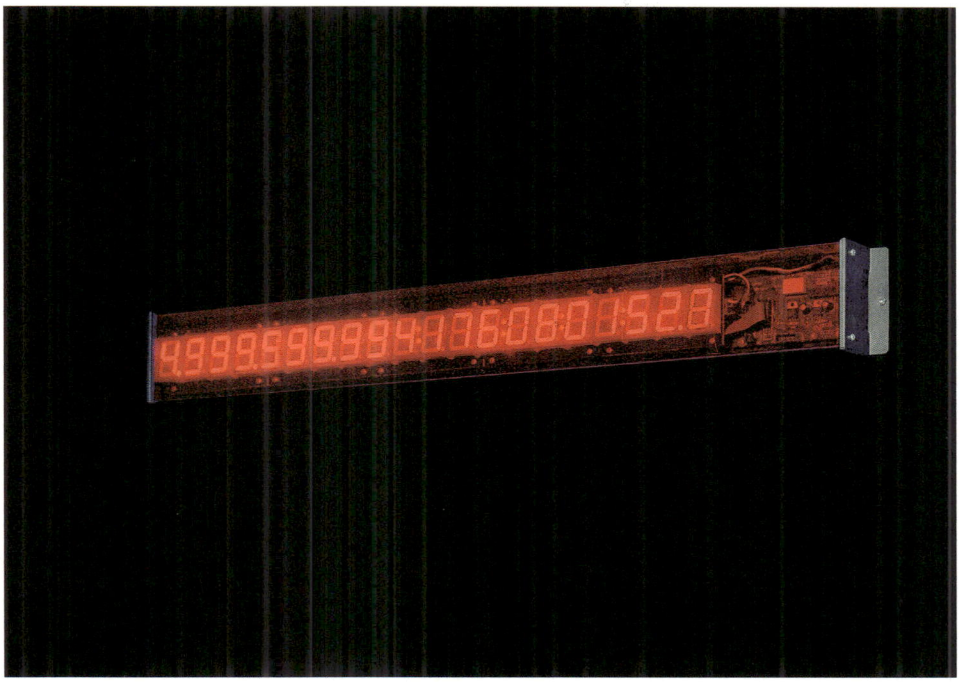

**Gianni Motti, *Big Crunch Clock*, 1999**
Courtesy Galerie Perrotin, Paris

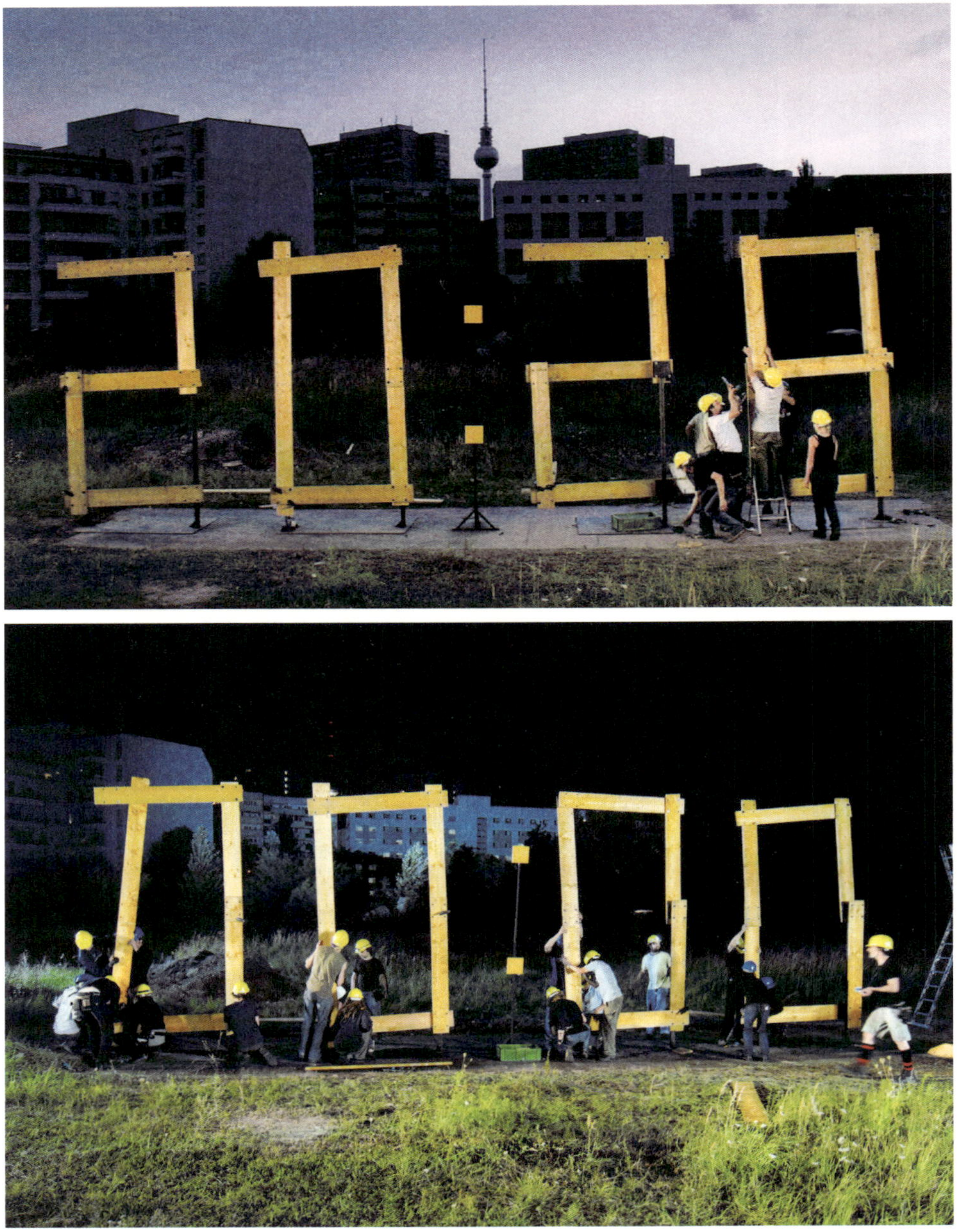

Mark Formanek, *Standard Time*, 2007
© Collection mudac, Lausanne

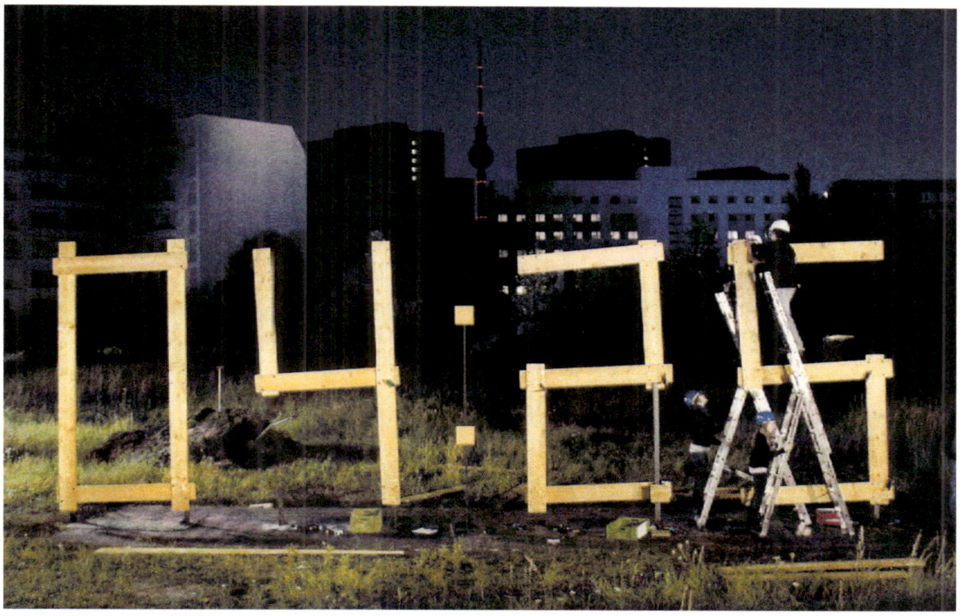

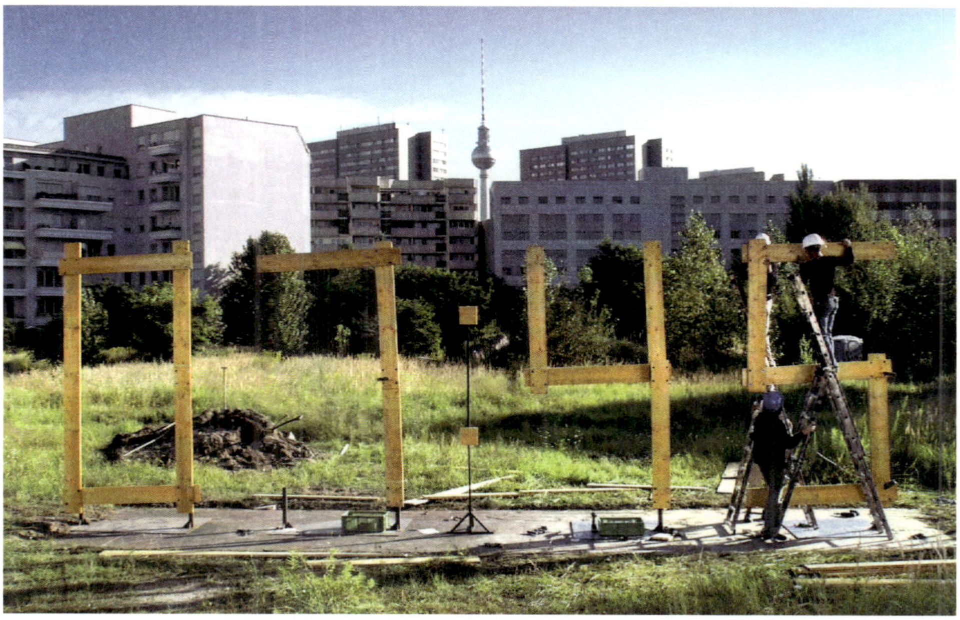

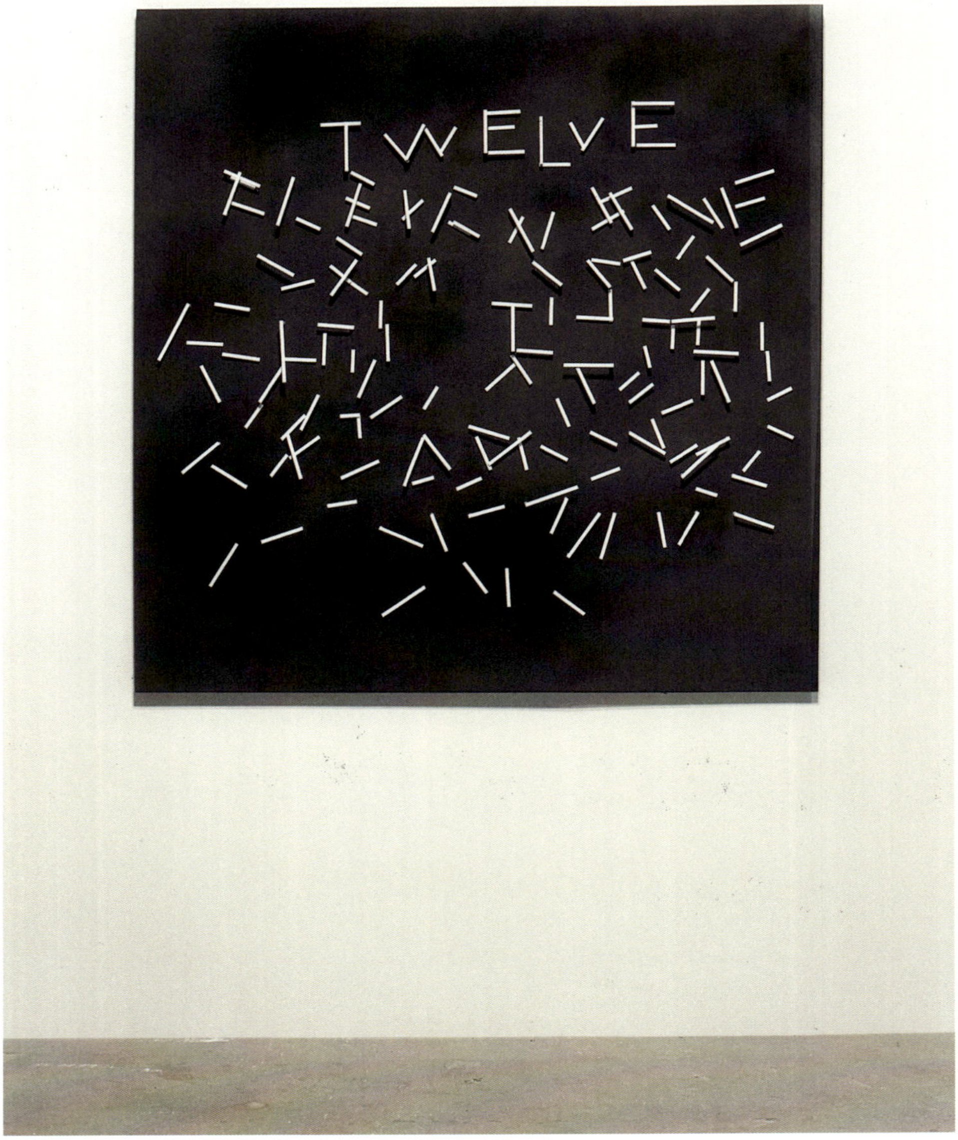


Christiaan Postma, *Time Pattern*, 2008

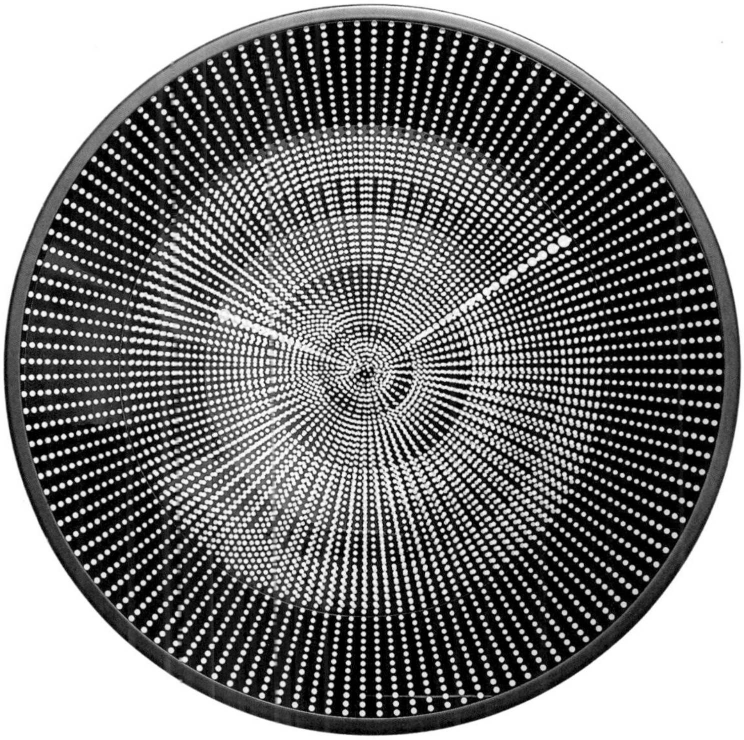



Constance Guisset, *Éclipse*, 2013

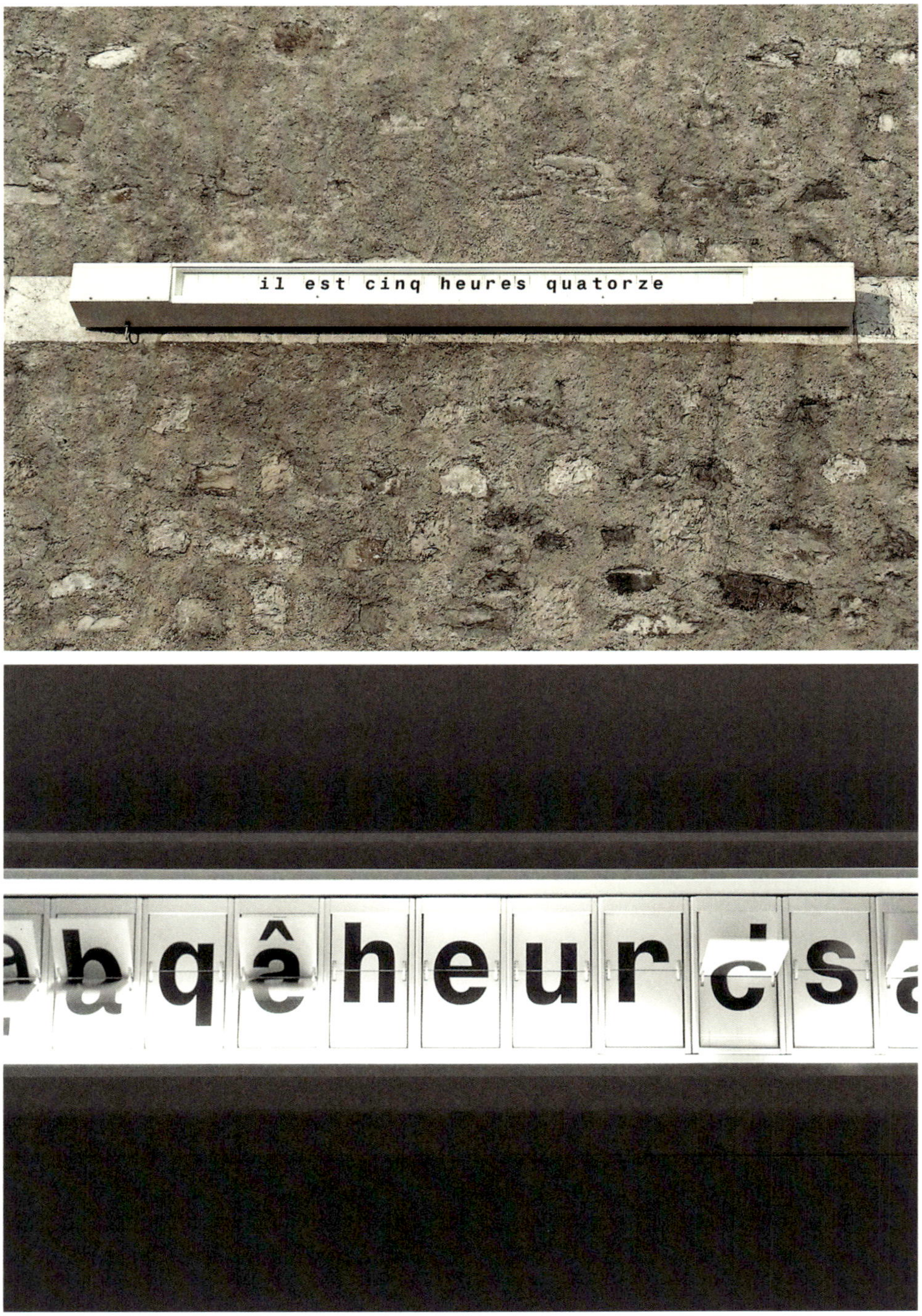


Nicolas Le Moigne, *Quelle heure est-il ?*, 2004
Courtesy Ville de Genève

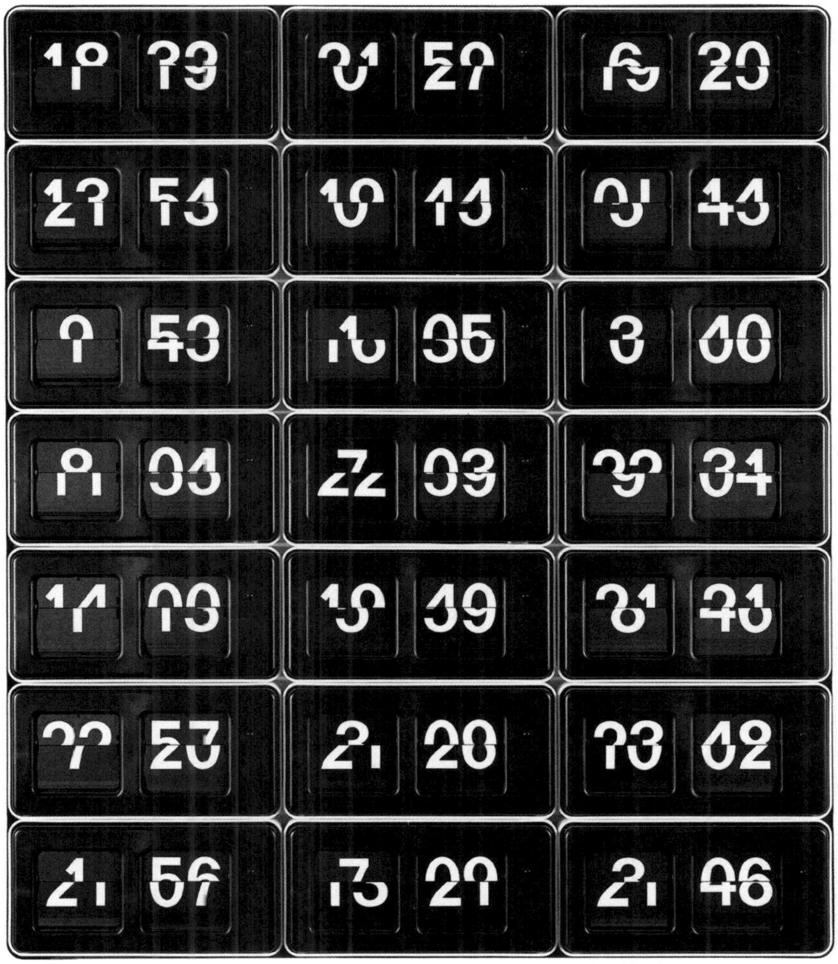

Darren Almond, *Perfect Time*, 2012
Courtesy Galerie Xippas, Genève

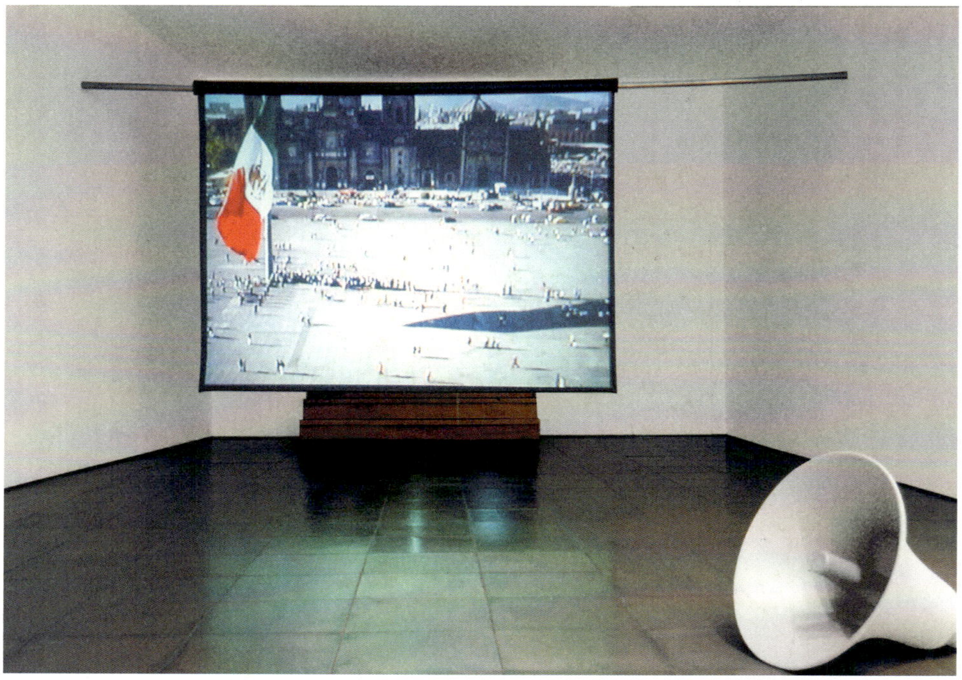

**Francis Alÿs, *Zocalo, May 20, 1999*, 1999**

PARFOIS ALLUSIVE,
ALÉATOIRE, ILLISIBLE,
PRÉCISE,
L'HEURE AUSSI DIT L'ÂGE

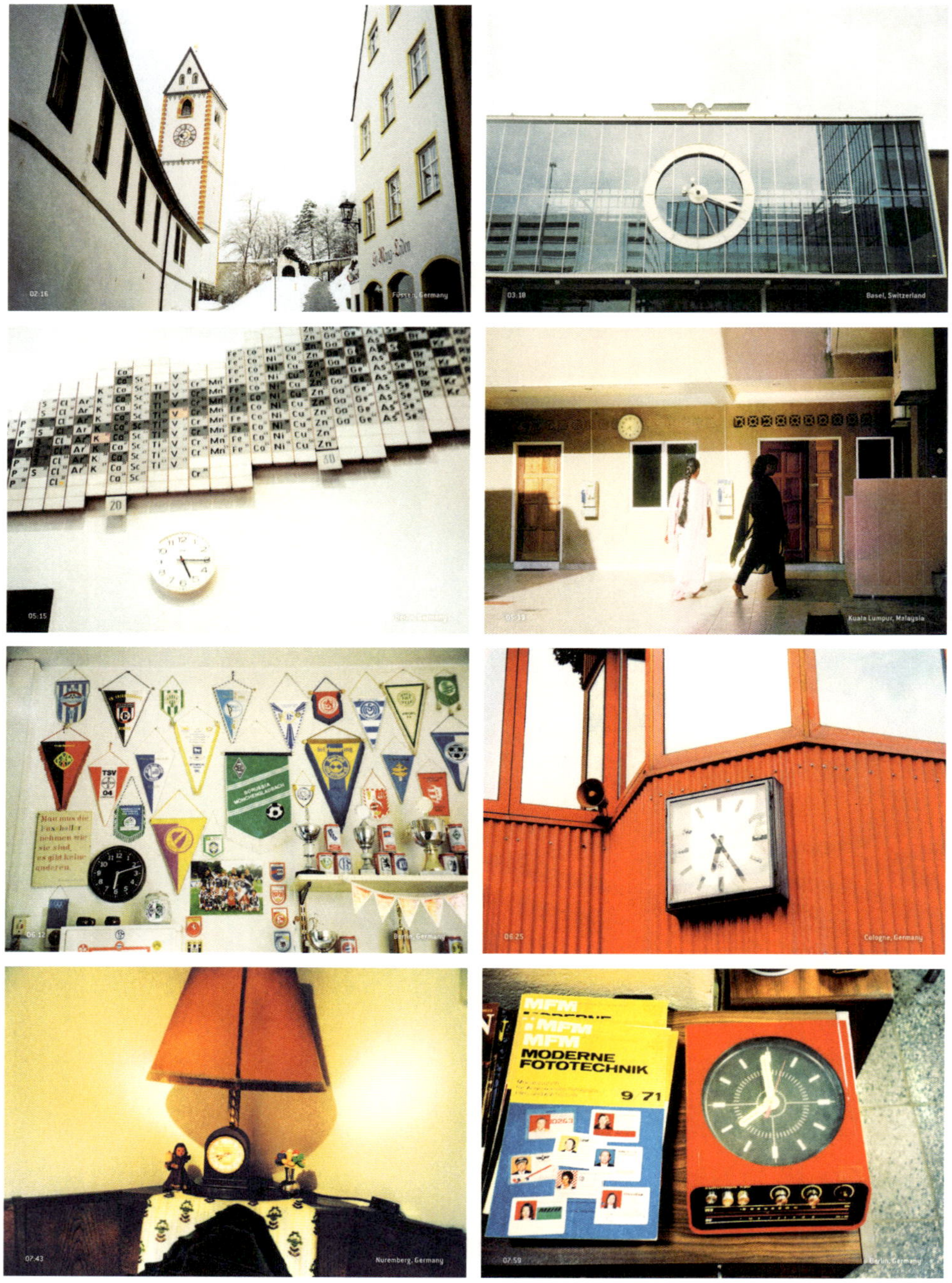


Alexandra Martini, *On Time*, 2012

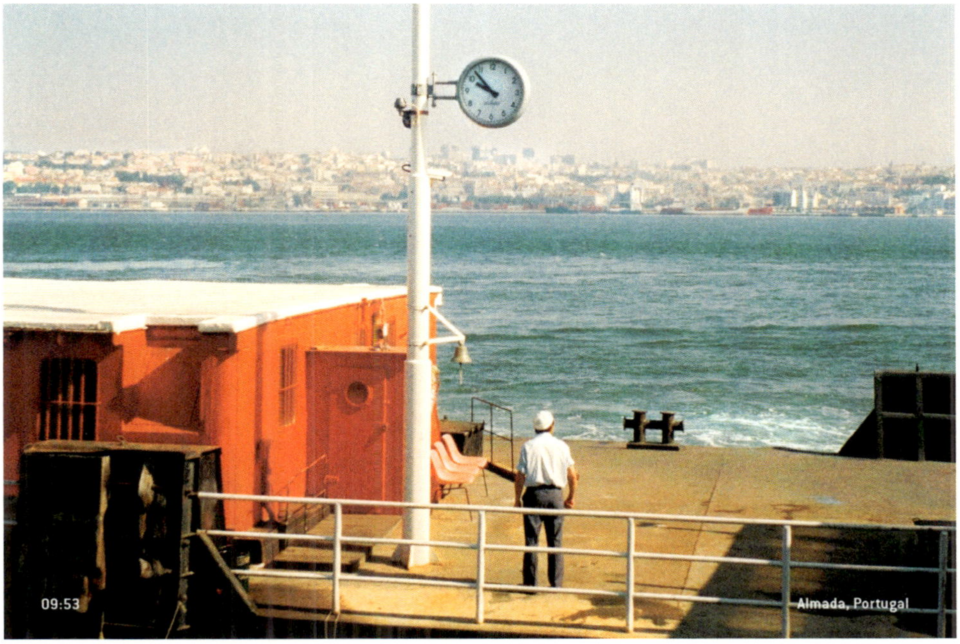
09:53 Almada, Portugal

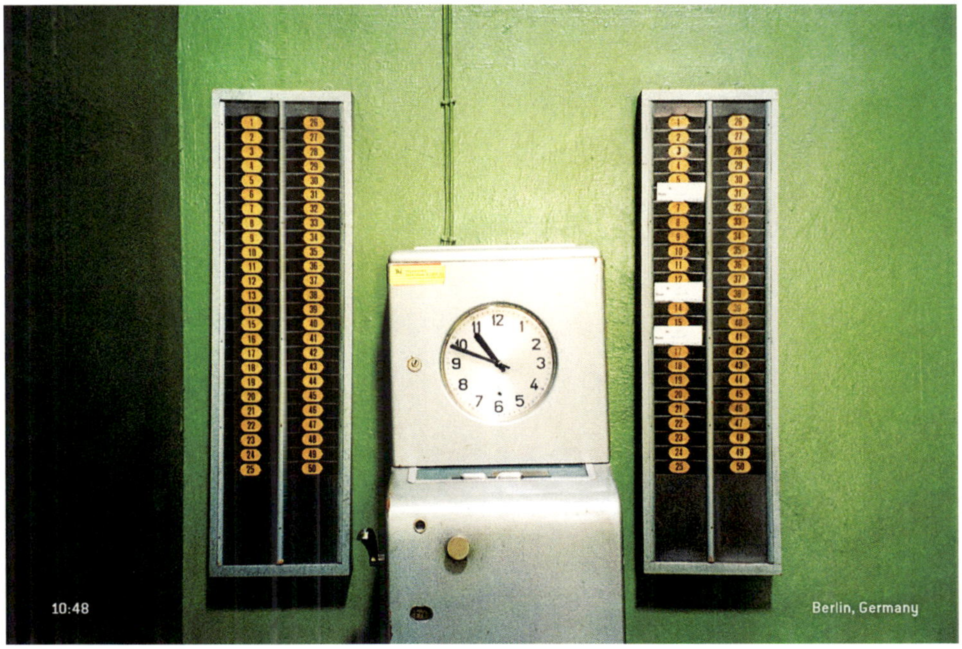
10:48 Berlin, Germany

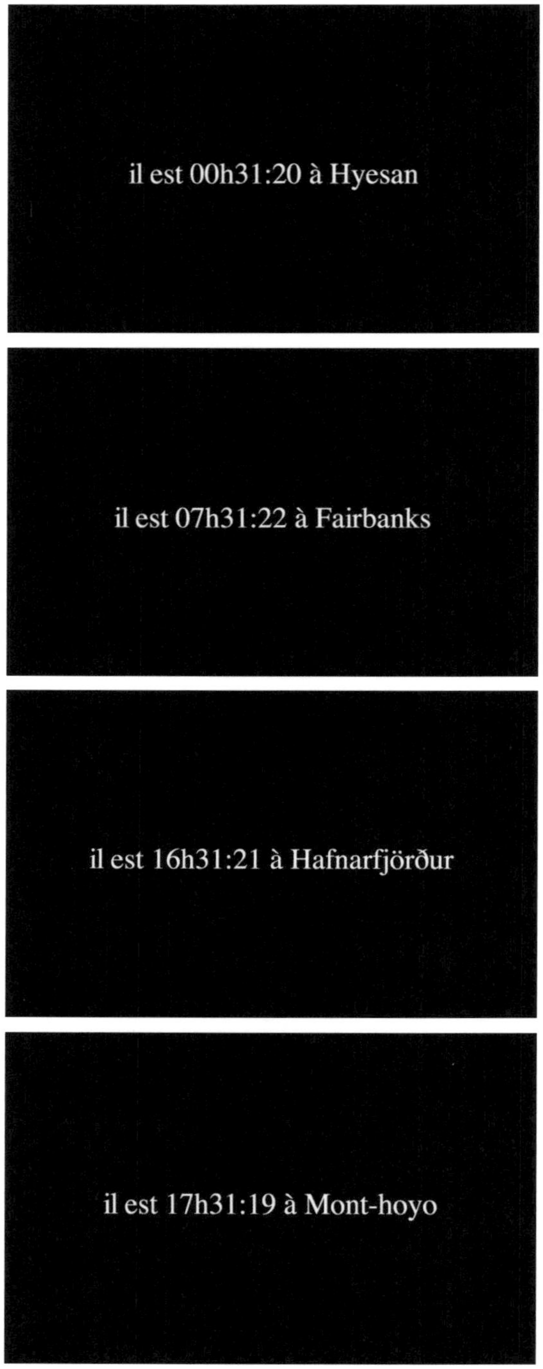


**Iván Argote**, ***Global Time***, **2007**
Courtesy Galerie Perrotin, Paris

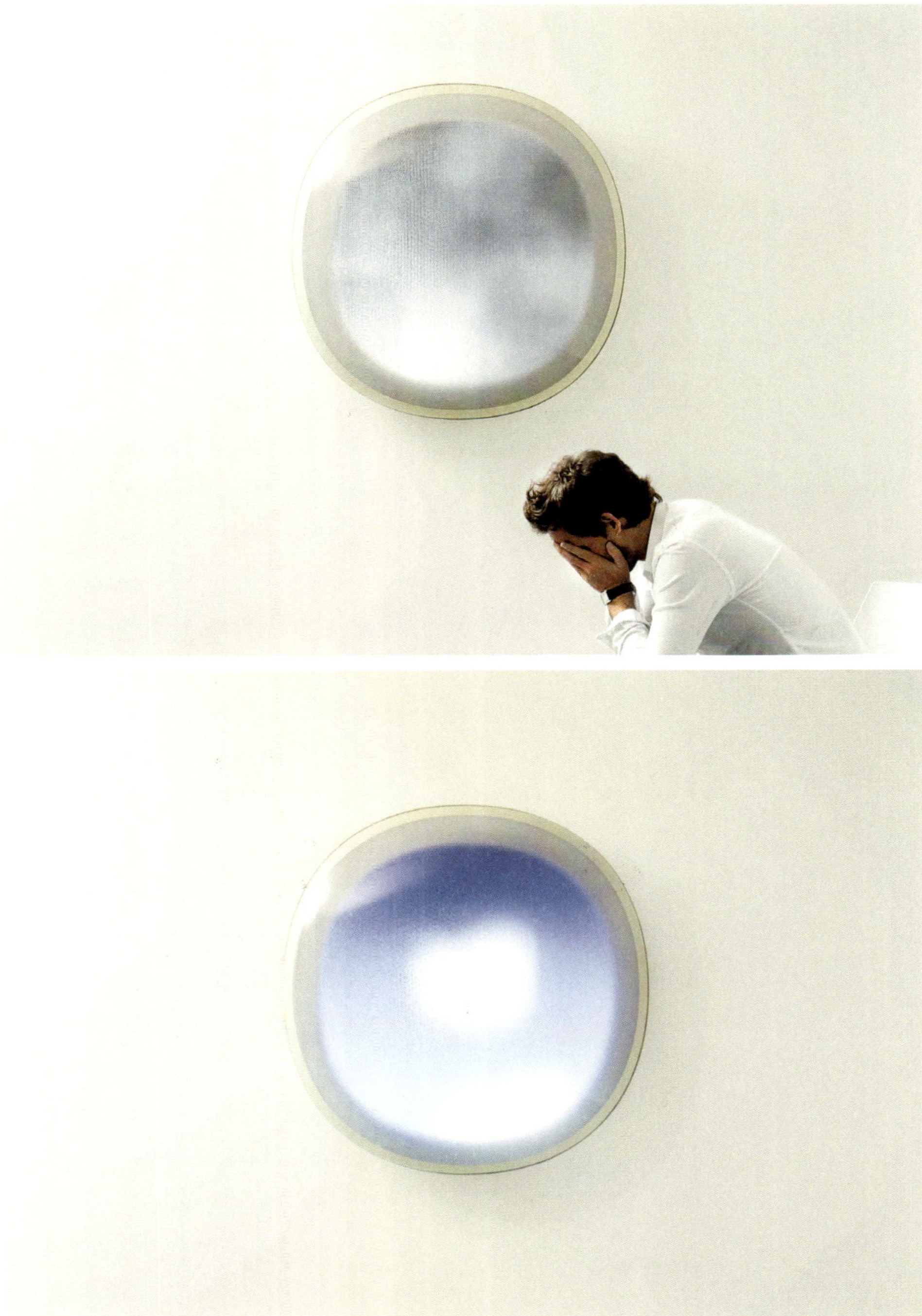

Mathieu Lehanneur, *Demain est un autre jour*, 2011
Courtesy Carpenters Workshop Gallery, Paris

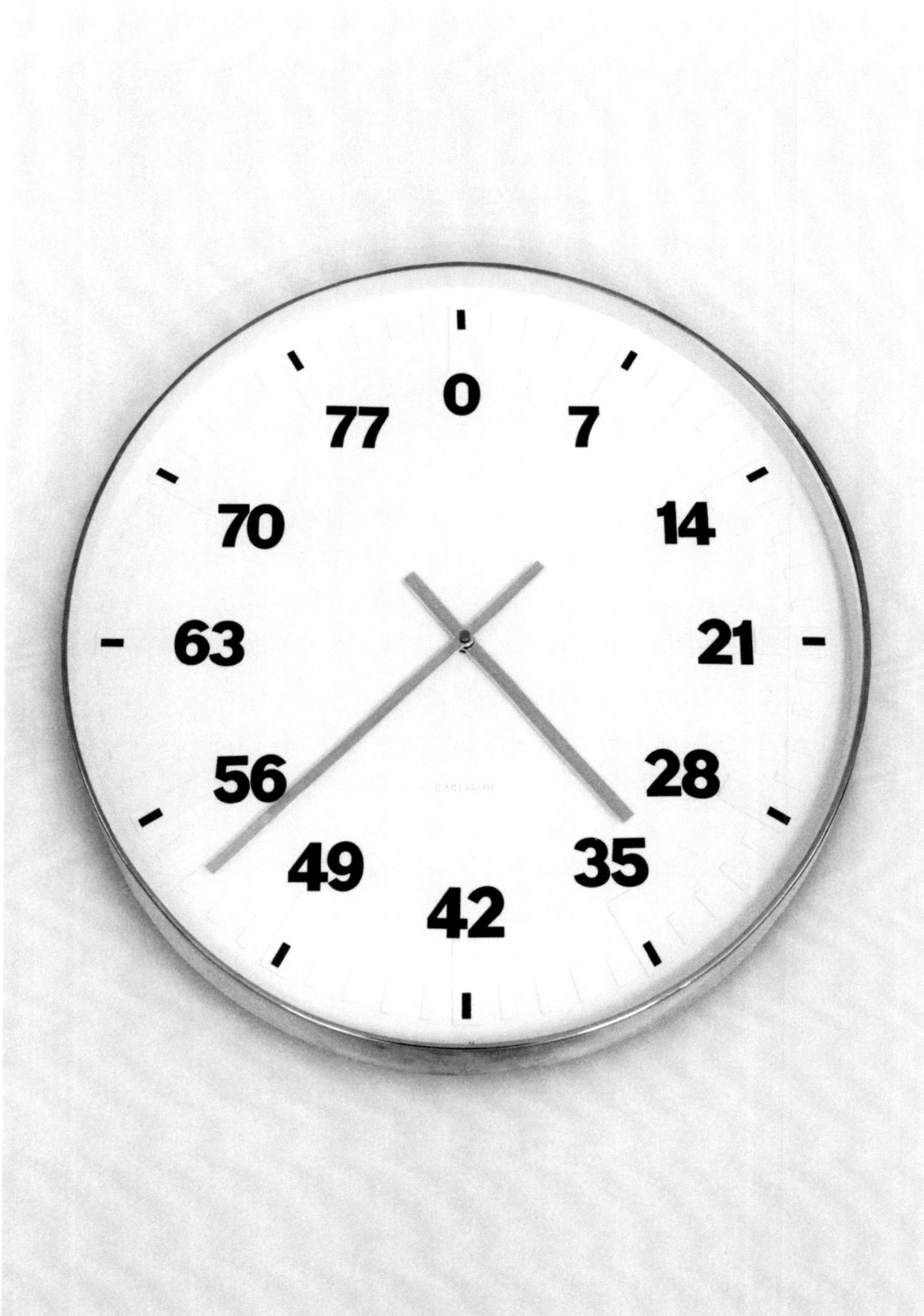


Bertrand Planes, *Life Clock #2*, 2008
© Bertrand Planes

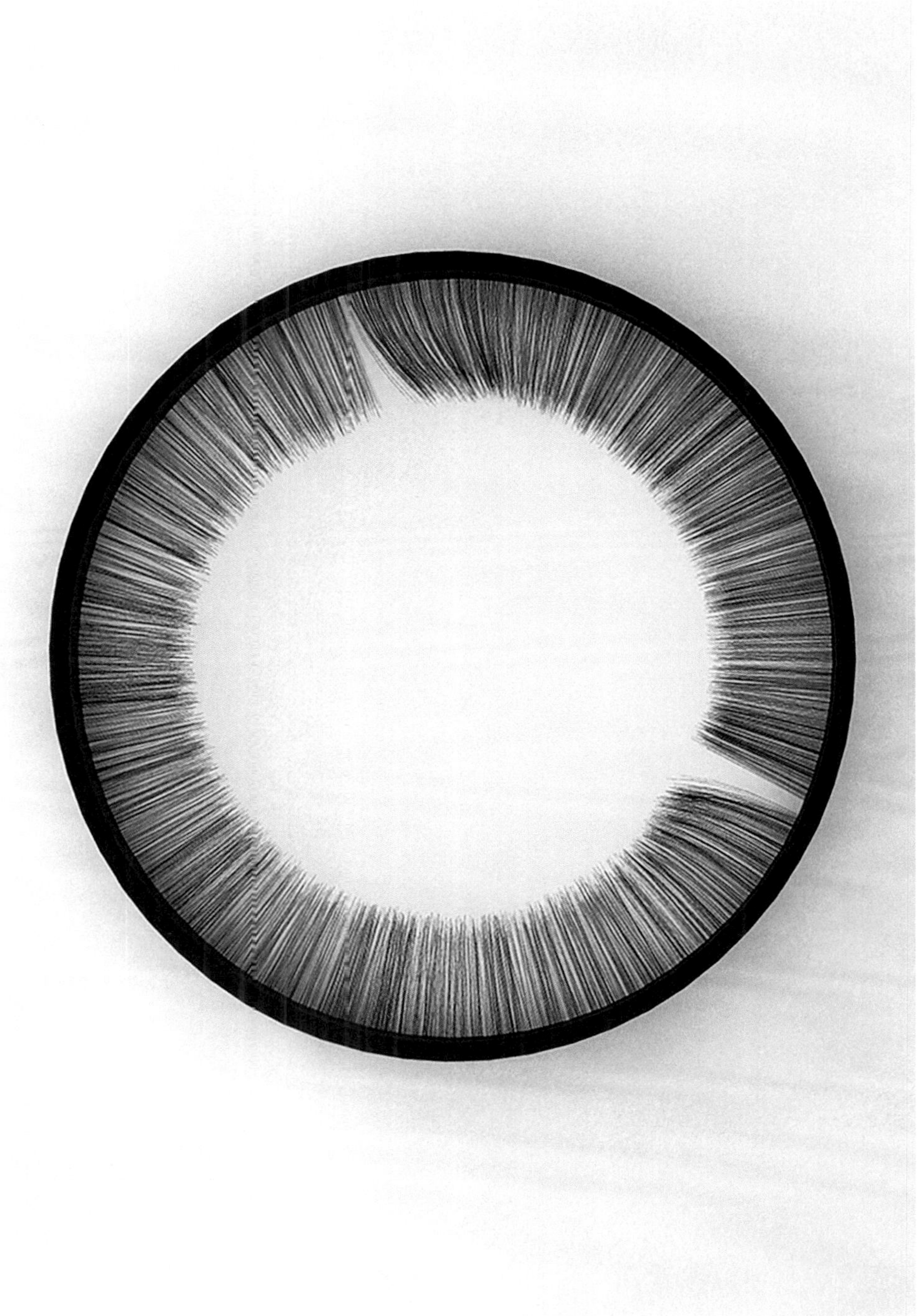

Bina Baitel, *Lash Clock*, 2014
© Bina Baitel

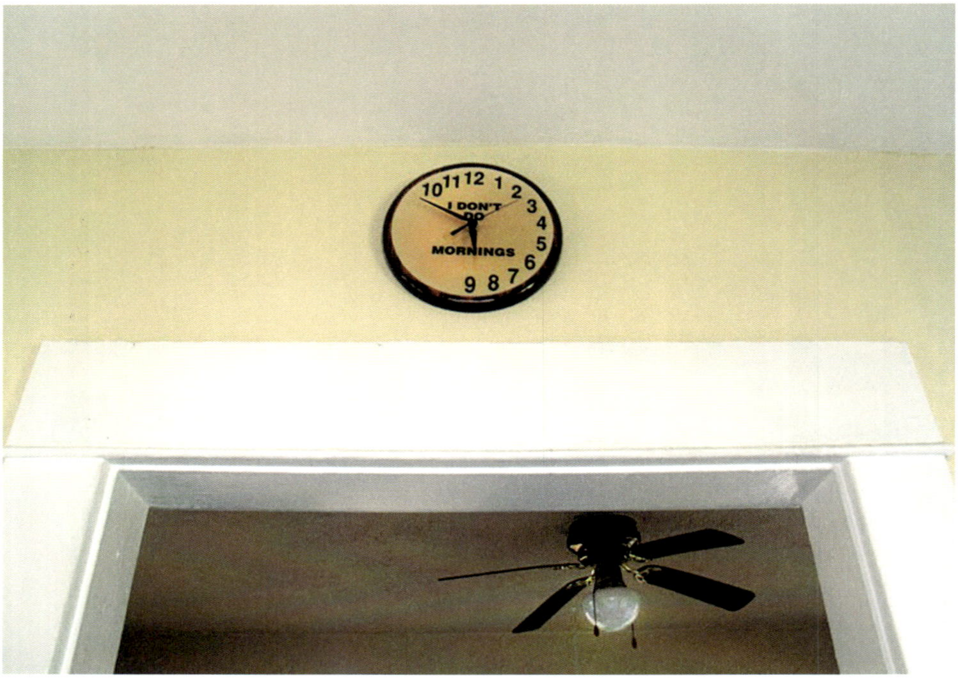


Adrienne Garbini, *Cognitive Clock #1*, 2011

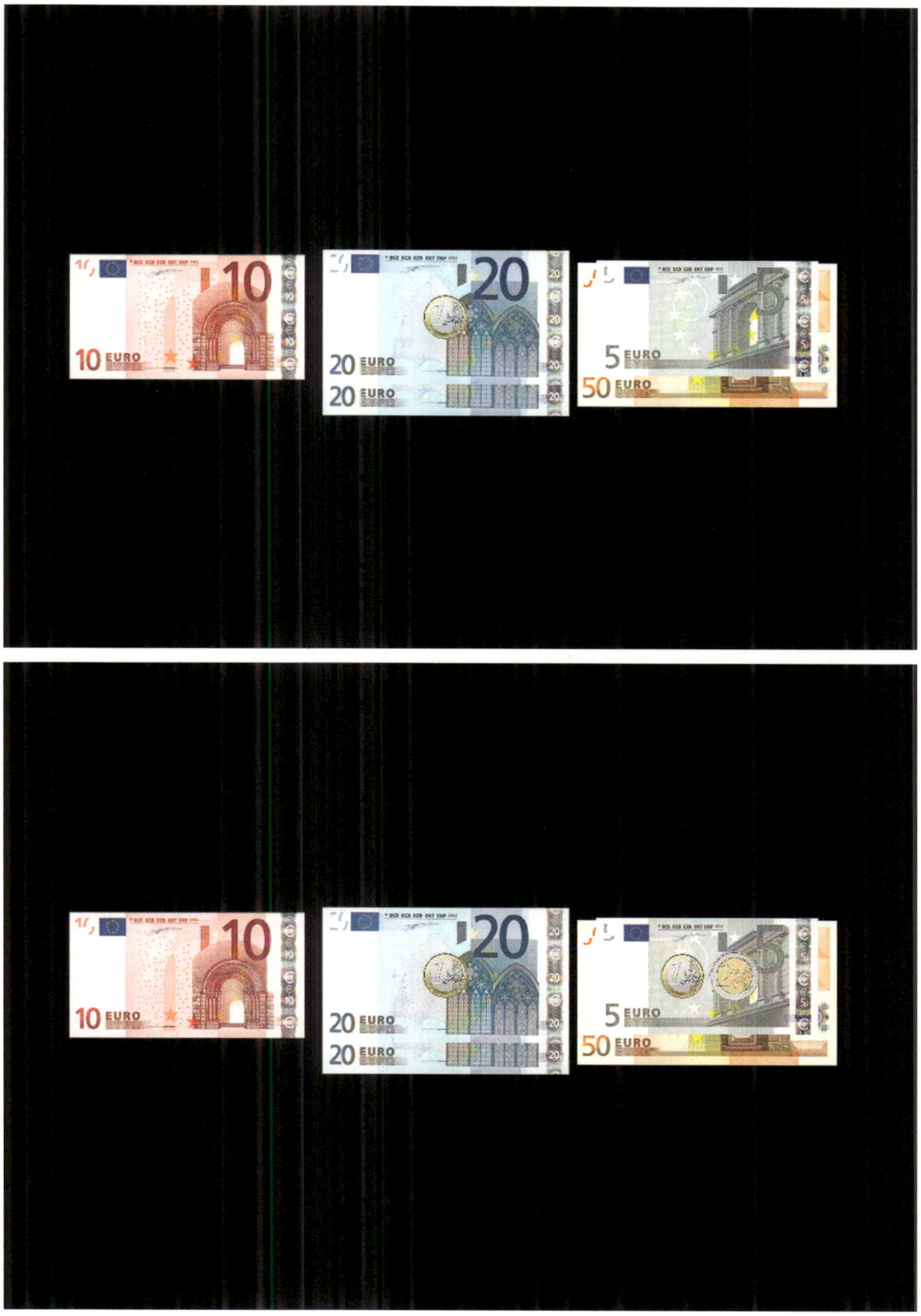


**Iván Argote, *Time Is Money*, 2007**
Courtesy Galerie Perrotin, Paris

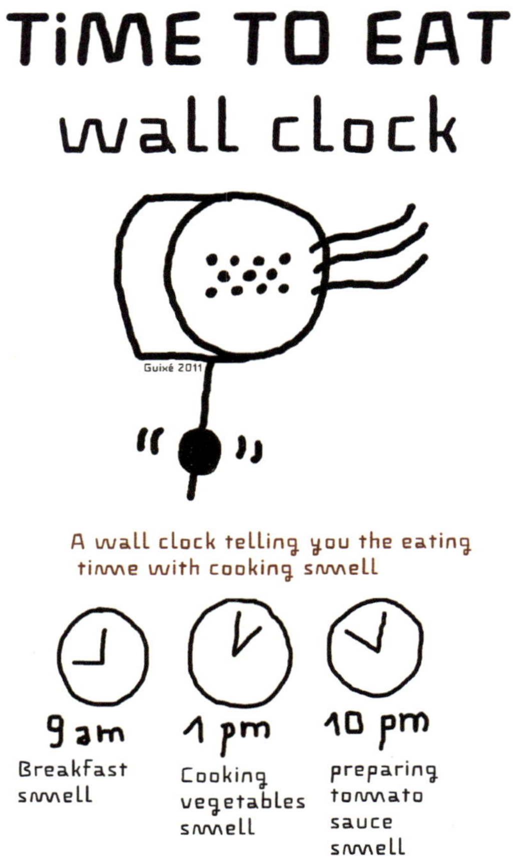


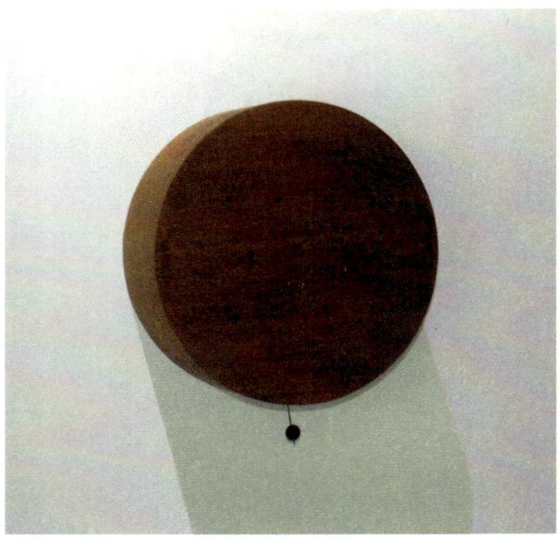

**Martí Guixé, *Time To Eat*, 2011**
Courtesy Triennale Design Museum, Milan

# L'HEURE AU MUR, AU SOL ET SUR SOI

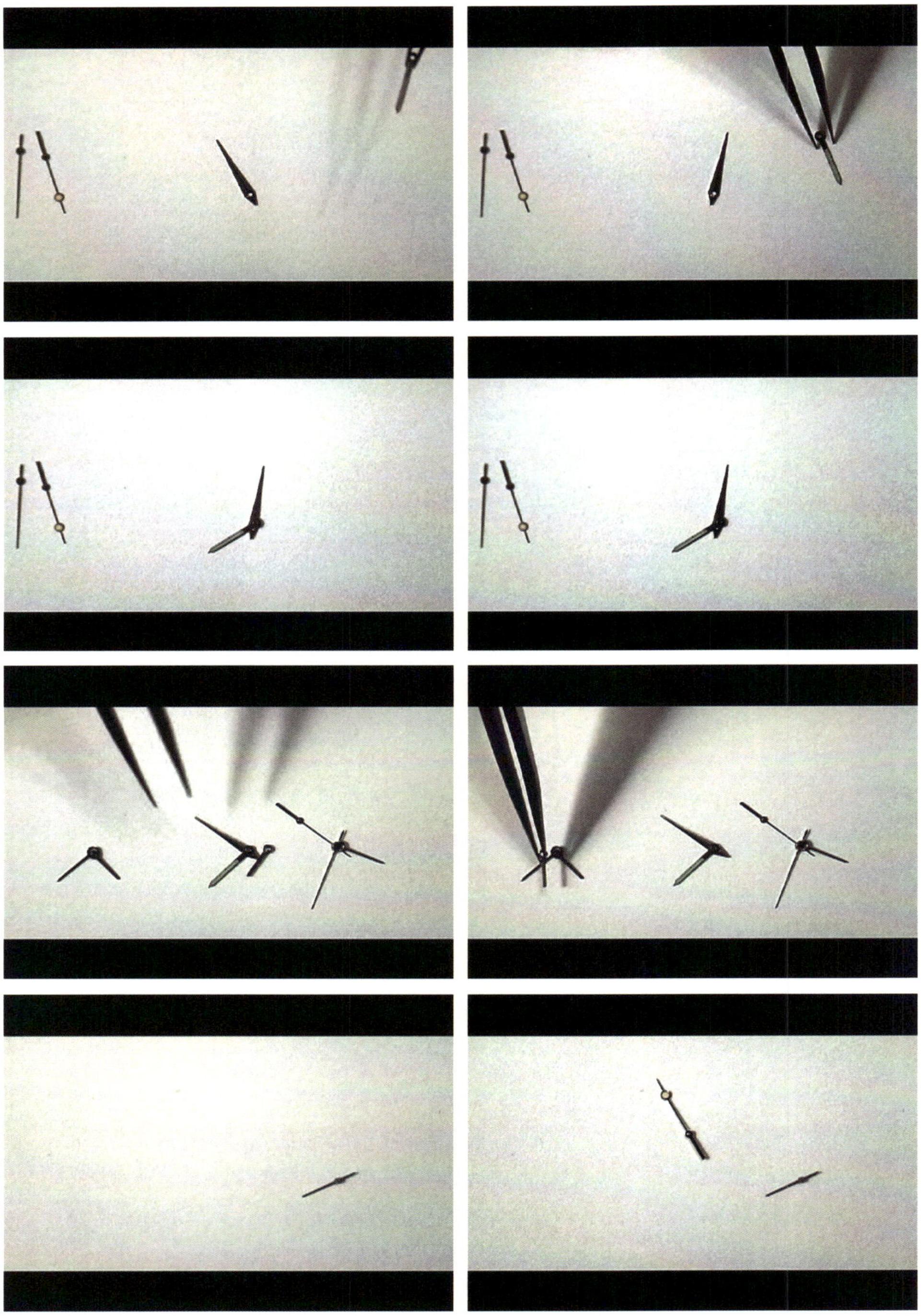

**Lenora de Barros, *Tempinhos (from Tiny Times series)*, 2008**
Courtesy Galeria Millan, São Paulo

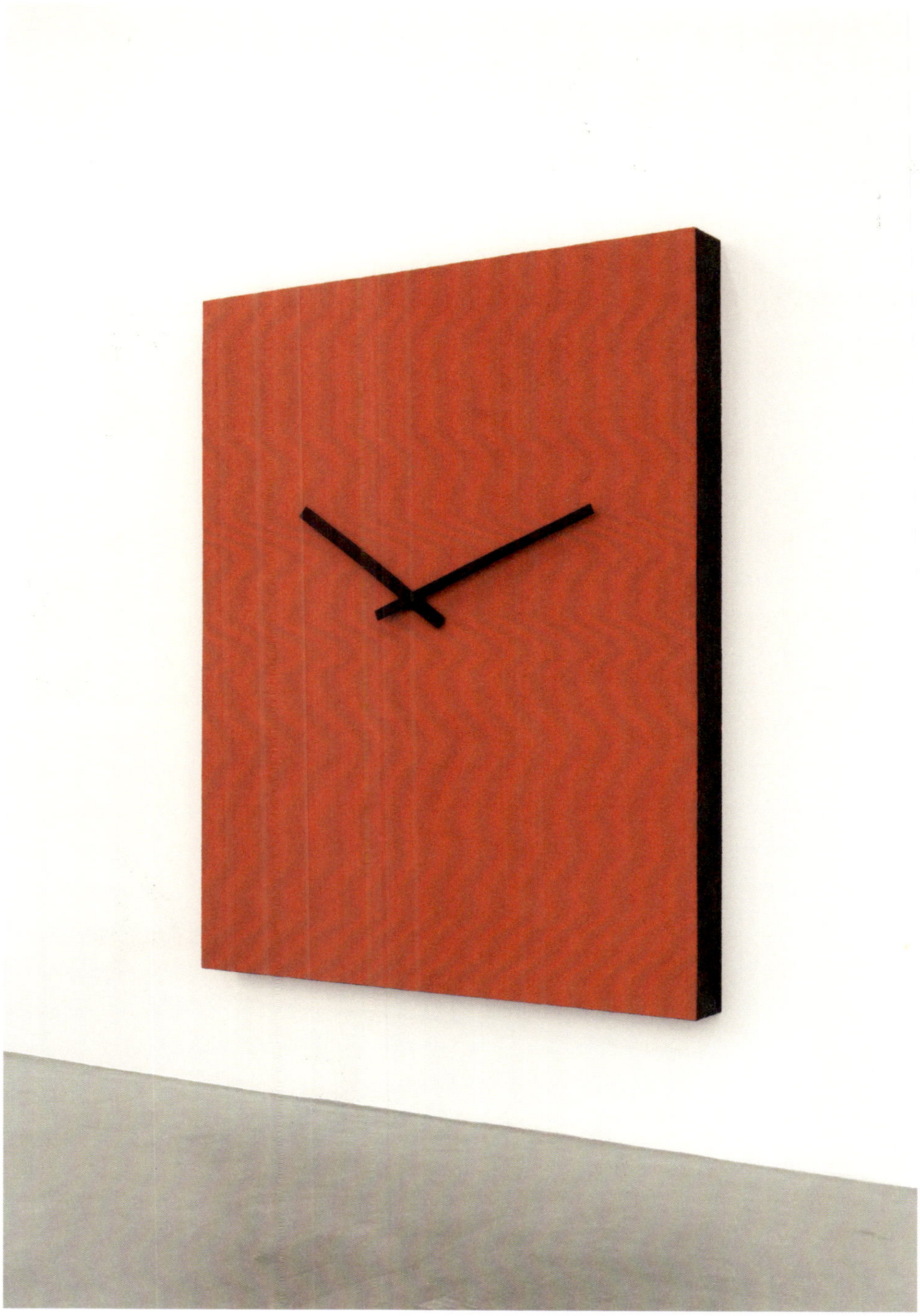

Valentin Carron, *La Grande Classique*, 2006
© Collection privée, Suisse

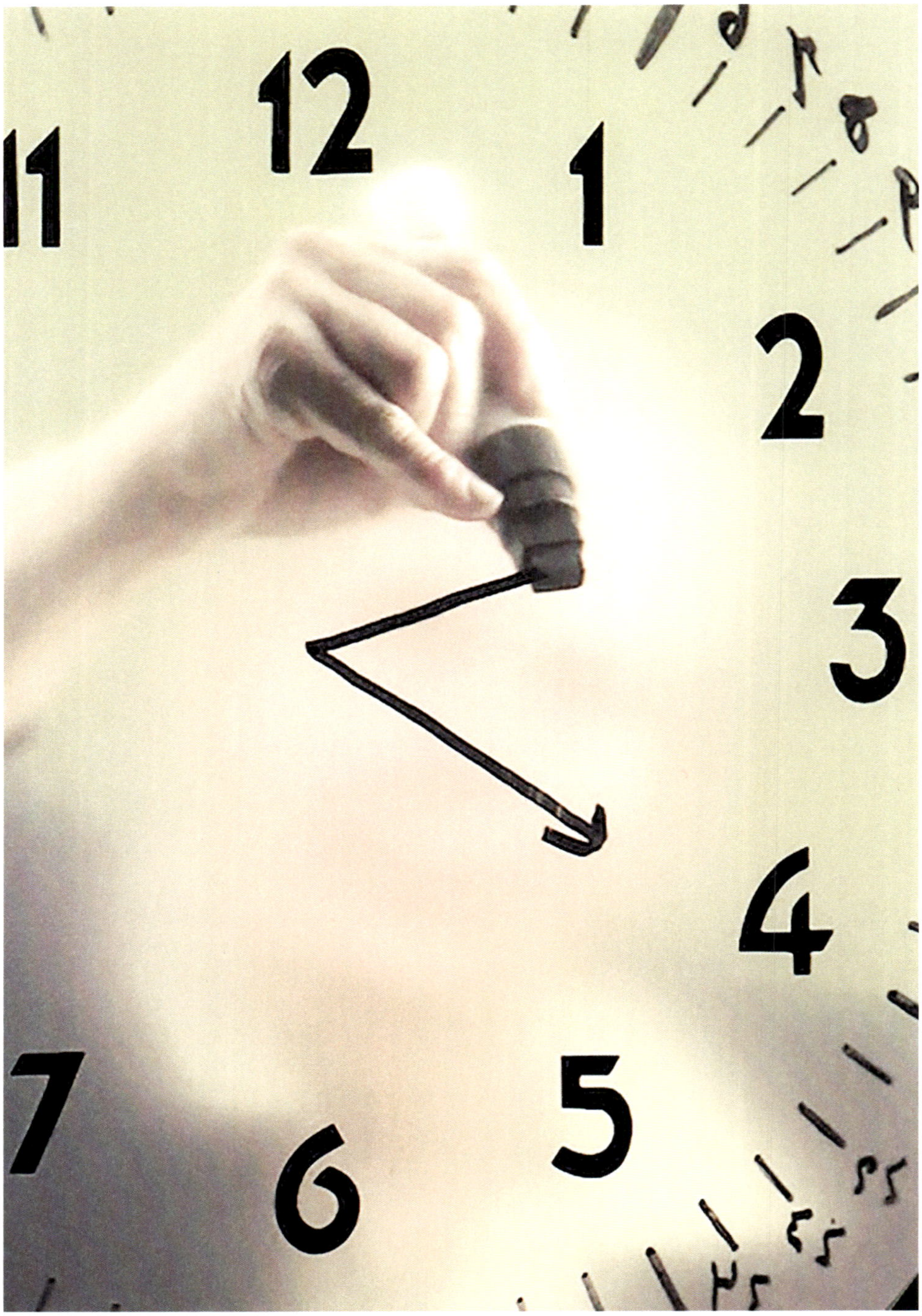

**Maarten Baas, *Grandmother Clock*, 2013**
Courtesy Carpenters Workshop Gallery, Paris

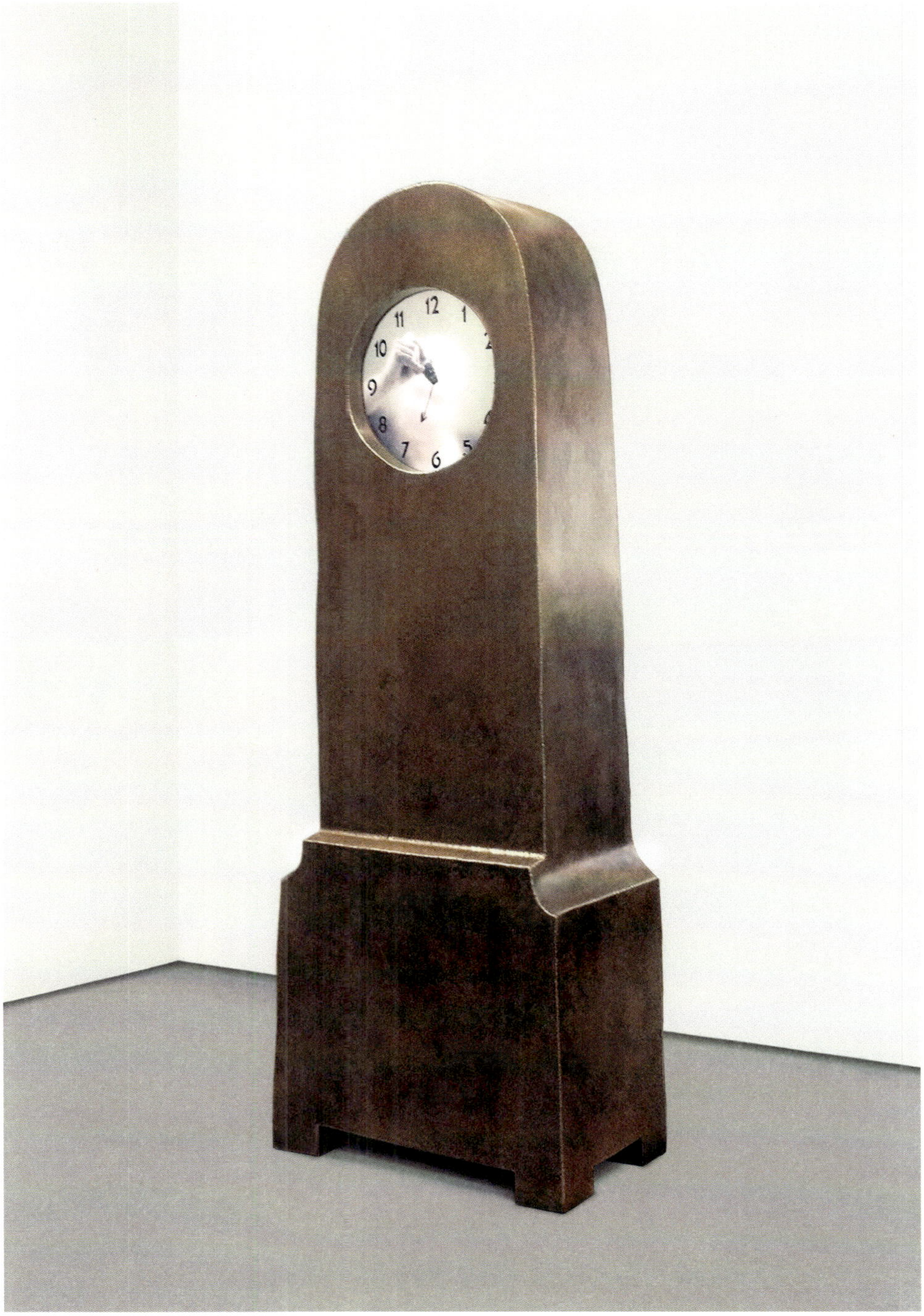
12
1
11
10
9
8
7
6
5

# L'HEURE ET QUELQUES FORMES

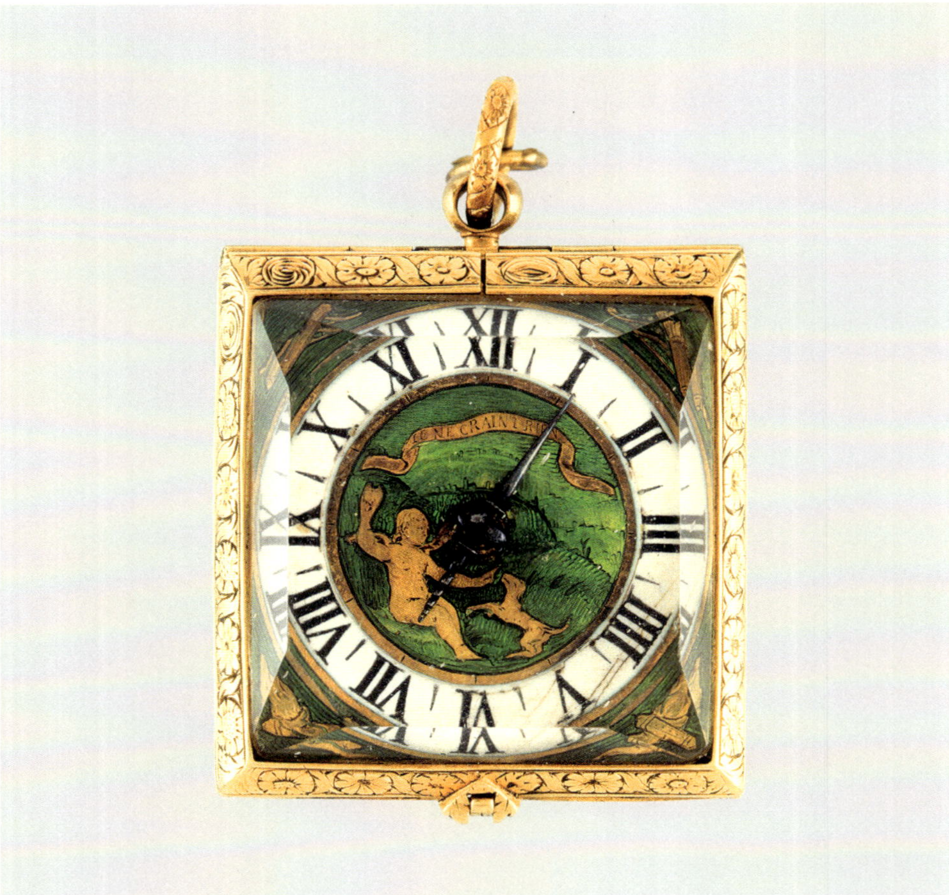

Nicolas Lemaindre, montre carrée à aiguille unique et à devise sur le cadran : JE NE CRAINS RIEN, Blois, vers 1650
© Musée du Louvre, département des Objets d'art, Paris

**Anonyme, montre primitive ovale à une aiguille et à décor de chasse, Allemagne, vers 1550**
© Collection du Musée international d'horlogerie, La Chaux-de-Fonds

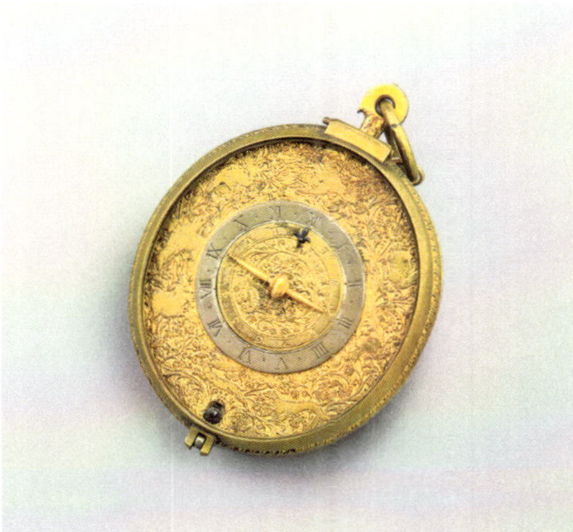

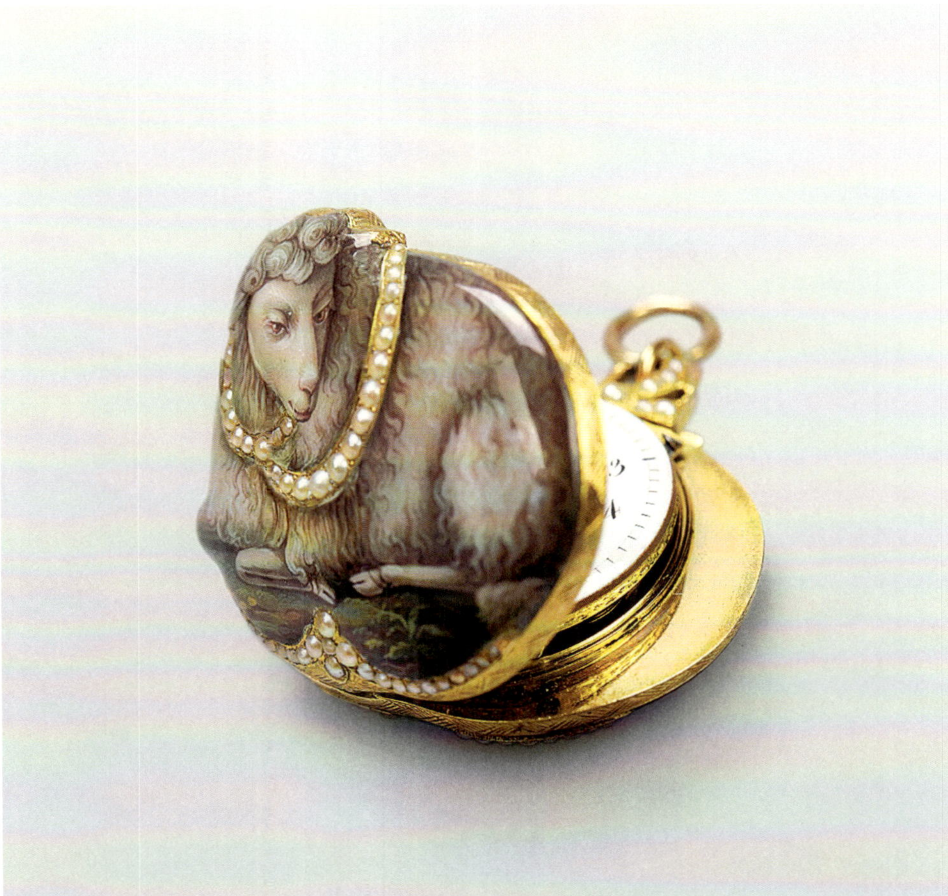

**Anonyme, montre fantaisie en forme de mouton, Genève, vers 1810**
© Musée de l'horlogerie Beyer Zurich

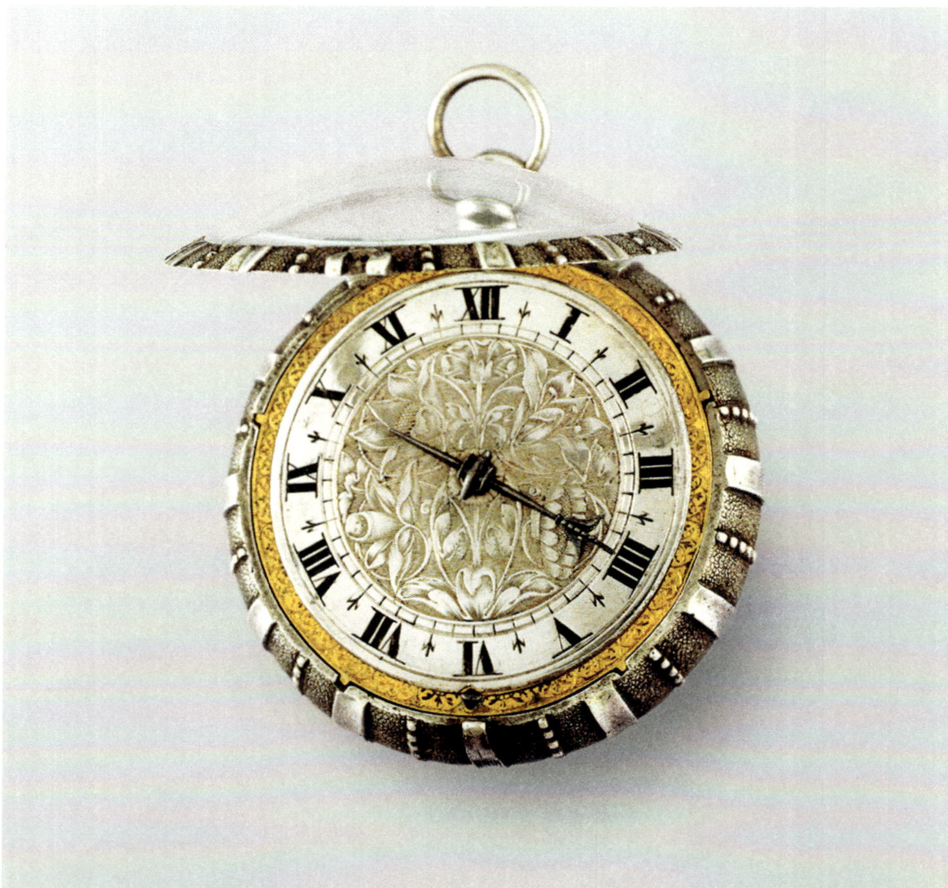

**Samuel Betts, montre ronde à aiguille unique à godrons et décor floral, Londres, vers 1650**
© Collection du Musée international d'horlogerie, La Chaux-de-Fonds

# CADRAN 12 HEURES

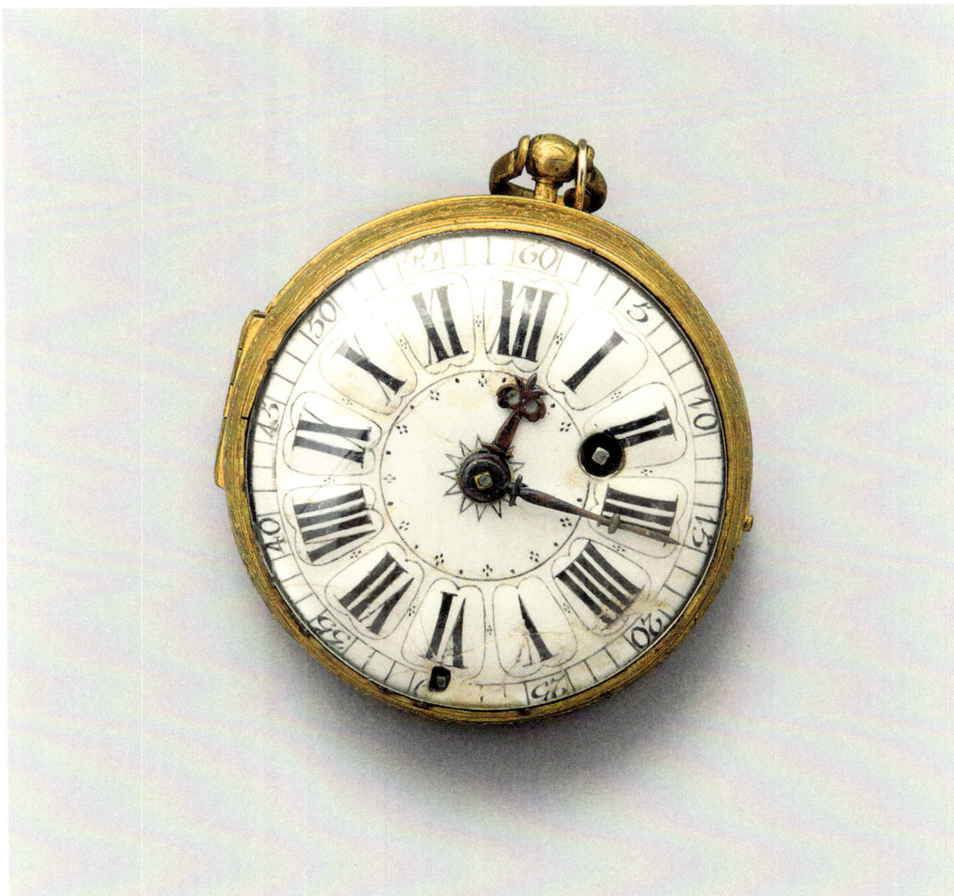

**Antoine Pelletier, montre oignon à deux aiguilles, Paris, vers 1700-1710**

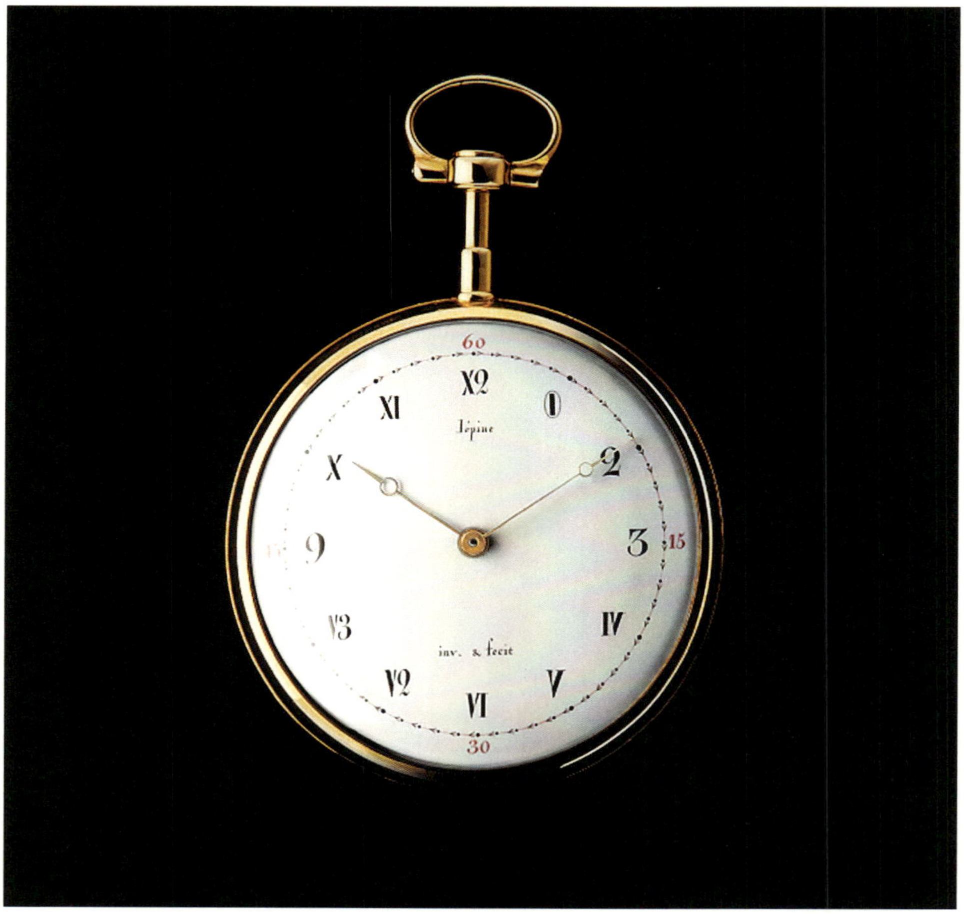


**Jean-Antoine Lépine, montre de poche aux chiffres romains et arabes mêlés, Paris, vers 1789**
© Musée de l'horlogerie Beyer Zurich

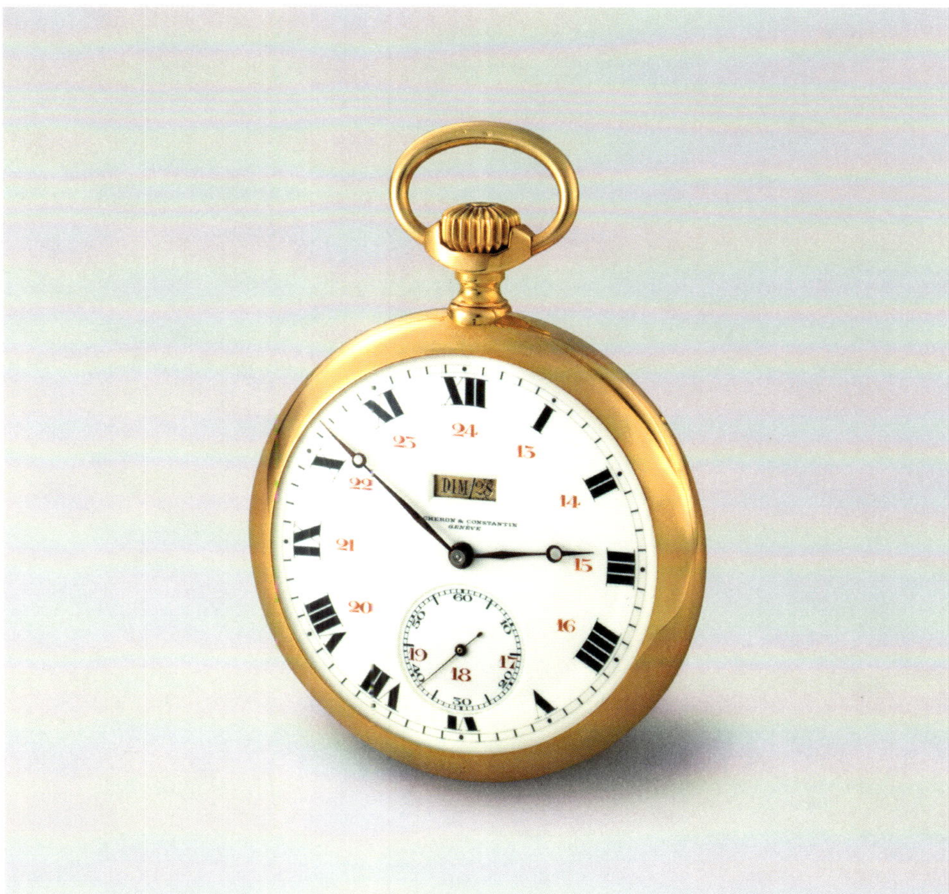


**Vacheron Constantin, montre de poche, Genève, 1901**
© Patrimoine Vacheron Constantin

# CADRAN 24 HEURES

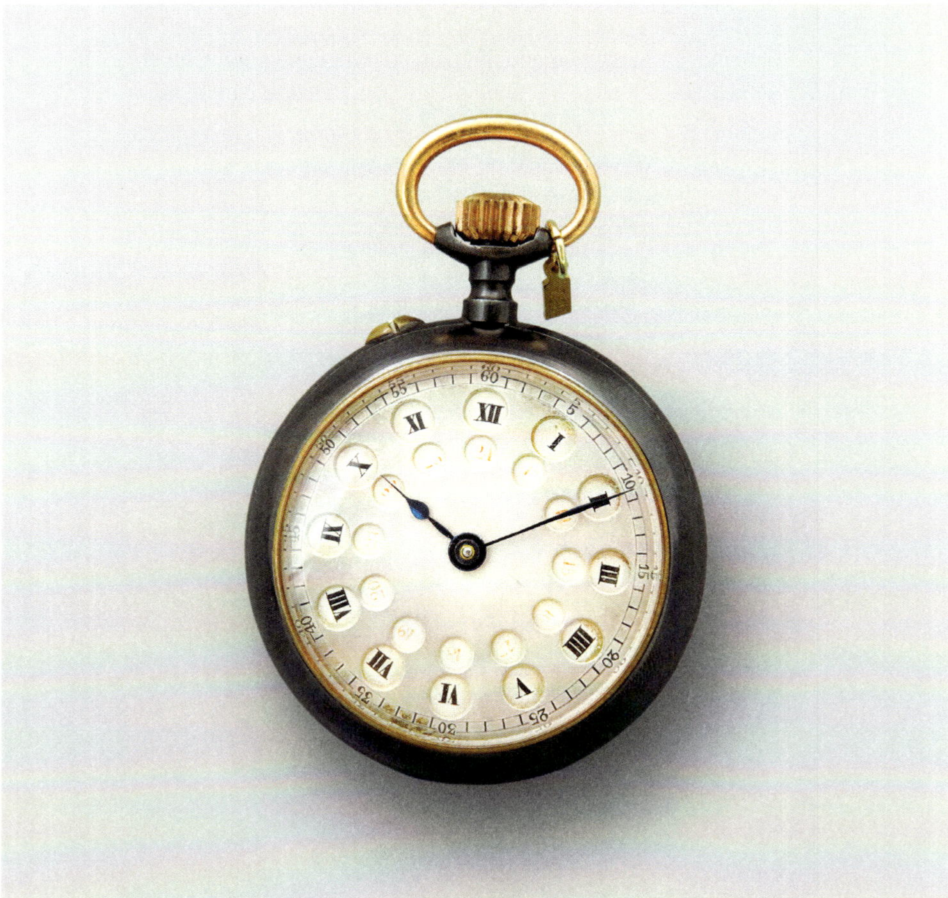

**Anonyme, montre à cadran automatique, France, vers 1900**

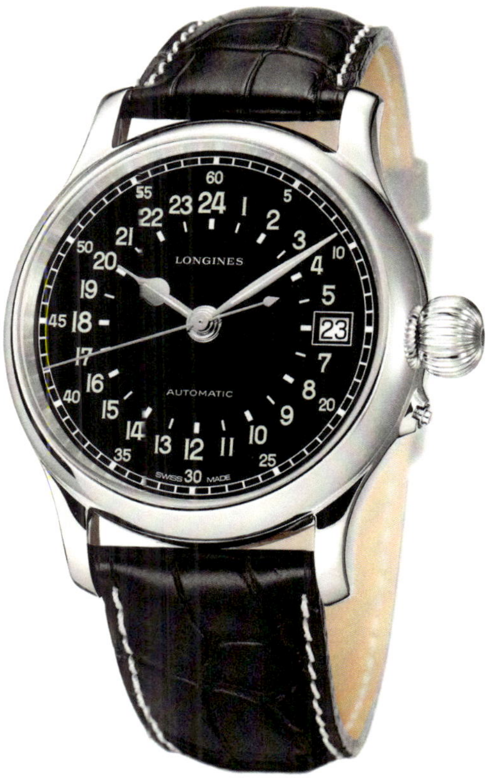


**Longines, montre-bracelet avec cadran aux heures arabes, Saint-Imier, 1954**

# CADRAN 10 HEURES

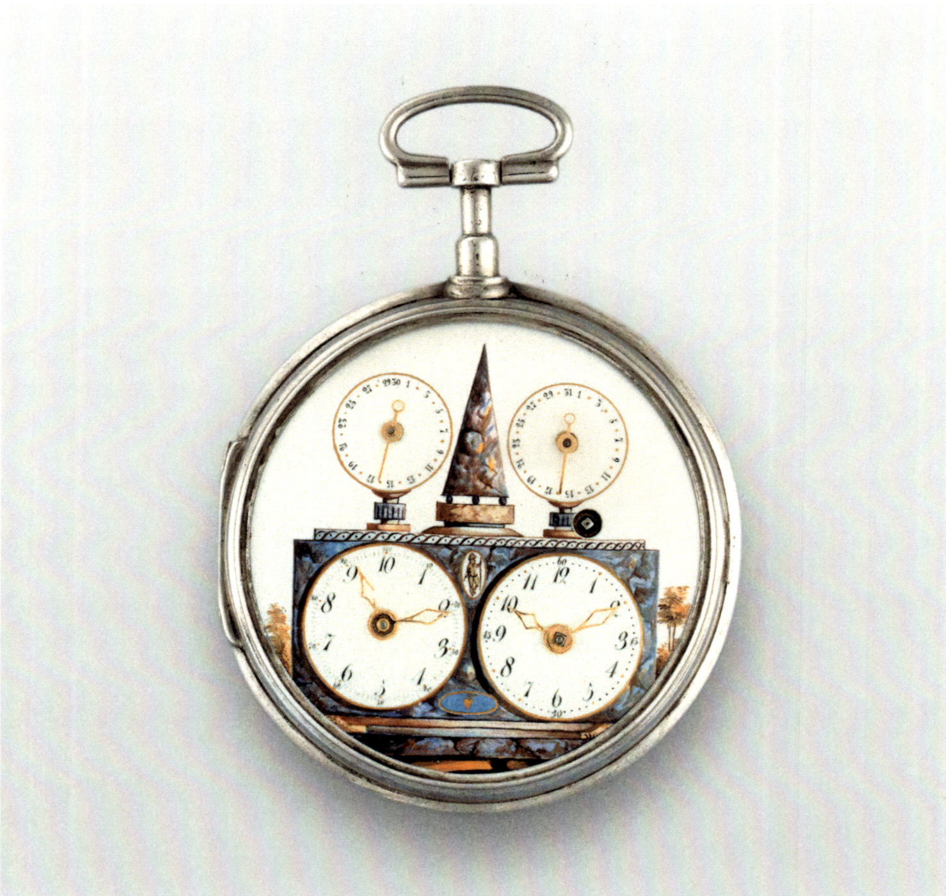

**Anonyme, montre révolutionnaire à quadruple cadran, France, vers 1793-1795**
© Collection du Musée international d'horlogerie, La Chaux-de-Fonds

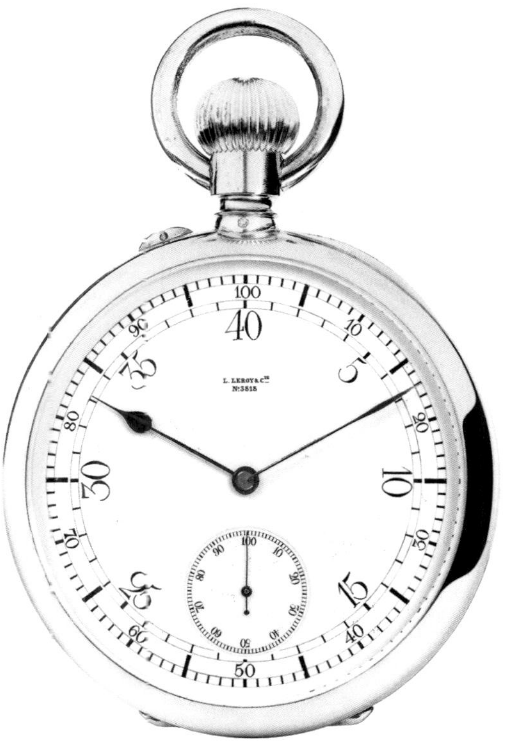

Louis Leroy et Cie, tropomètre servant à réduire le nombre de calculs
pour la détermination des longitudes en navigation, Paris, vers 1900

# HEURES DIURNES & NOCTURNES

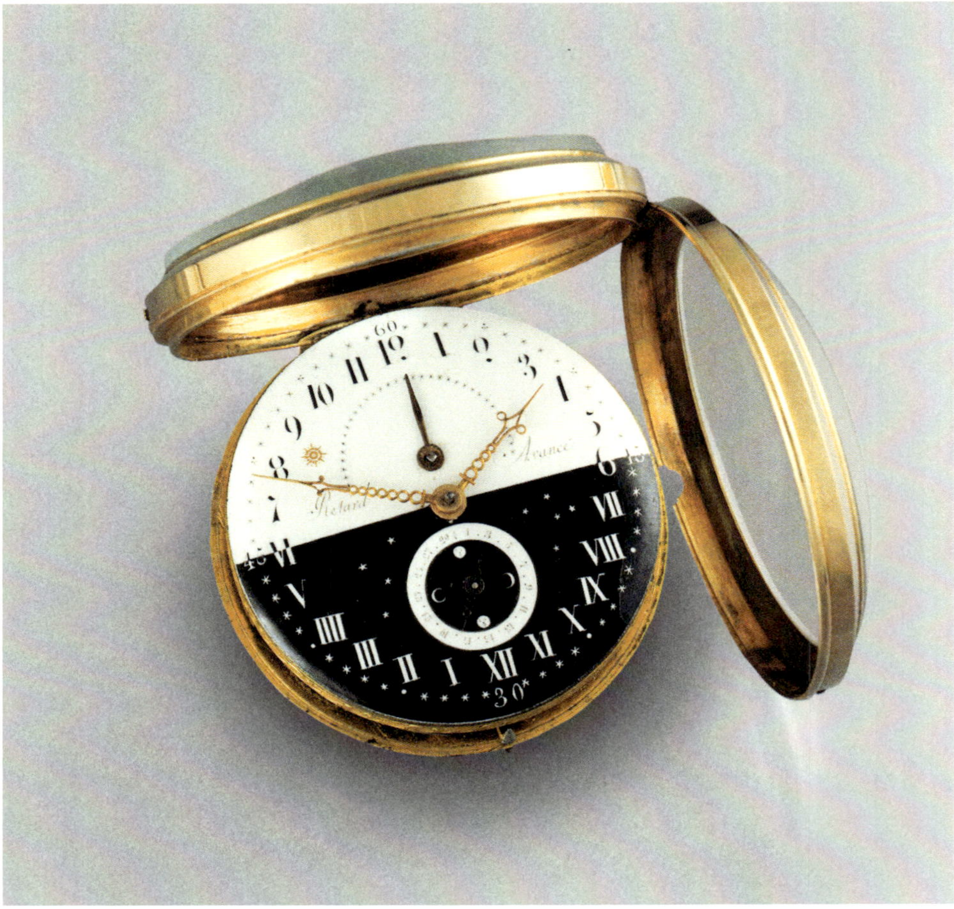

**Robert et Fils et Compagnie, montre de poche double face, La Chaux-de-Fonds, vers 1790**

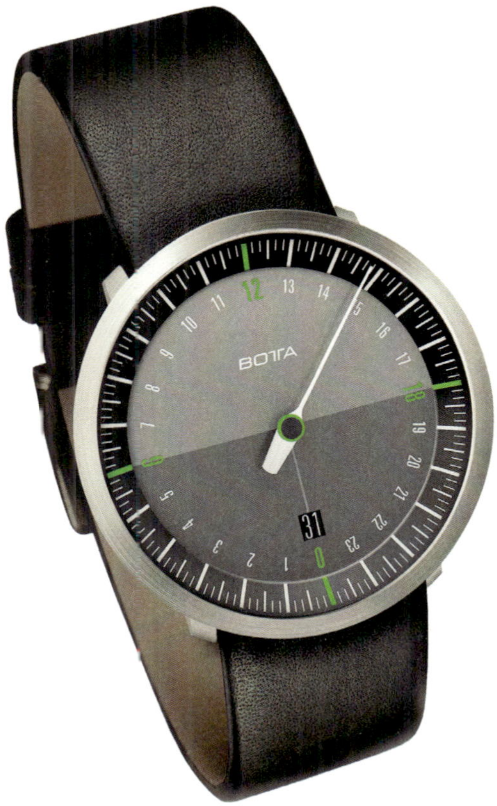


Klaus Botta, *UNO24 Neo*, 2013
© Botta-Design

# HEURES VAGABONDES

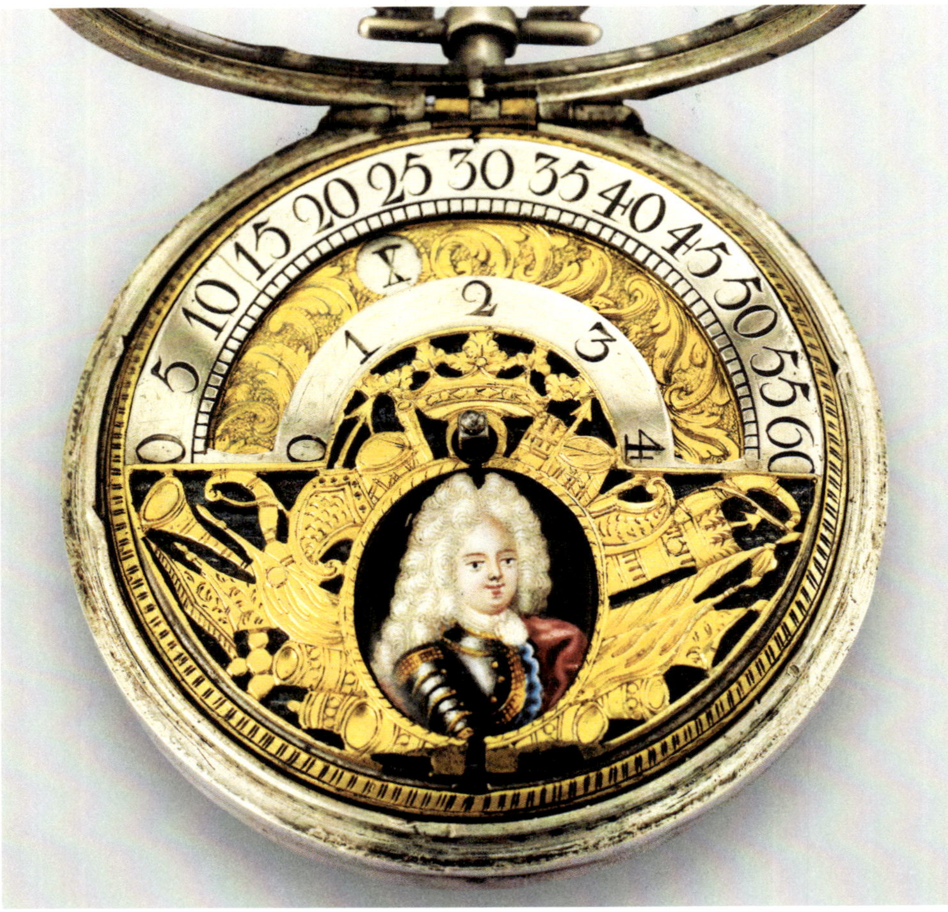


Paul Lullin, montre à heures romaines vagabondes, Londres, vers 1720
© Collection du Musée international d'horlogerie, La Chaux-de-Fonds

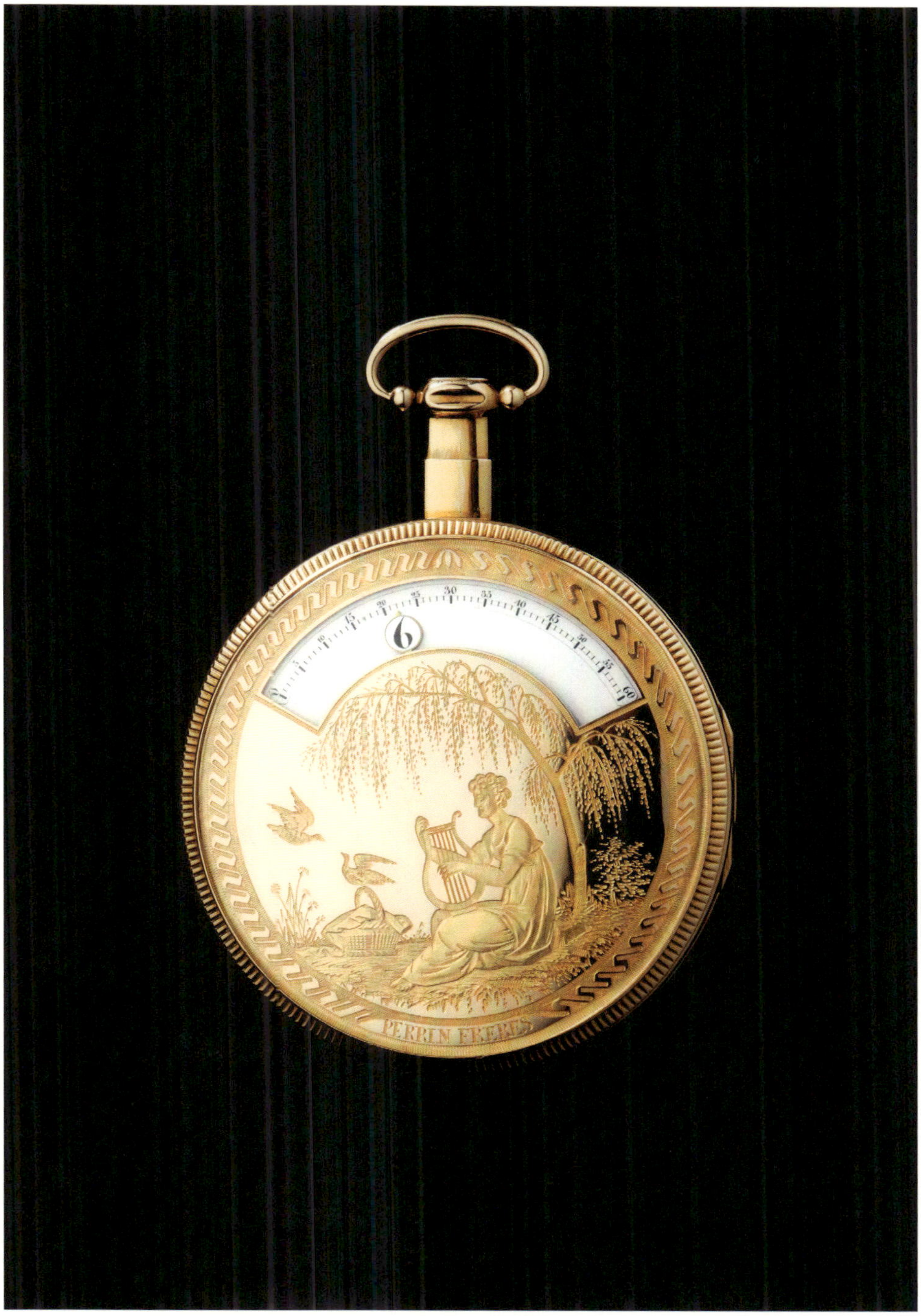


Perrin frères, montre de poche à heures arabes vagabondes, Neuchâtel, vers 1810

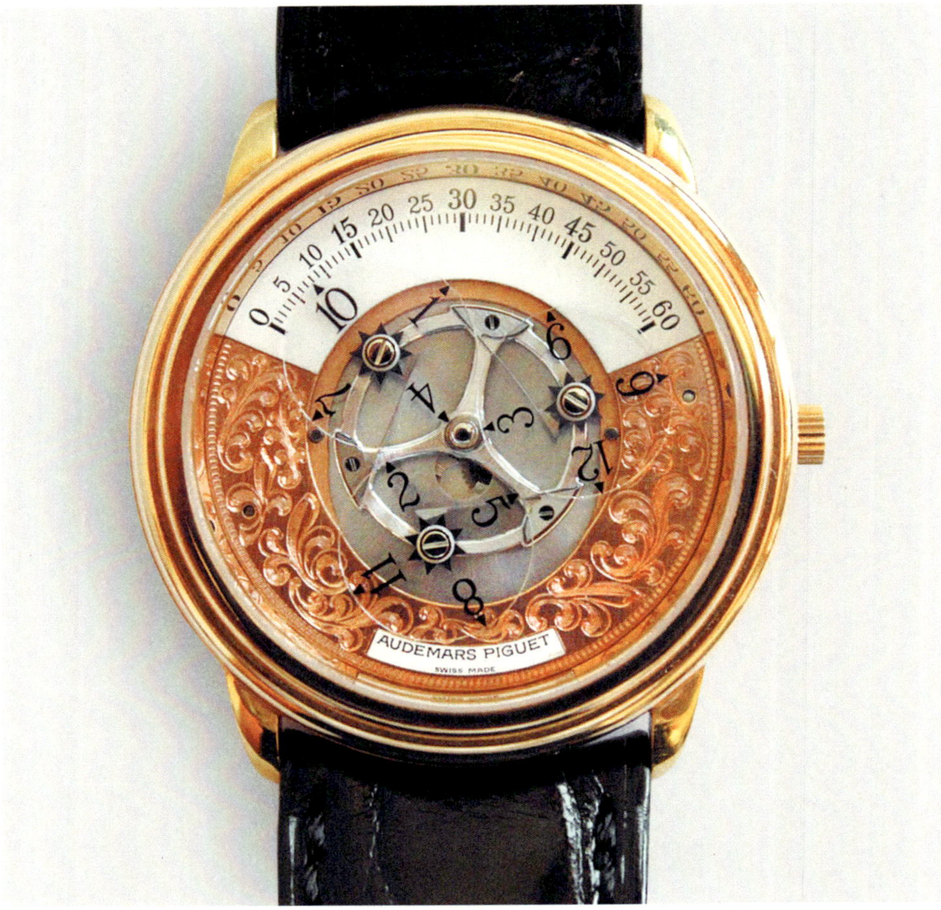


Audemars Piguet, *Starwheel*, Le Brassus, 1991
© Patrimoine Audemars Piguet

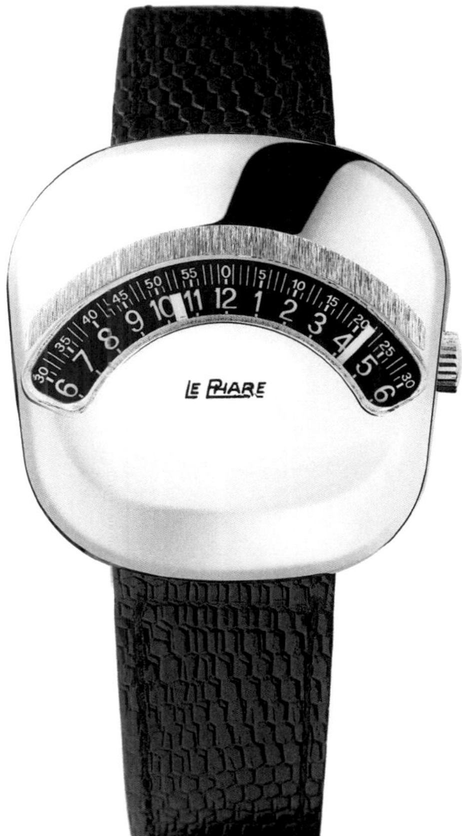


Le Phare SA, montre-bracelet à affichage à secteurs, Le Locle, 1971
© Musée d'horlogerie du Locle – Château des Monts

# HEURES SAUTANTES



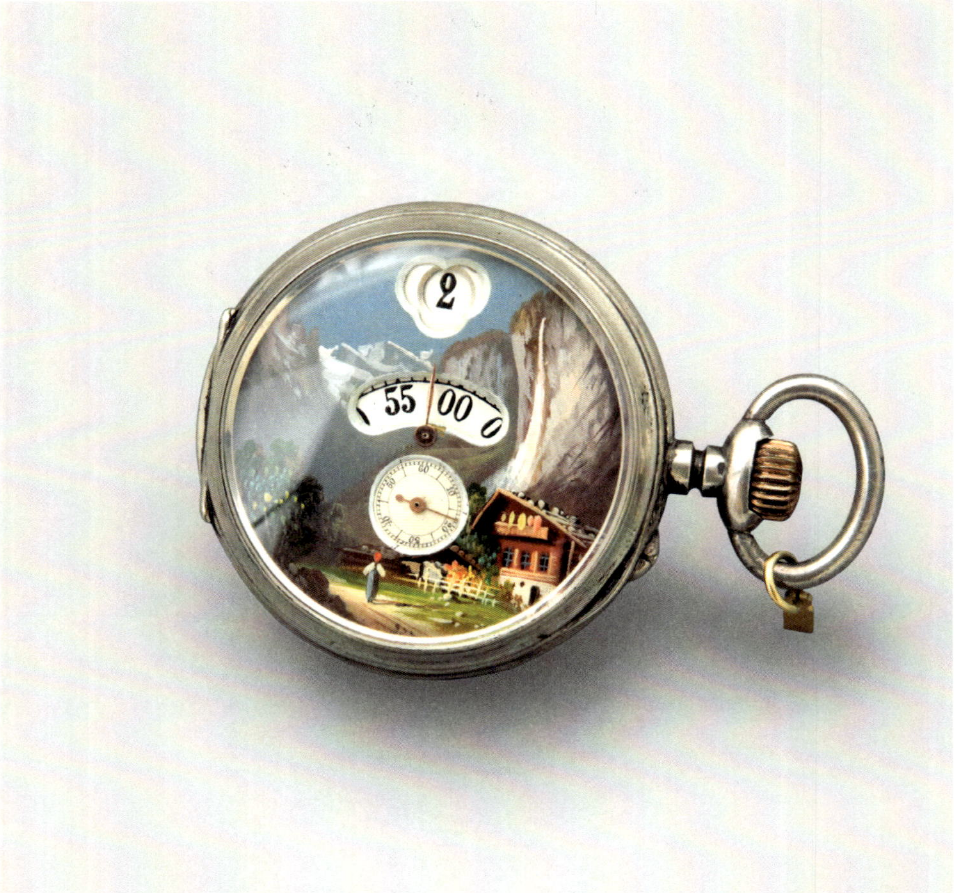


**Anonyme, montre de poche à heures et minutes arabes sautantes, La Chaux-de-Fonds, vers 1900**
© Collection du Musée international d'horlogerie, La Chaux-de-Fonds

Robert Cart, montre de poche à heures arabes sautantes, Le Locle, 1930
© Musée d'horlogerie du Locle – Château des Monts

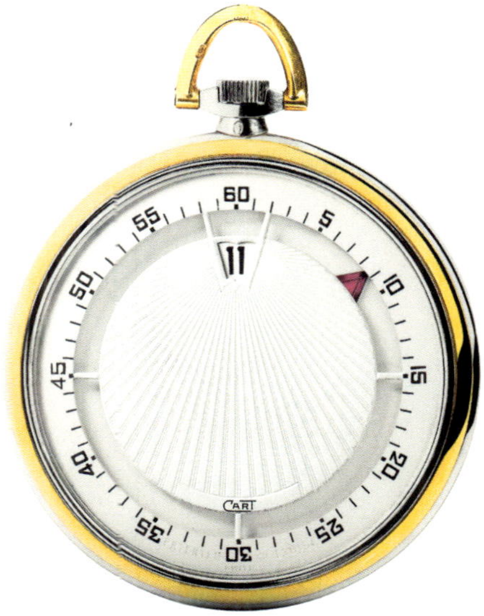




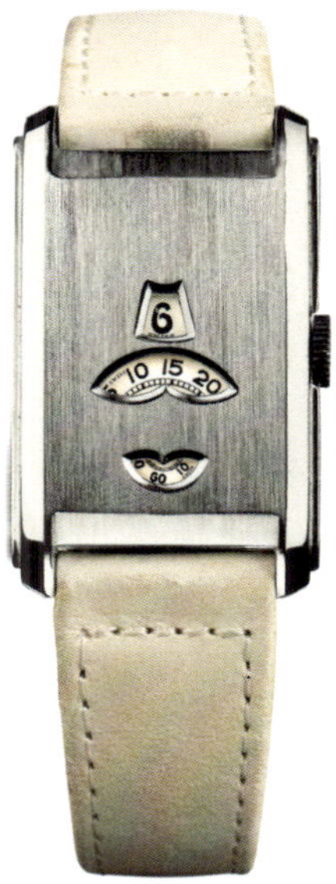


Girard-Perregaux, *MIMO*, La Chaux-de-Fonds, 1935
© Musée Girard-Perregaux

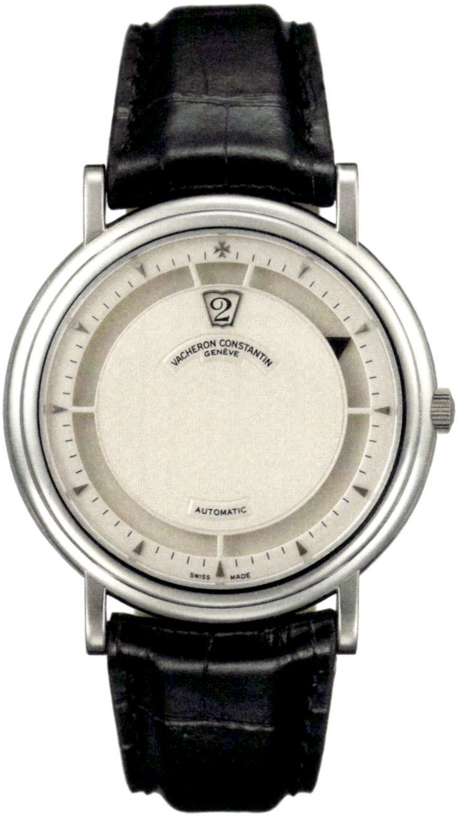


Vacheron Constantin, montre-bracelet à heures sautantes, Genève, 1995

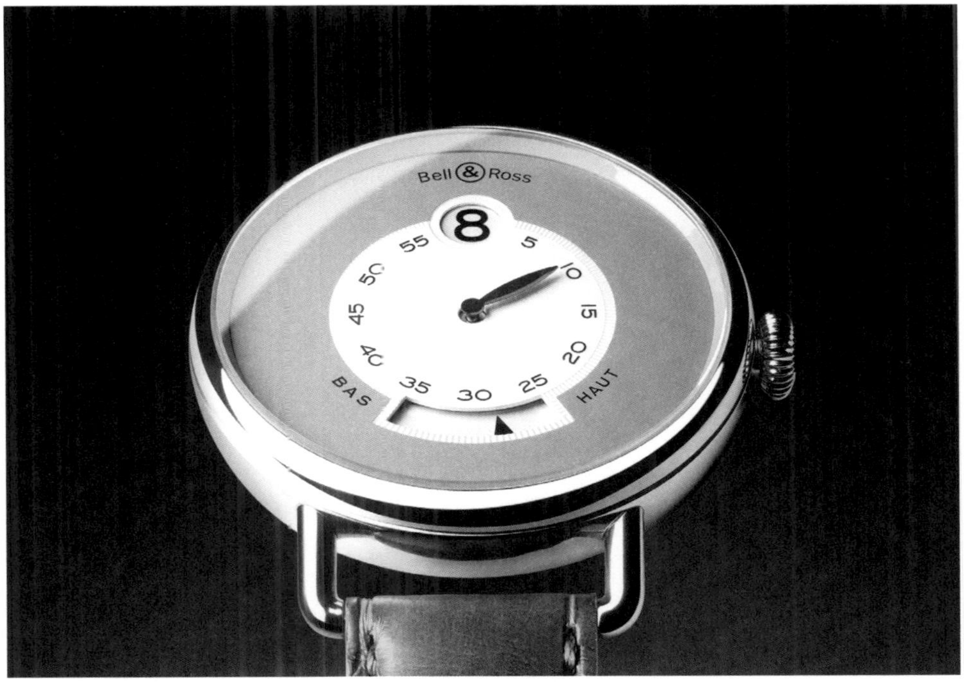


Bell & Ross, *WWI Heure Sautante*, Paris, 2012

# HEURES SONNANTES & CHANTANTES

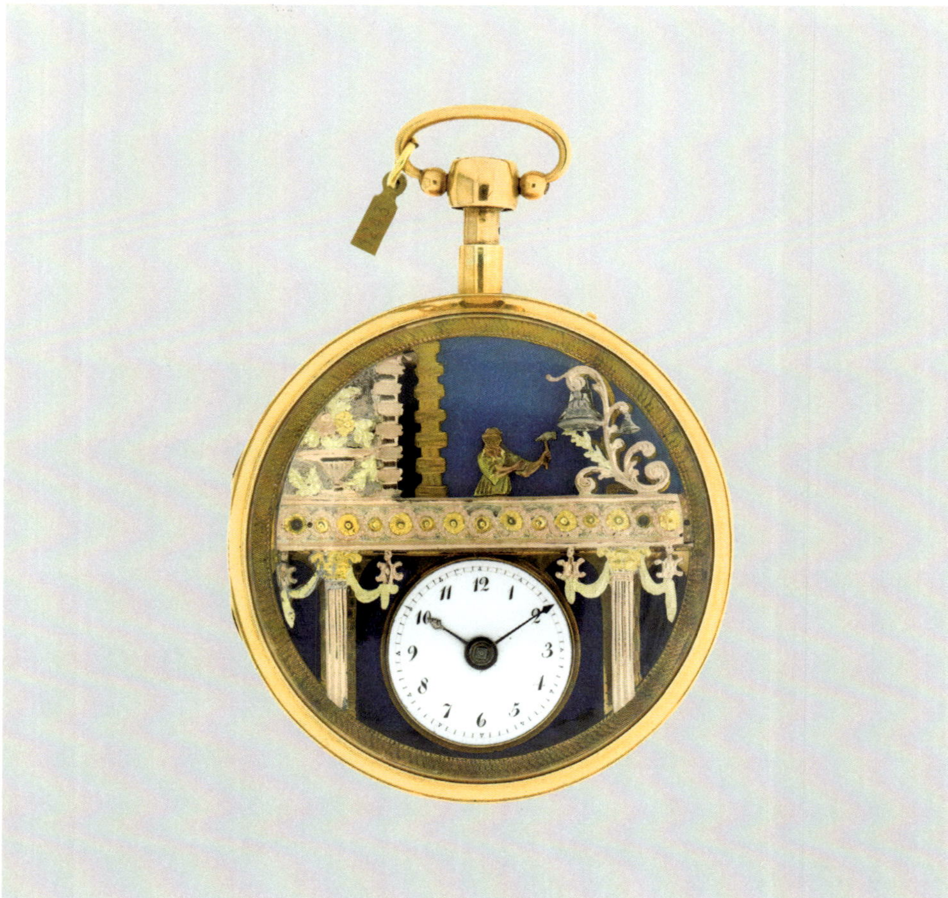

**Anonyme, montre à jaquemart-automate, Suisse, vers 1800**
© Collection du Musée international d'horlogerie, La Chaux-de-Fonds

**Paul Édouard JeanRichard, montre de poche à répétition dite *carillon*, Le Locle, vers 1920**
© Musée d'horlogerie du Locle – Château des Monts

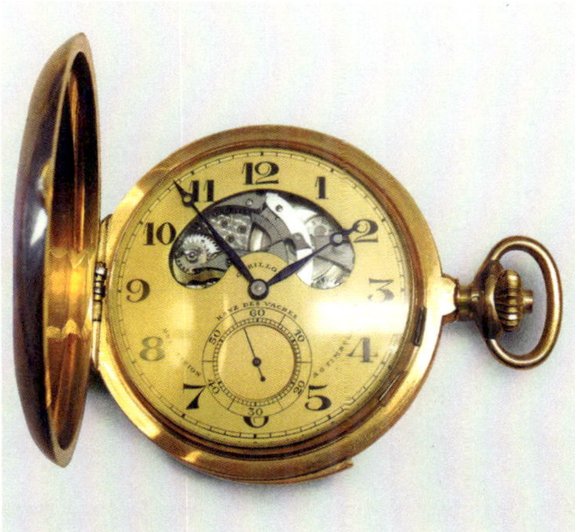

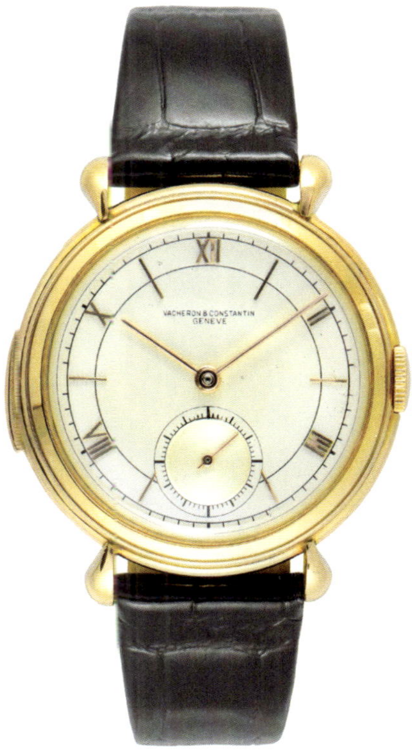

**Vacheron Constantin, montre-bracelet à répétition minutes, Genève, 1941**
© Patrimoine Vacheron Constantin

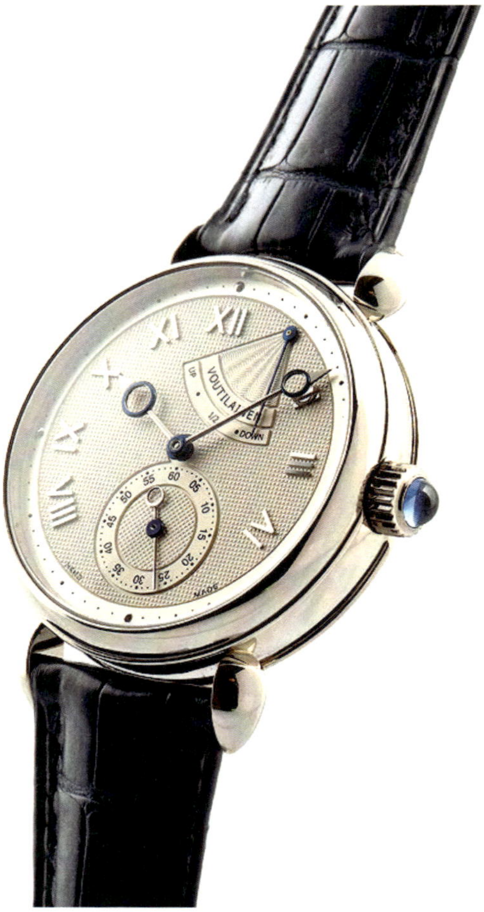


Kari Voutilainen, *Minute Repeater 10*, 2012
© A L'Émeraude, Lausanne

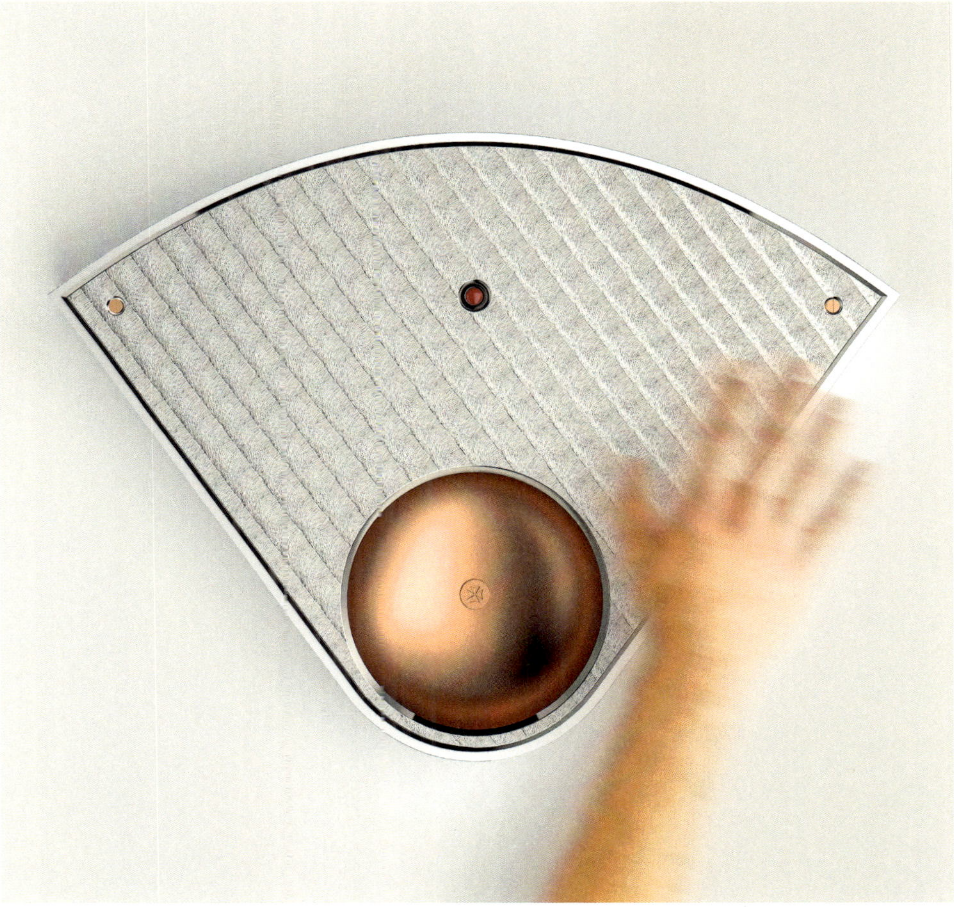

ECAL/Jordi Pla, *Gong Repeater*, 2014

# HEURES UNIVERSELLES DU VOYAGEUR

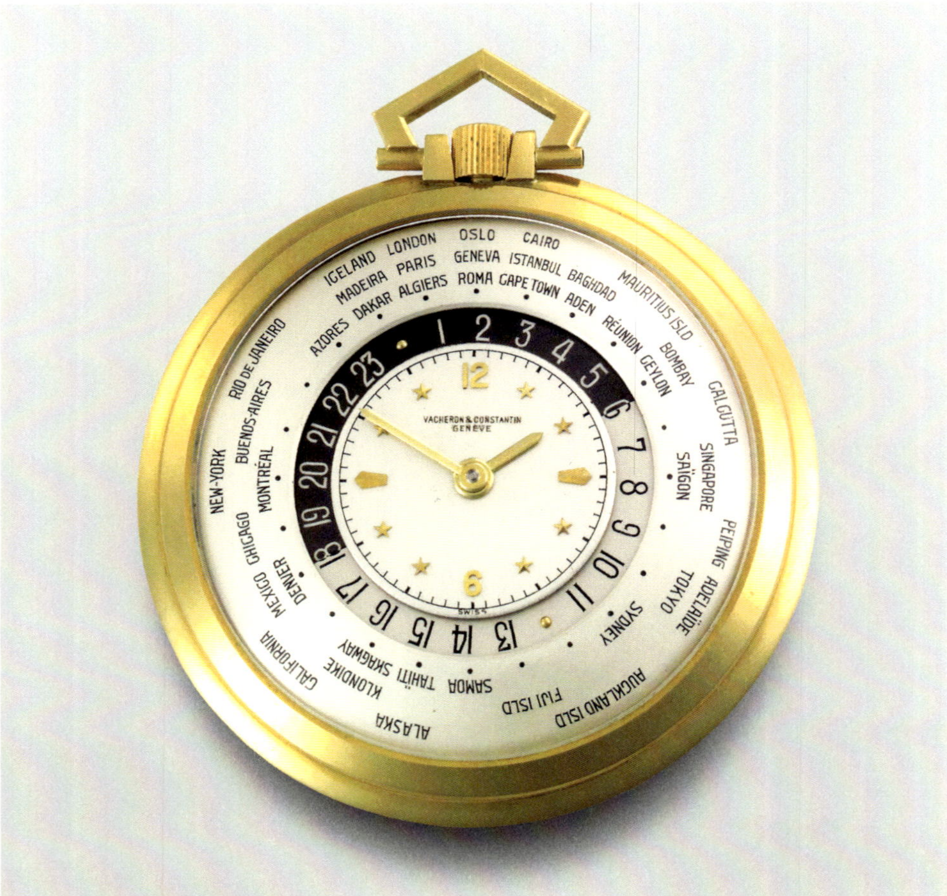


Louis Cottier pour Vacheron Constantin, montre de poche aux heures universelles, Genève, 1949
© Patrimoine Vacheron Constantin

Modeste Anquetin, montre de poche dite
montre de voyageur avec indication de l'heure universelle, Paris, vers 1860
© Arnaud Tellier

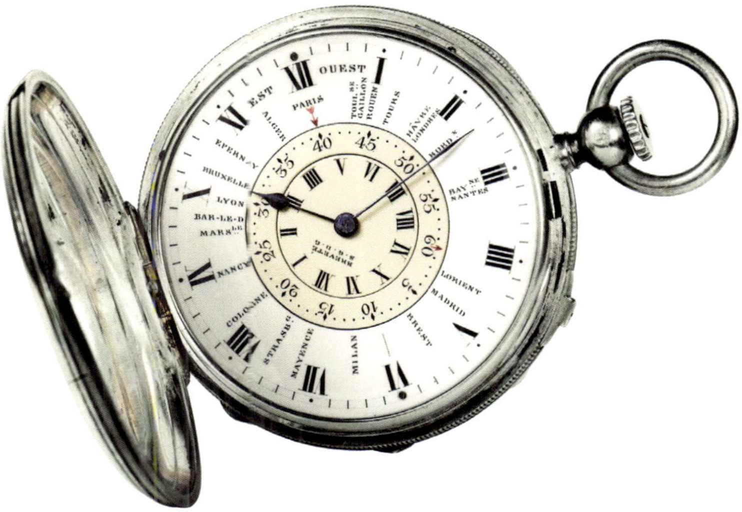


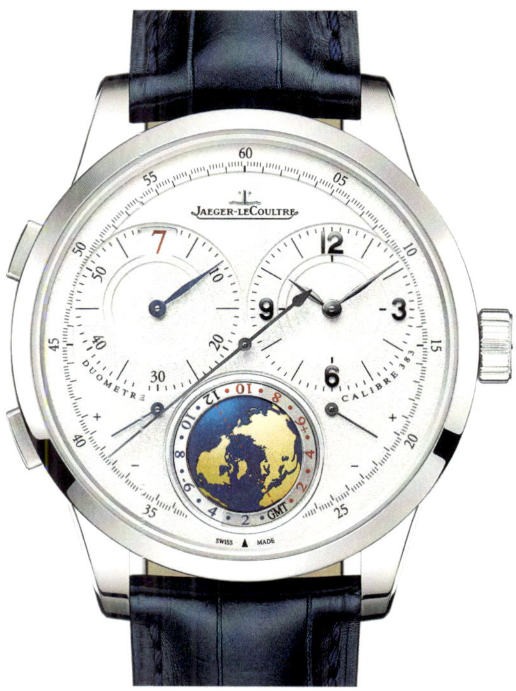


Jaeger Lecoultre, *Duomètre Unique Travel Time*, Le Sentier, 2013
© Patrimoine Jaeger Lecoultre

# HEURES LUMINEUSES

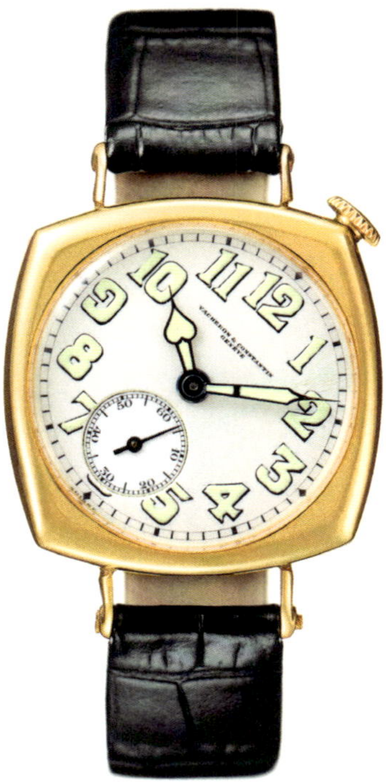

**Vacheron Constantin, montre-bracelet forme dite coussin, Genève, 1919**
© Patrimoine Vacheron Constantin

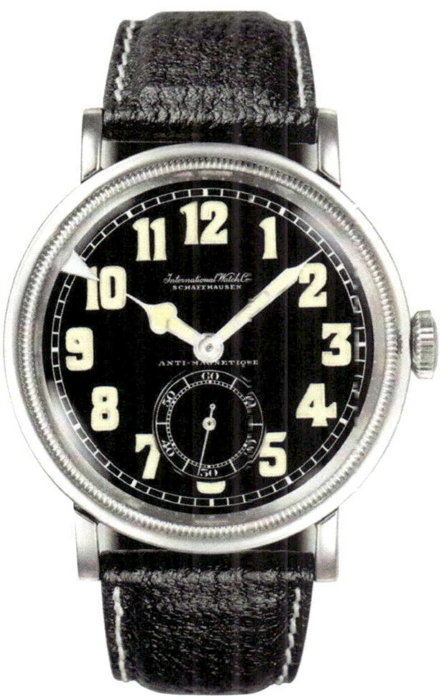

International Watch Co,
montre spéciale pour pilote, Schaffhausen, 1936
© IWC Museum

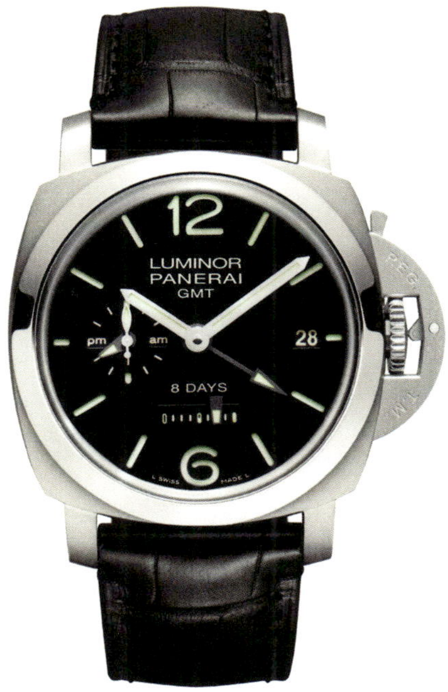


Officine Panerai,
*Luminor 1950 8 days GMT*, Neuchâtel, 2006
© Officine Panerai

# HEURES MYSTÉRIEUSES

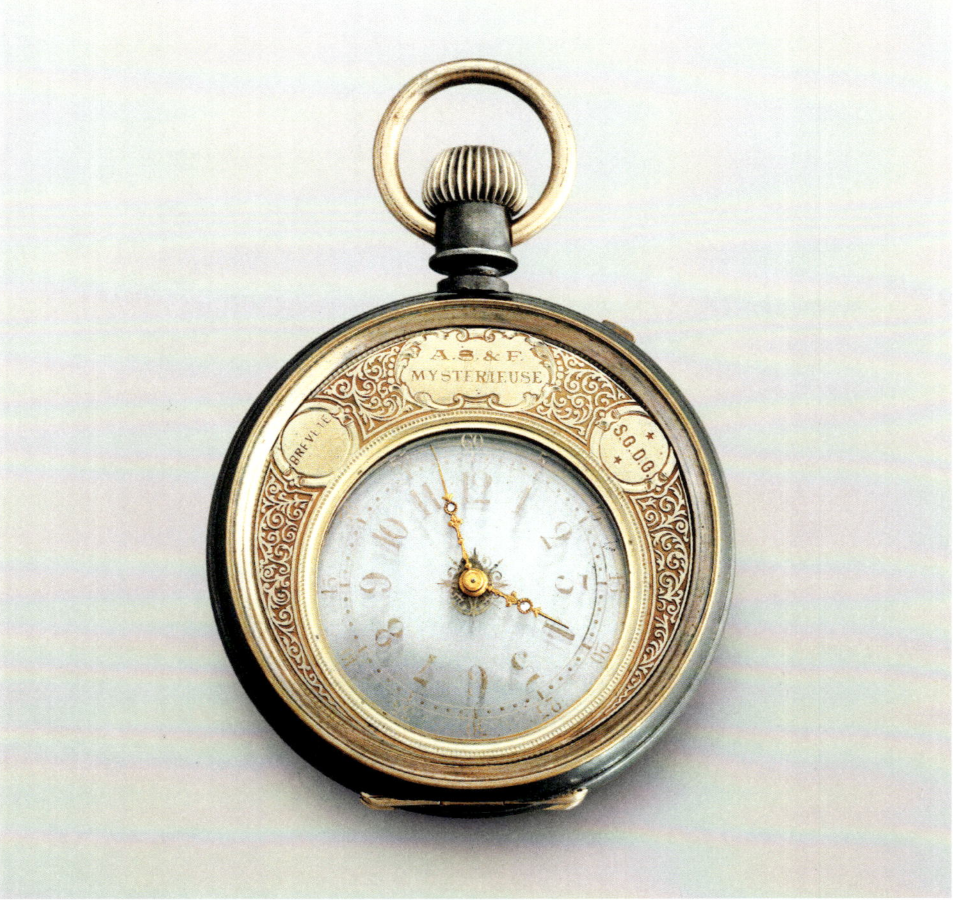


**Armand Schwob et Frères, montre de poche mystérieuse aux heures arabes, La Chaux-de-Fonds, vers 1890**

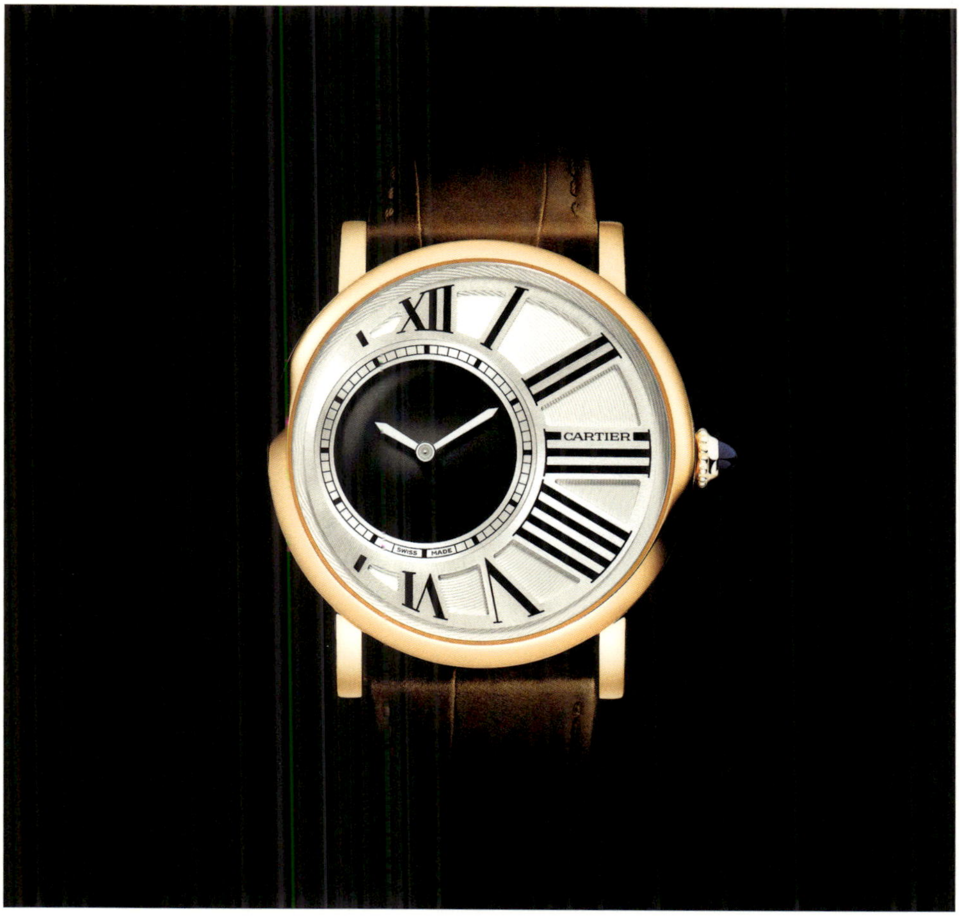


Cartier, montre Rotonde de Cartier *L'Heure Mystérieuse*, Paris, 2013
Manufacture Cartier

# HEURES SECRÈTES



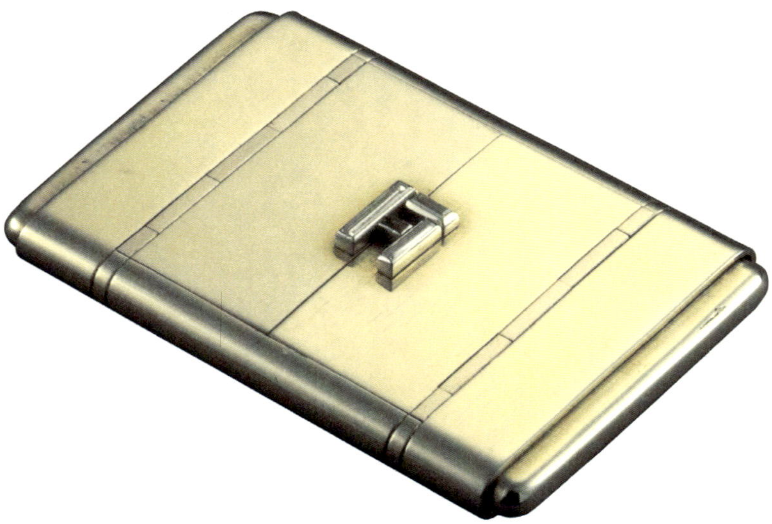

Vacheron Constantin, montre de sac ou de poche à ouverture surprise, Genève, 1928

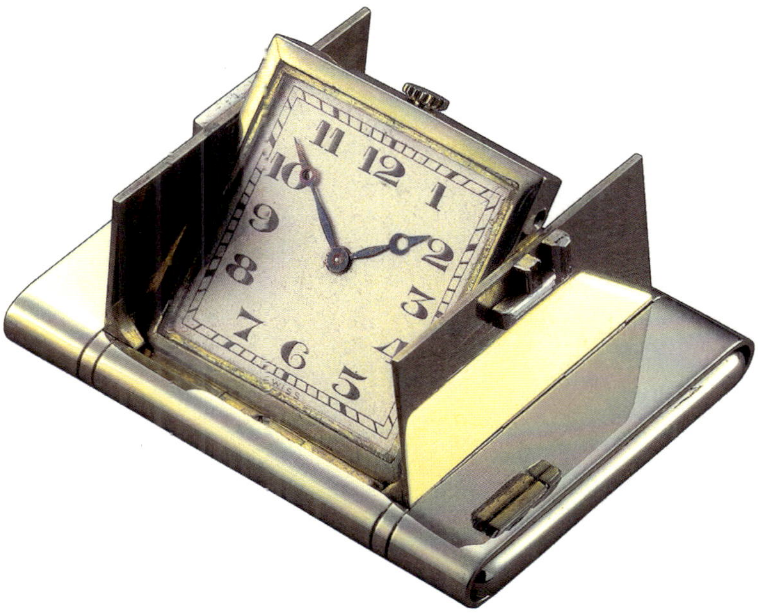

Cartier, montre à mouvement huit jours et à couvercle coulissant formant chevalet, 1931
© Collection Cartier

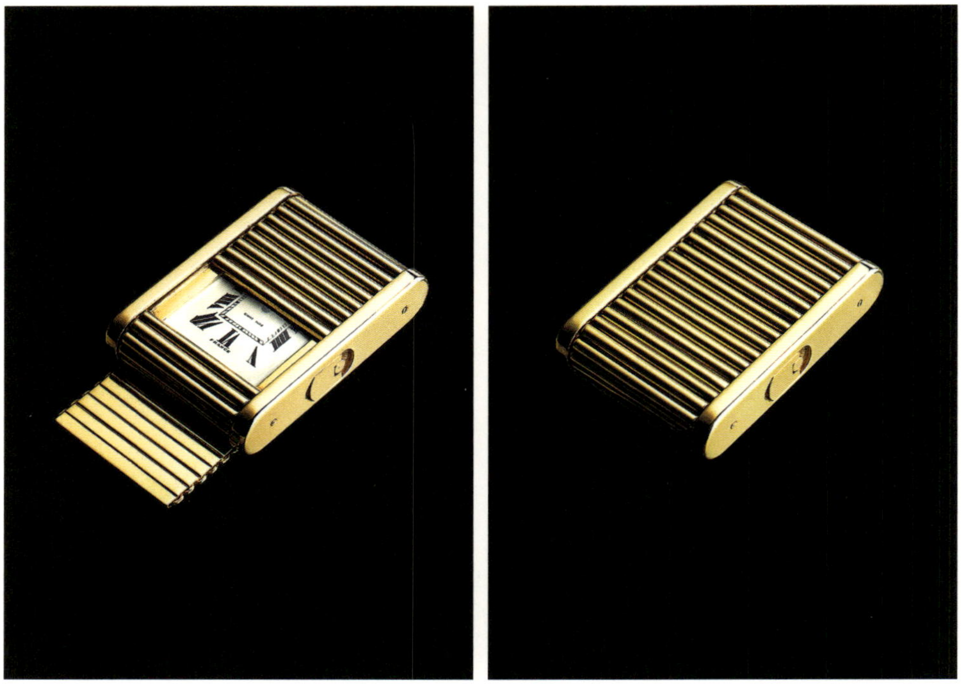



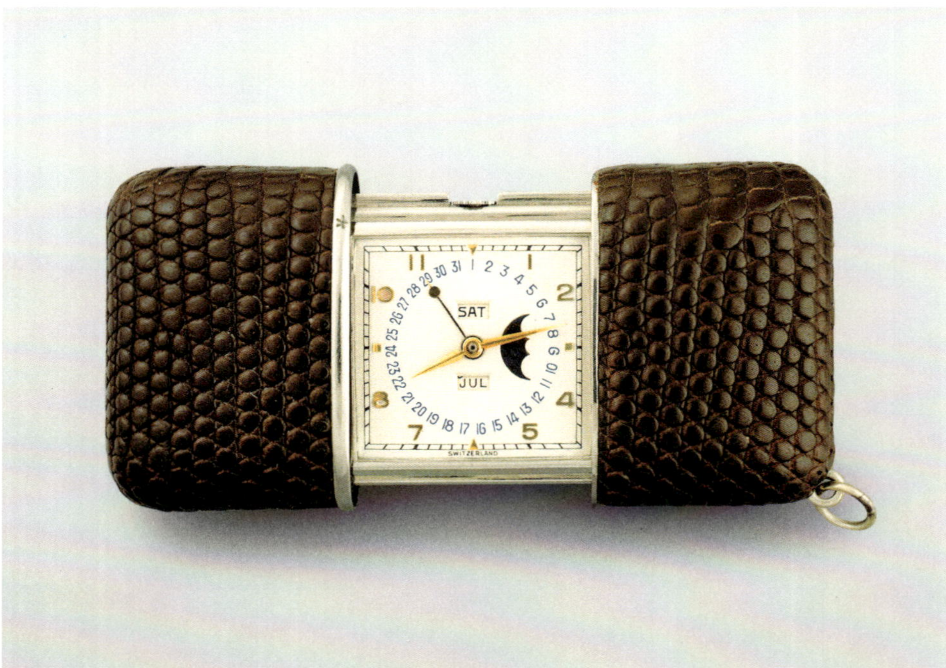


Movado, montre de sac et de voyage *Ermeto*, La Chaux-de-Fonds, vers 1950
© Collection du Musée international d'horlogerie, La Chaux-de-Fonds

Jaeger Lecoultre, *Reverso*, Le Sentier, 1932
© Patrimoine Jaeger Lecoultre

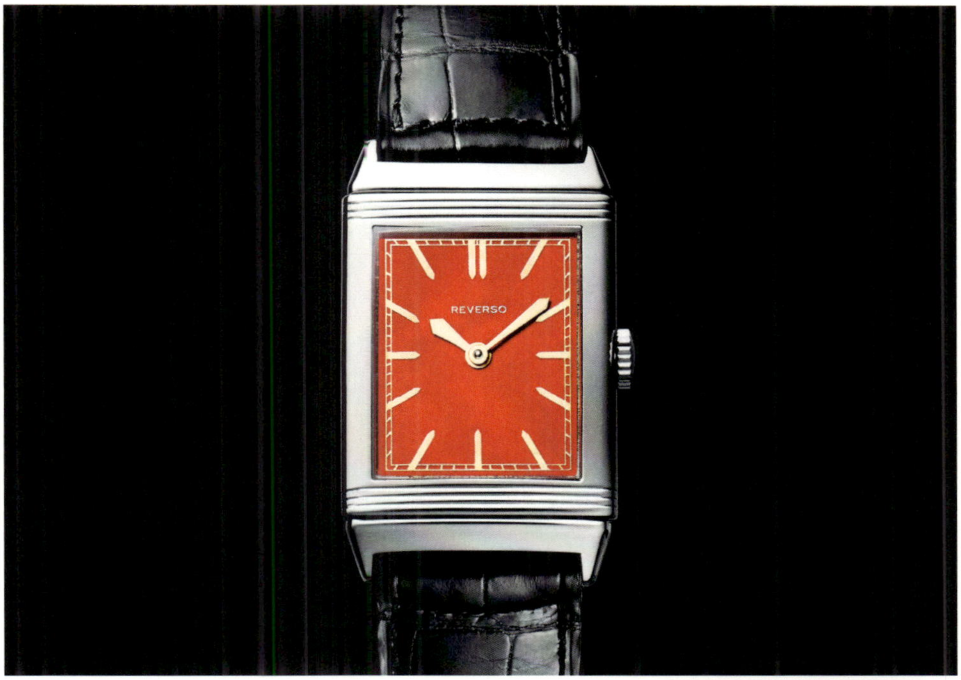


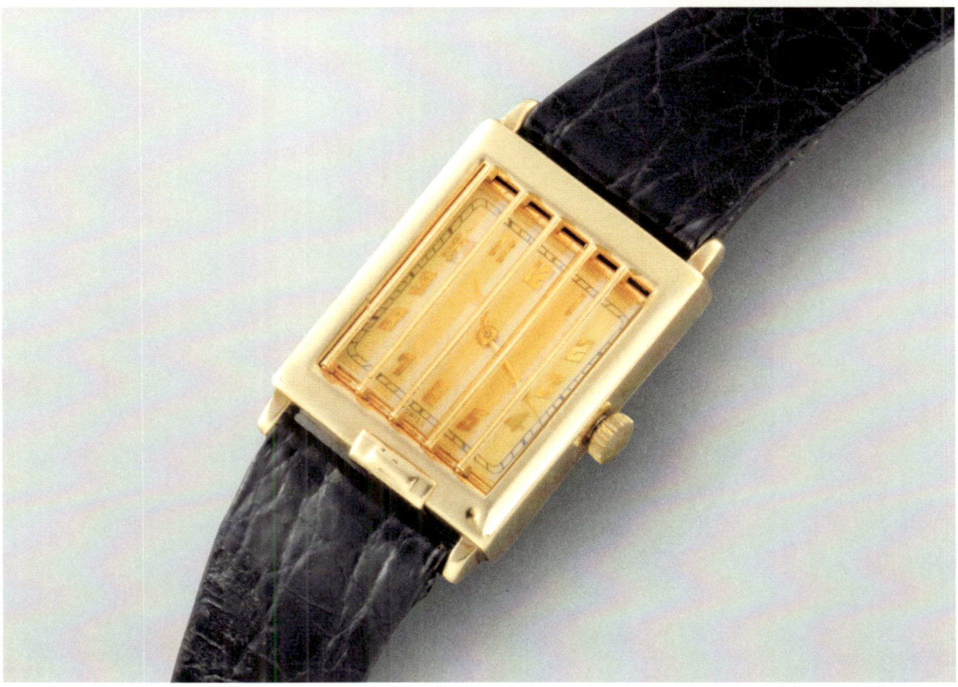

Vacheron Constantin, montre-bracelet à persiennes, Genève, 1929
© Patrimoine Vacheron Constantin

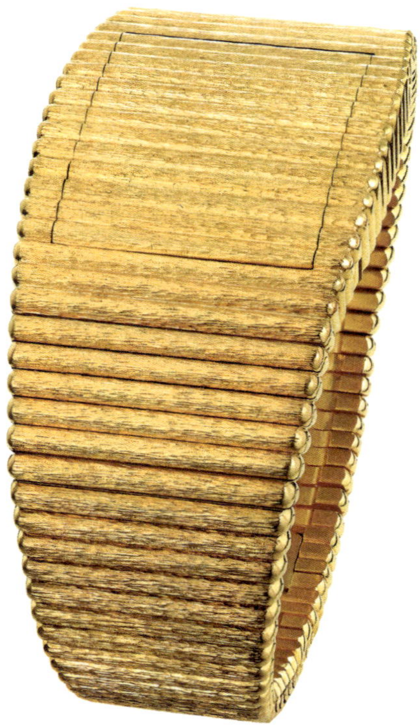

Piaget, bracelet à secret avec une montre, Genève, 1972

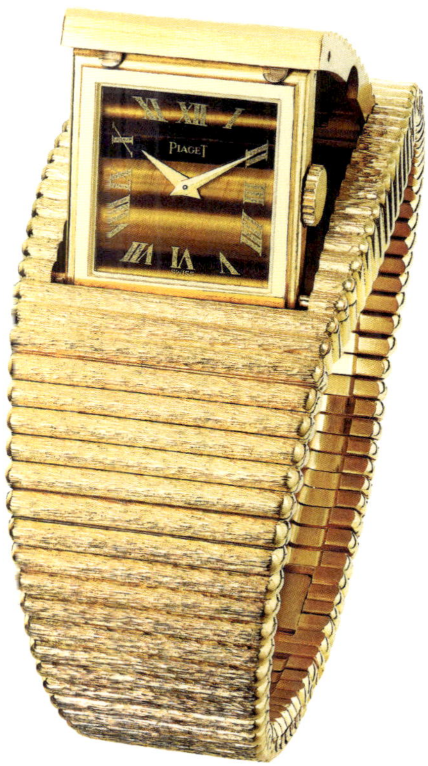
PIAGET

# AIGUILLE UNIQUE

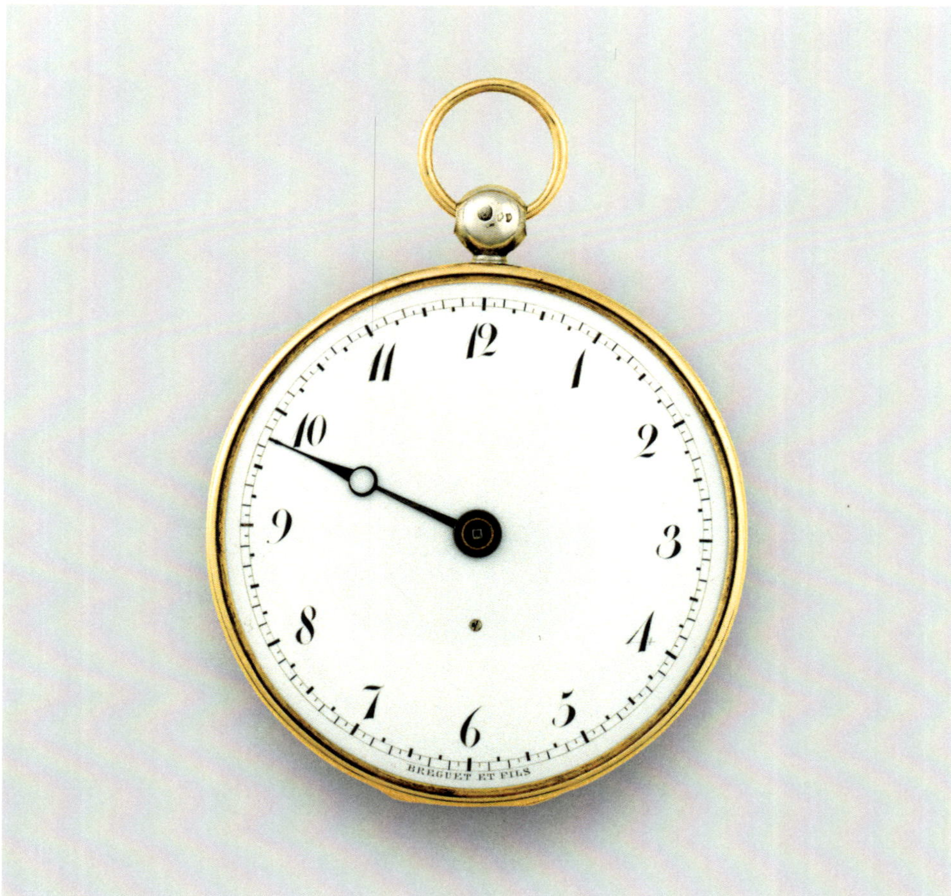


Breguet et fils, montre de poche dite de *souscription* à aiguille unique, Paris, vers 1820
© Collection du Musée international d'horlogerie, La Chaux-de-Fonds

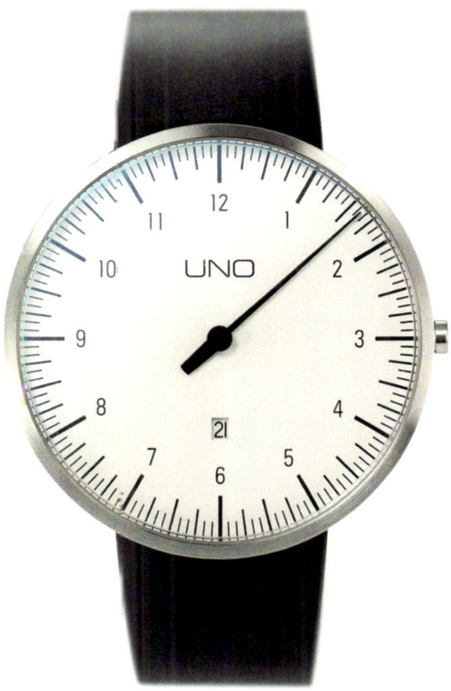


Klaus Botta, *UNO+ Alpin*, 2014

# BRAS-EN-L'AIR

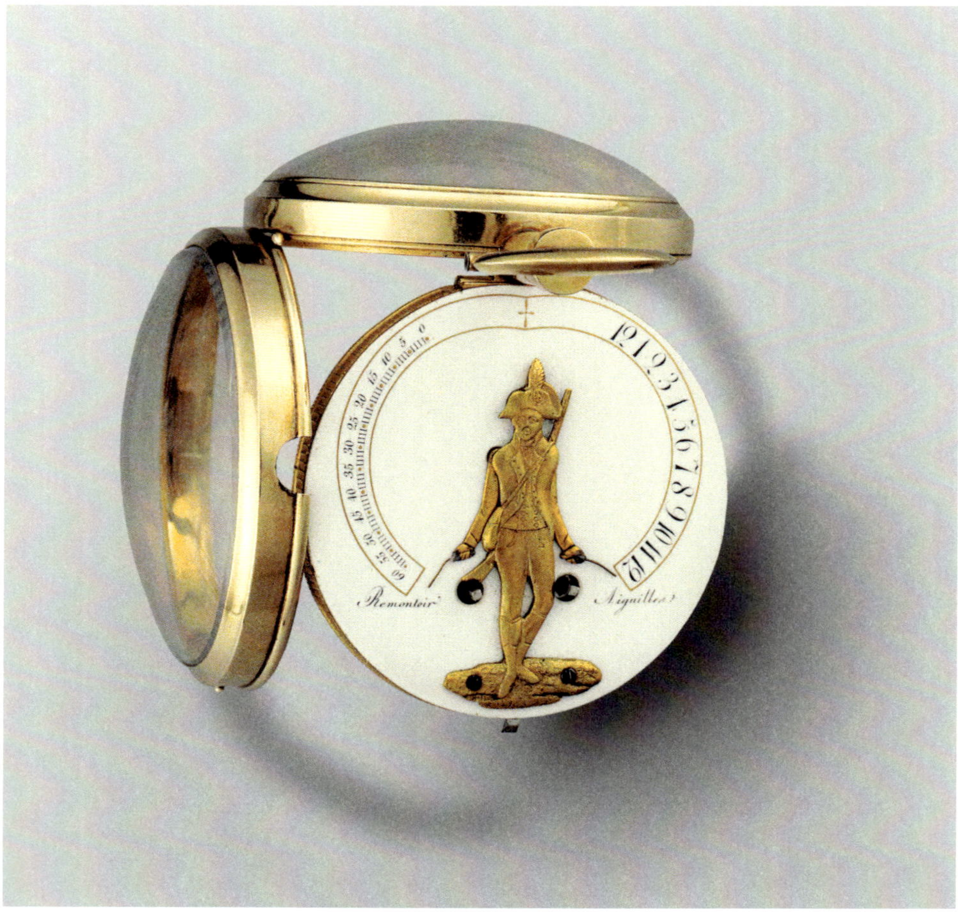


**Alois Fleury, montre de poche dite «bras-en-l'air» à soldat automate, Munich, 1823**

Vacheron Constantin, montre de poche dite «bras-en-l'air» à chinois automate, Genève, 1930
© Patrimoine Vacheron Constantin

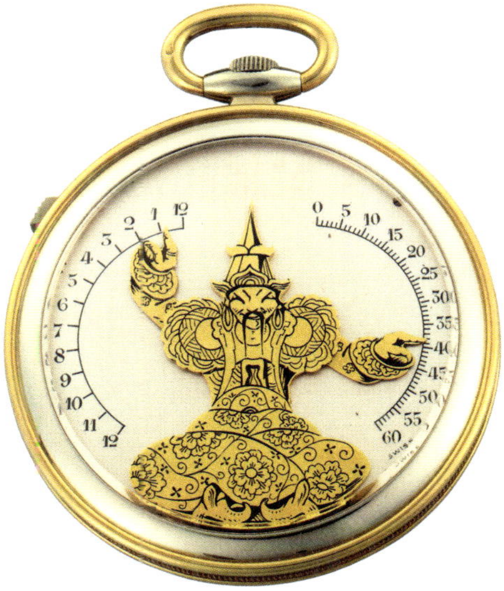



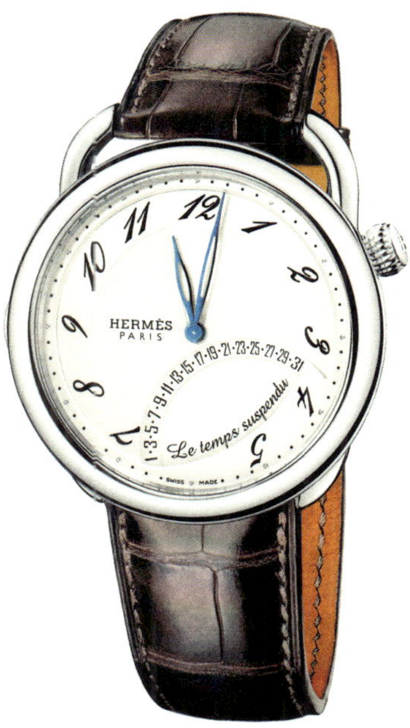


Jean-Marc Wiederrecht pour Hermès, *Arceau Le temps suspendu*, Paris, 2011
© Hermès

# AIGUILLE EXTENSIBLE

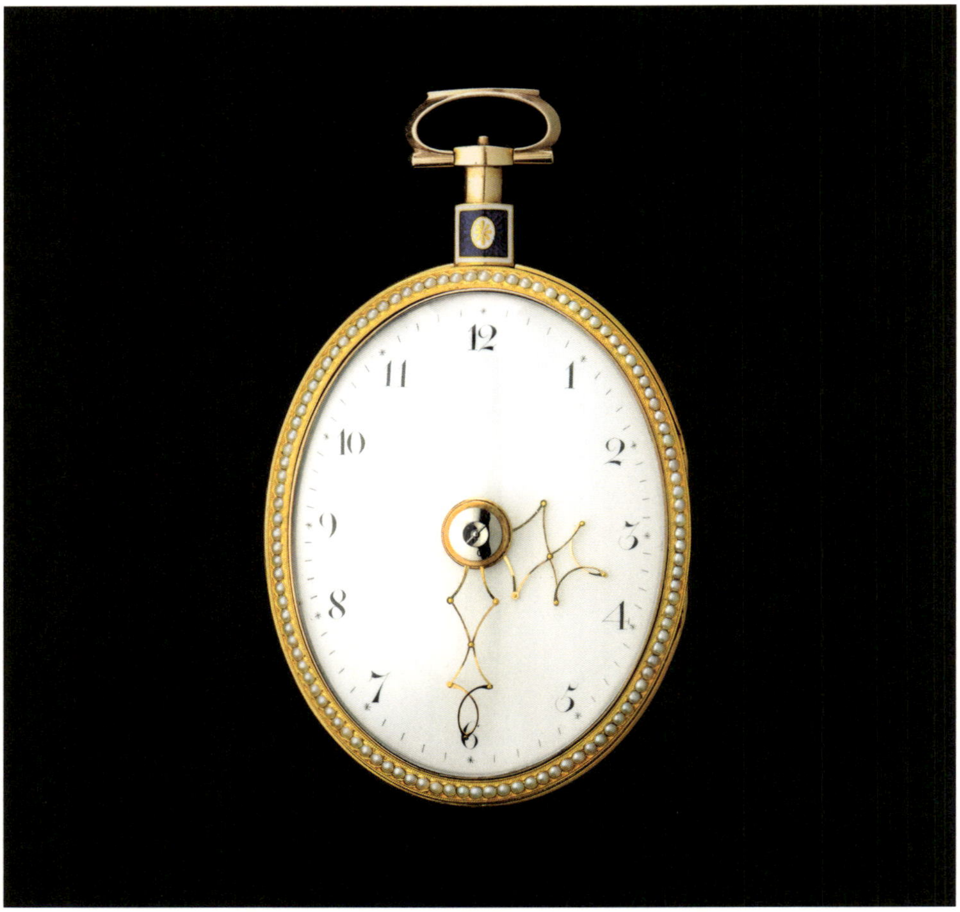

**William Anthony, montre ovale à aiguilles extensibles, Londres, 1794-1795**

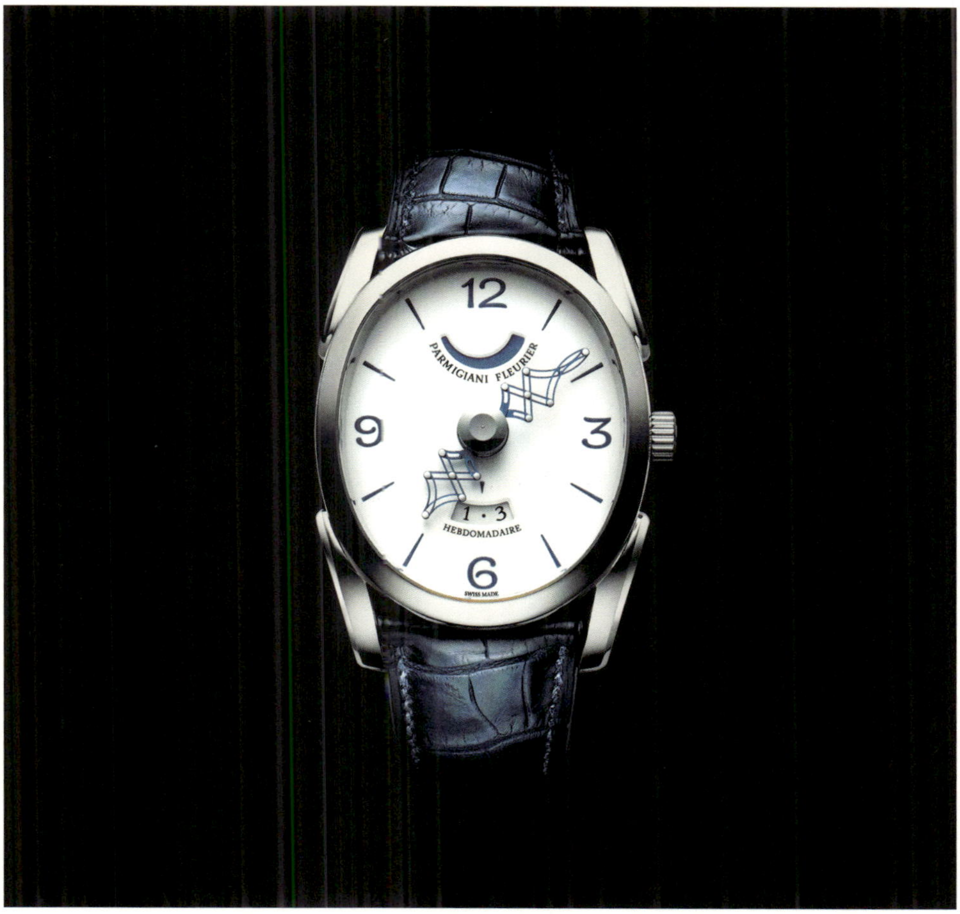


Parmigiani Fleurier SA, *Ovale Pantographe*, Fleurier, 2014

# L'AIGUILLE MONTRE L'HEURE DU DOIGT



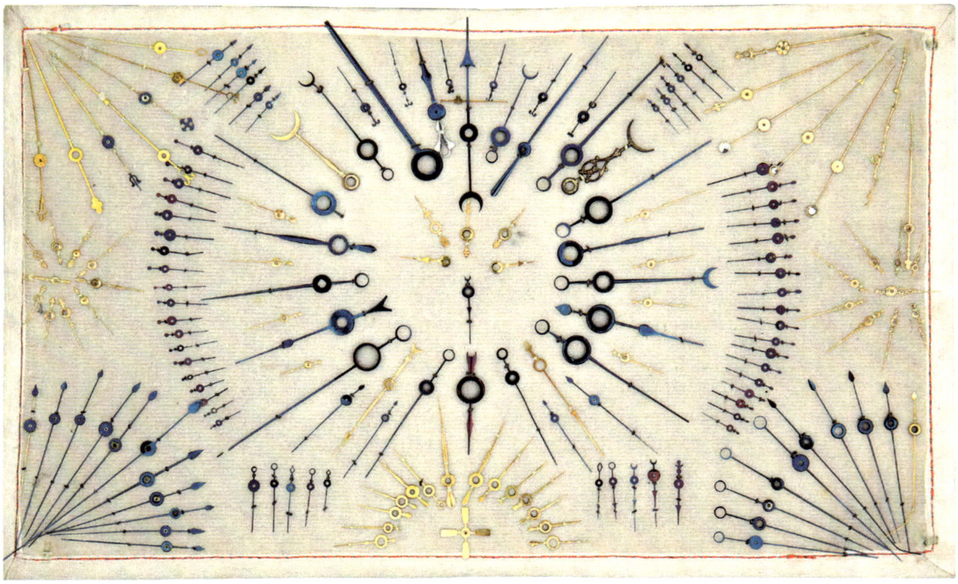

Anonyme, grammaire d'aiguilles – de montre, pendule et pendulette, Suisse, vers 1900

# LES CADRANS SONT LE VISAGE DE LA MONTRE

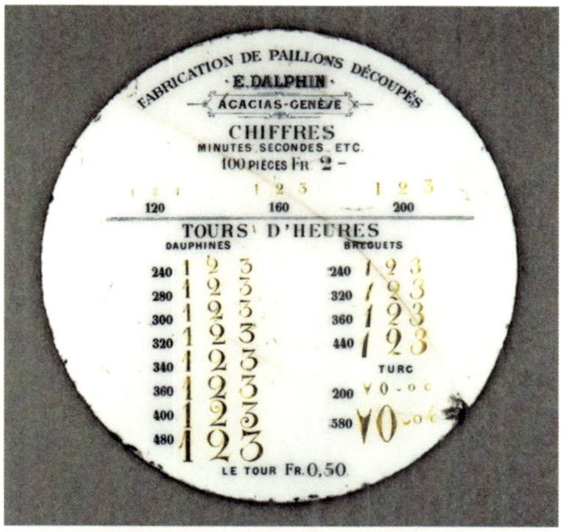


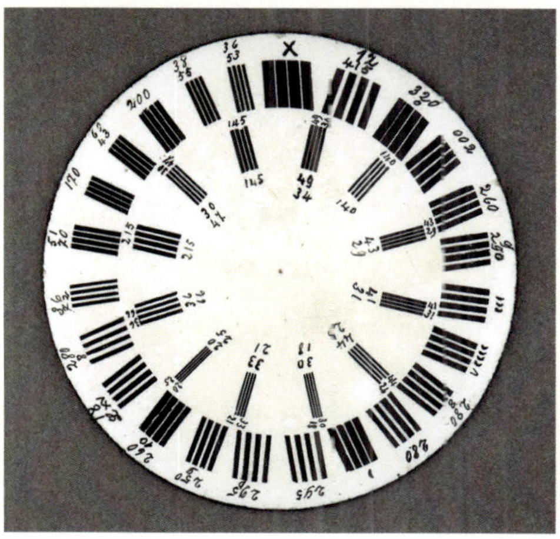

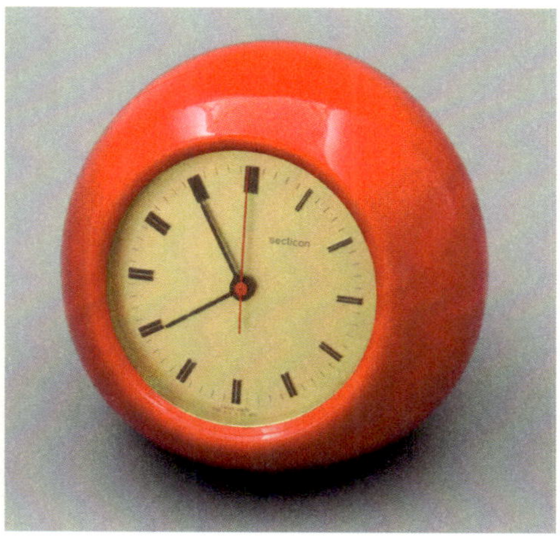

**Maison E. Dalphin, grammaire de chiffres arabes et turcs, Genève, vers 1900**

**Alice Gentil, grammaire d'index pour le IIII romain, Suisse, vers 1900**

© Collection du Musée international d'horlogerie, La Chaux-de-Fonds

**Angello Mangiarotti, pendulette de table *Secticon*, La Chaux-de-Fonds, 1960**

© Collection du Musée international d'horlogerie, La Chaux-de-Fonds

Typologie de cadrans de montre de poche
Légendes complètes voir p. 214


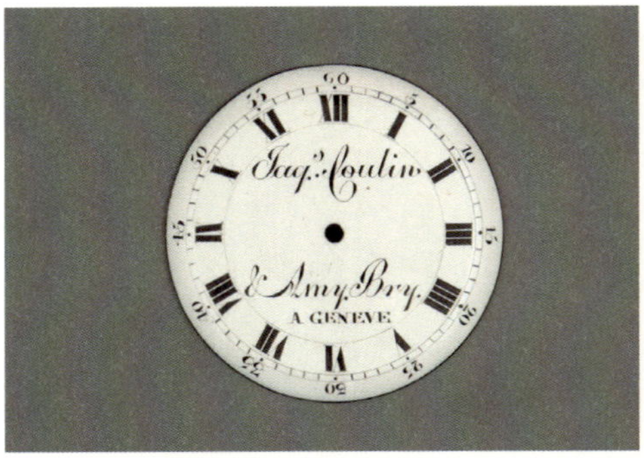


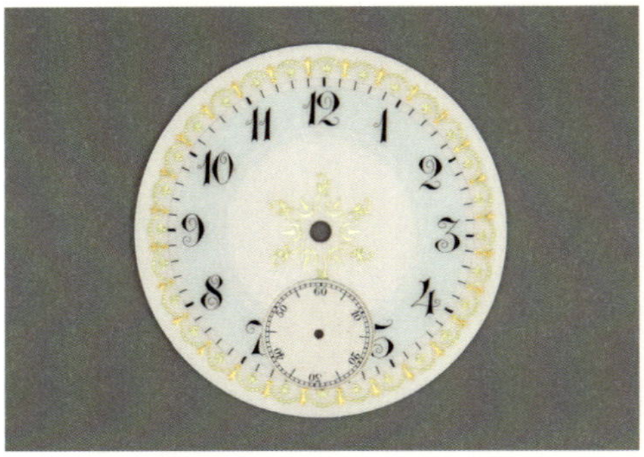

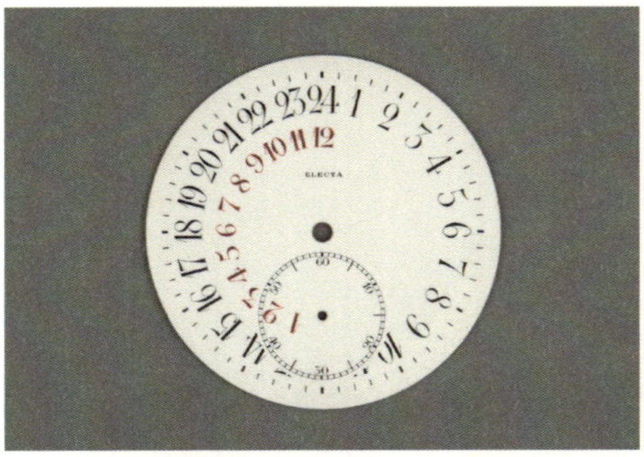


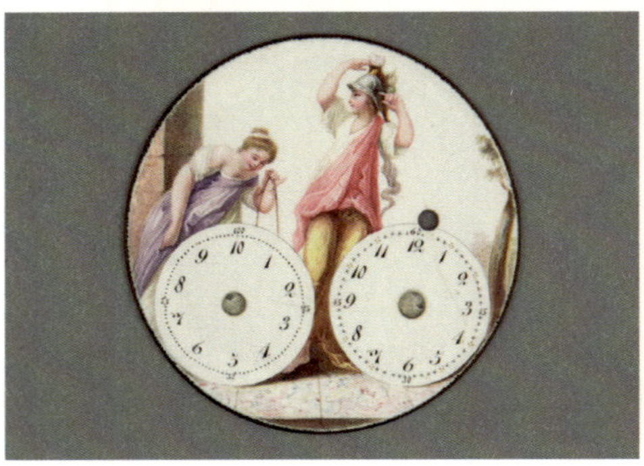

1 / 2 / 3 / 4

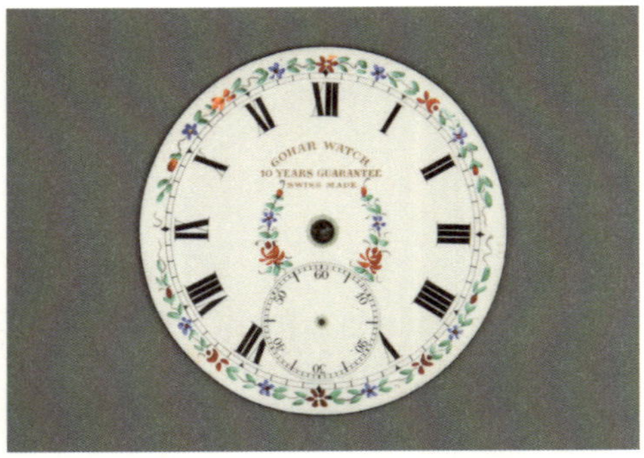


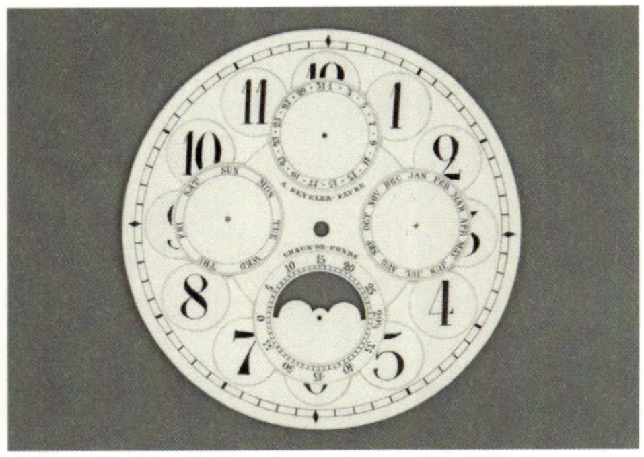

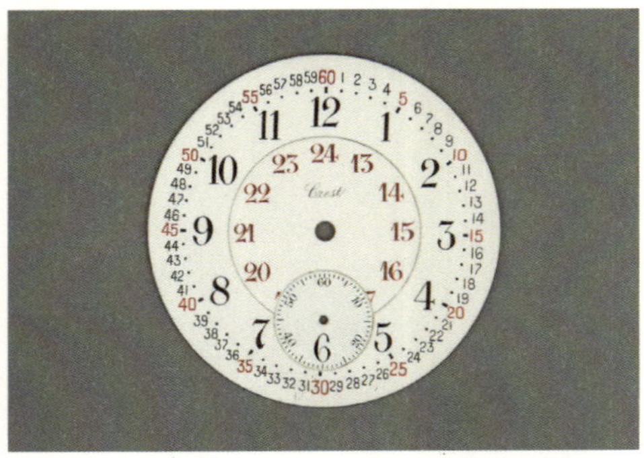

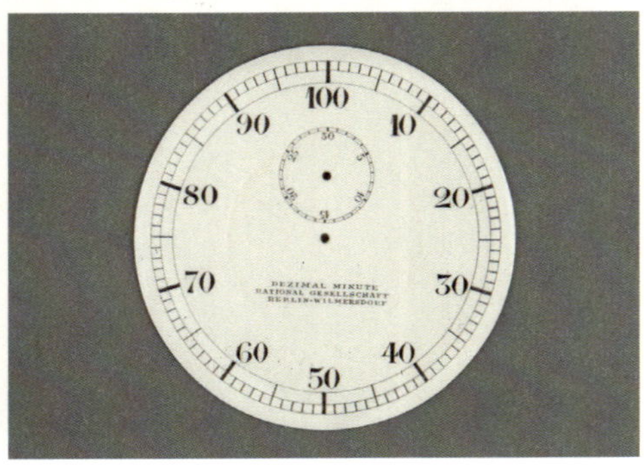


5 / 6 / 7 / 8

9 / 10

11 / 12

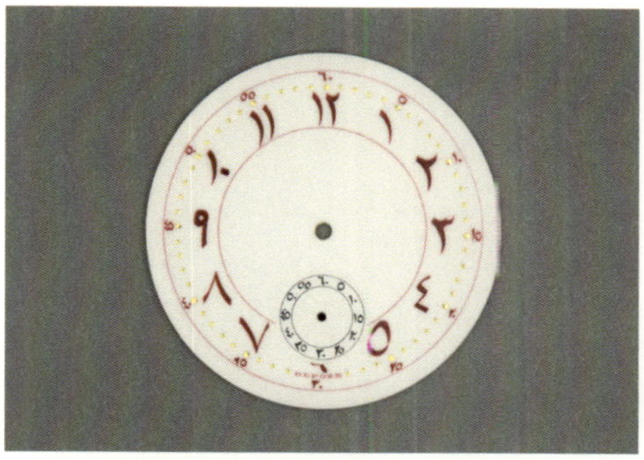

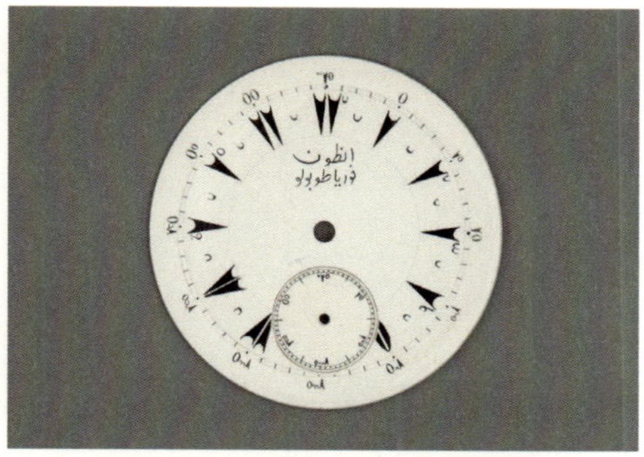

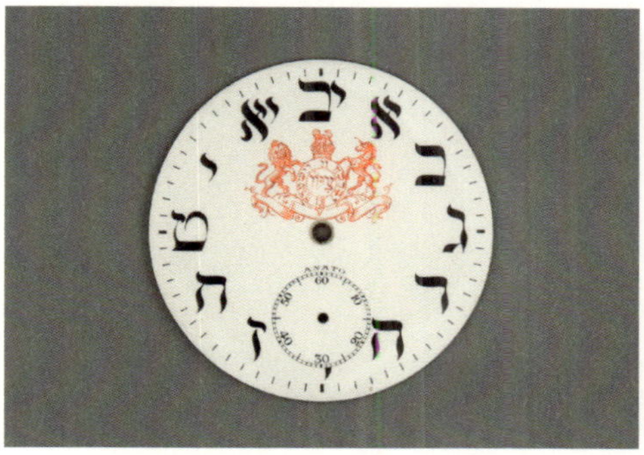

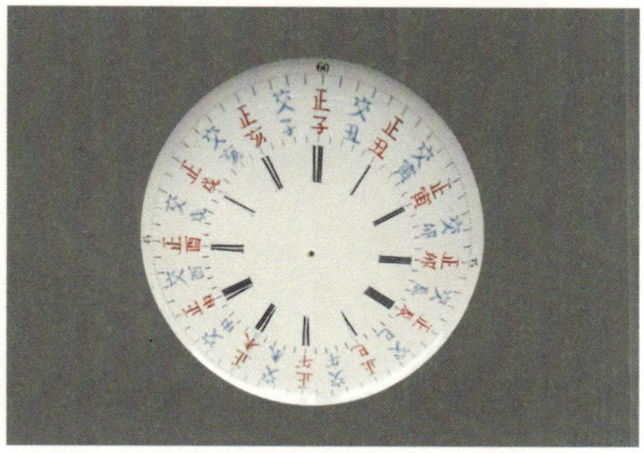

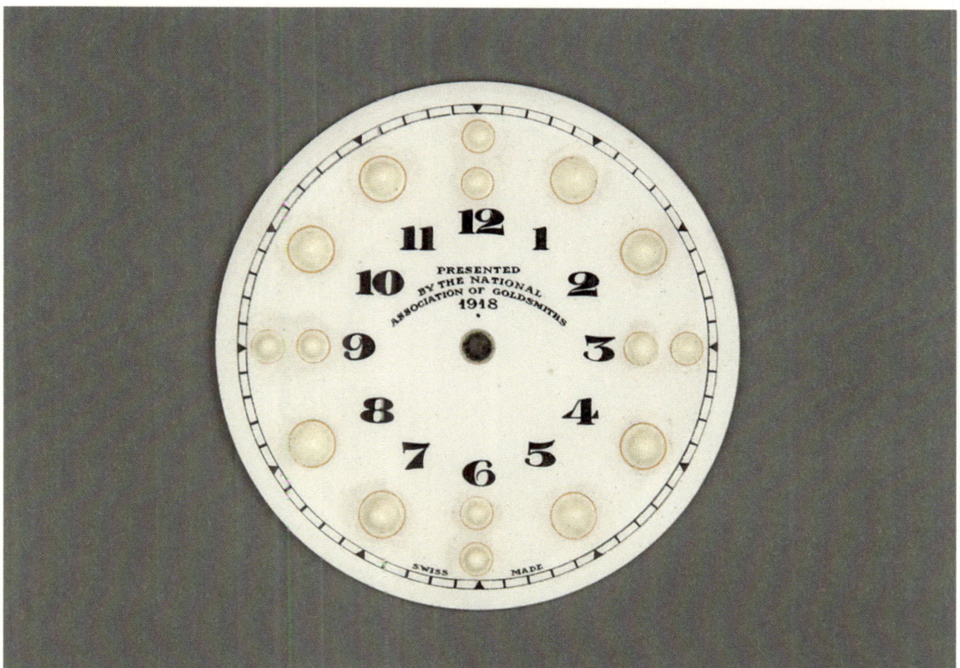
PRESENTED
BY THE NATIONAL
ASSOCIATION OF GOLDSMITHS
1918
SWISS
MADE

13

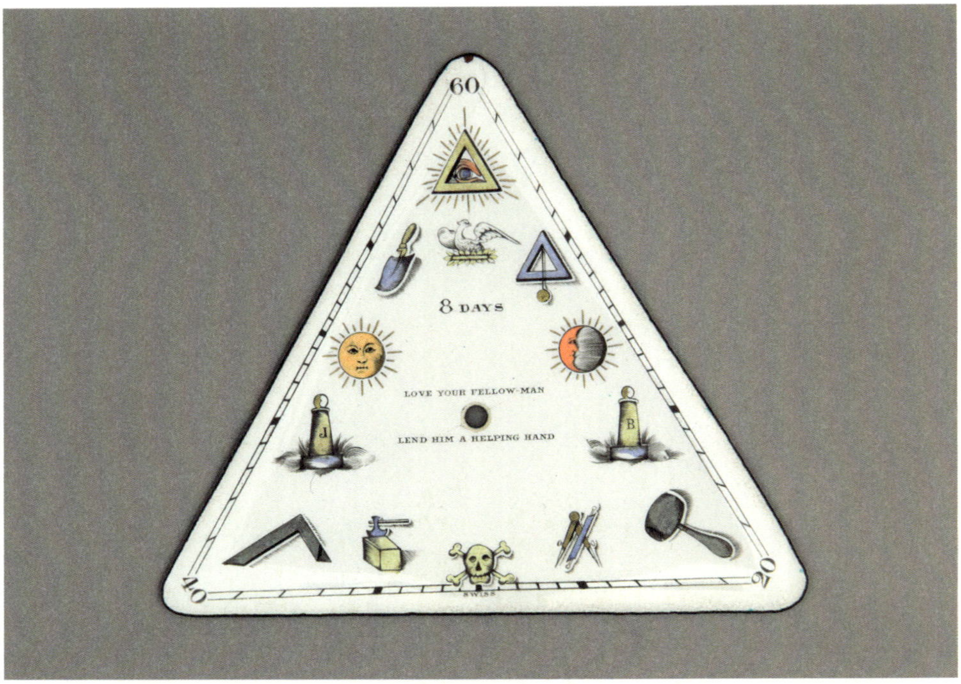
60
8 DAYS
LOVE YOUR FELLOW-MAN
LEND HIM A HELPING HAND
J
B
40
20
SWISS

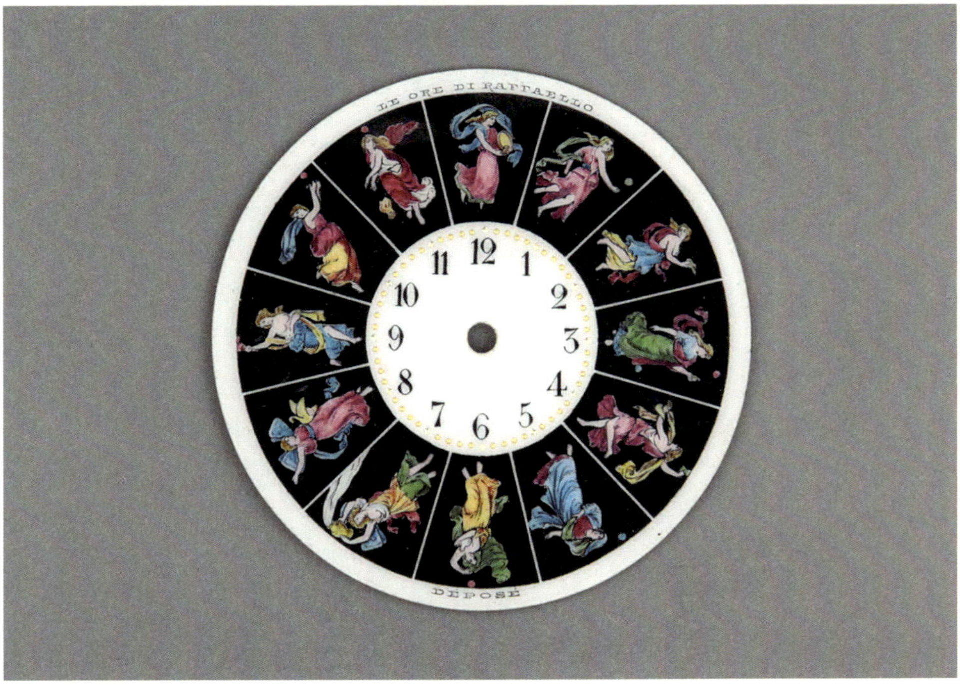
LE ORE DI RAFFAELLO
DEPOSÉ

14 / 15

# L'HEURE SE DÉSARTICULE OU SE DÉCLENCHE

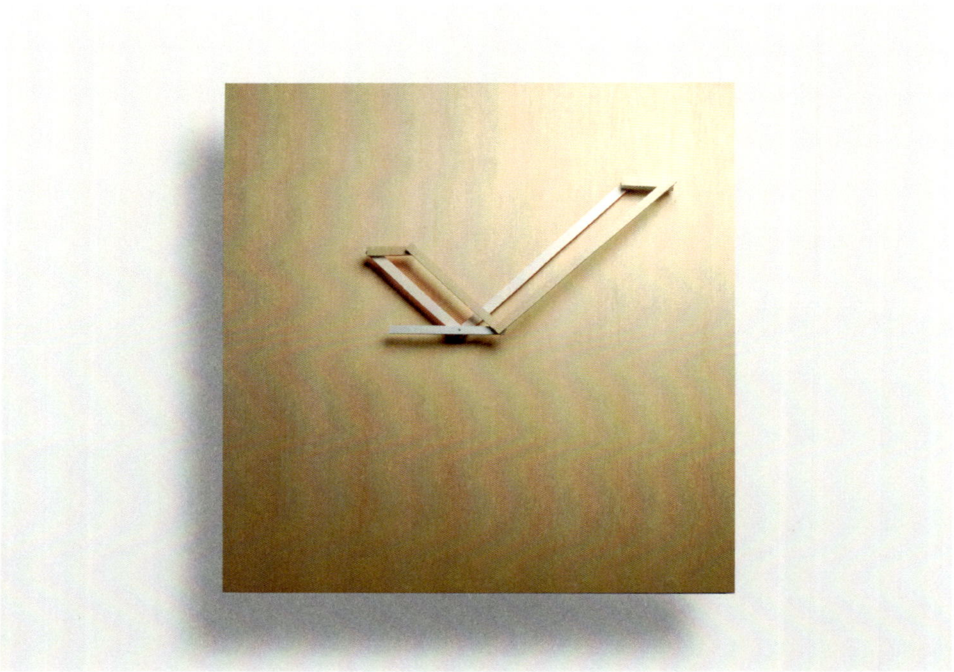

Tristan Zimmermann, *Oblique Clock*, 2010

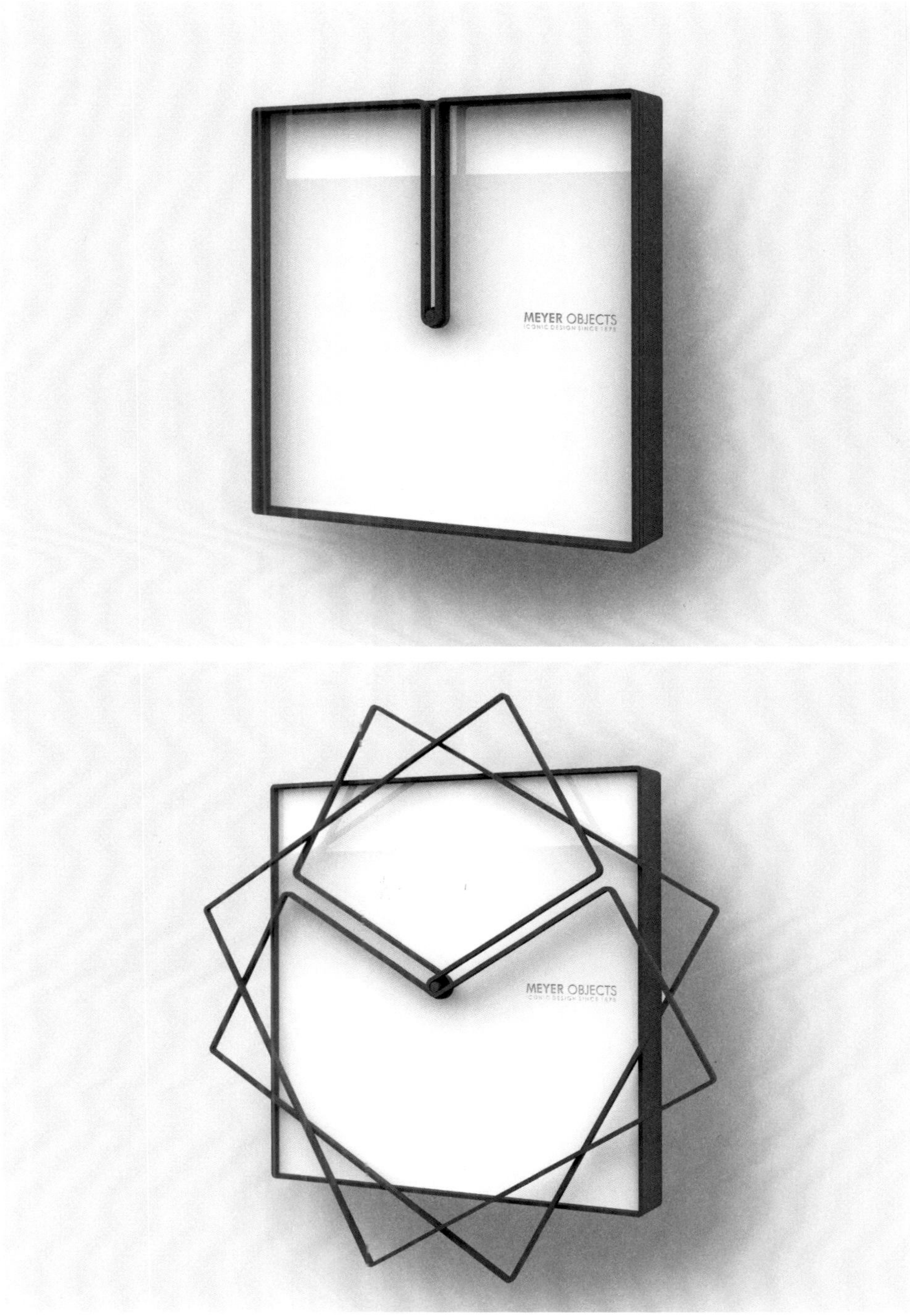


Nazar Sigaher, *Meyer Frame Clock*, 2009

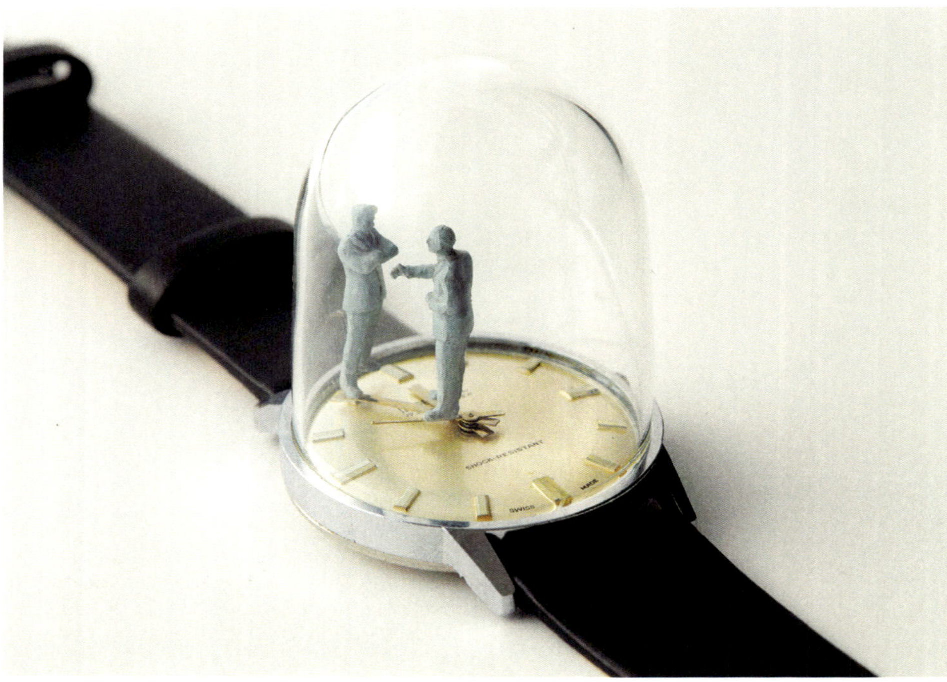

Dominic Wilcox, *Unrequited Handshake*, 2011

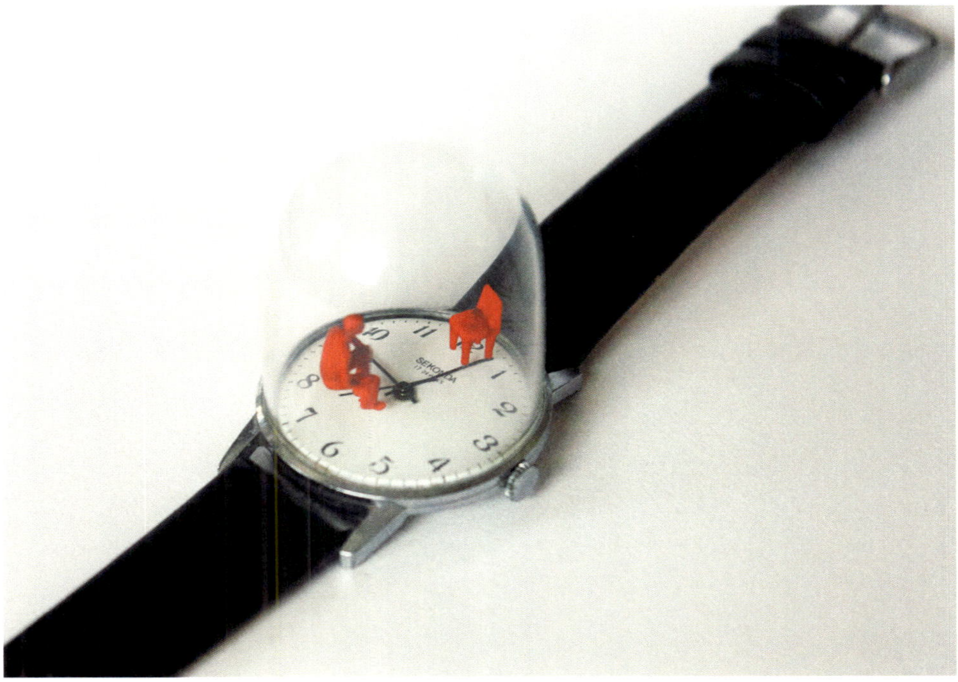

Dominic Wilcox, *Sitting Man*, 2011
© Dominic Wilcox

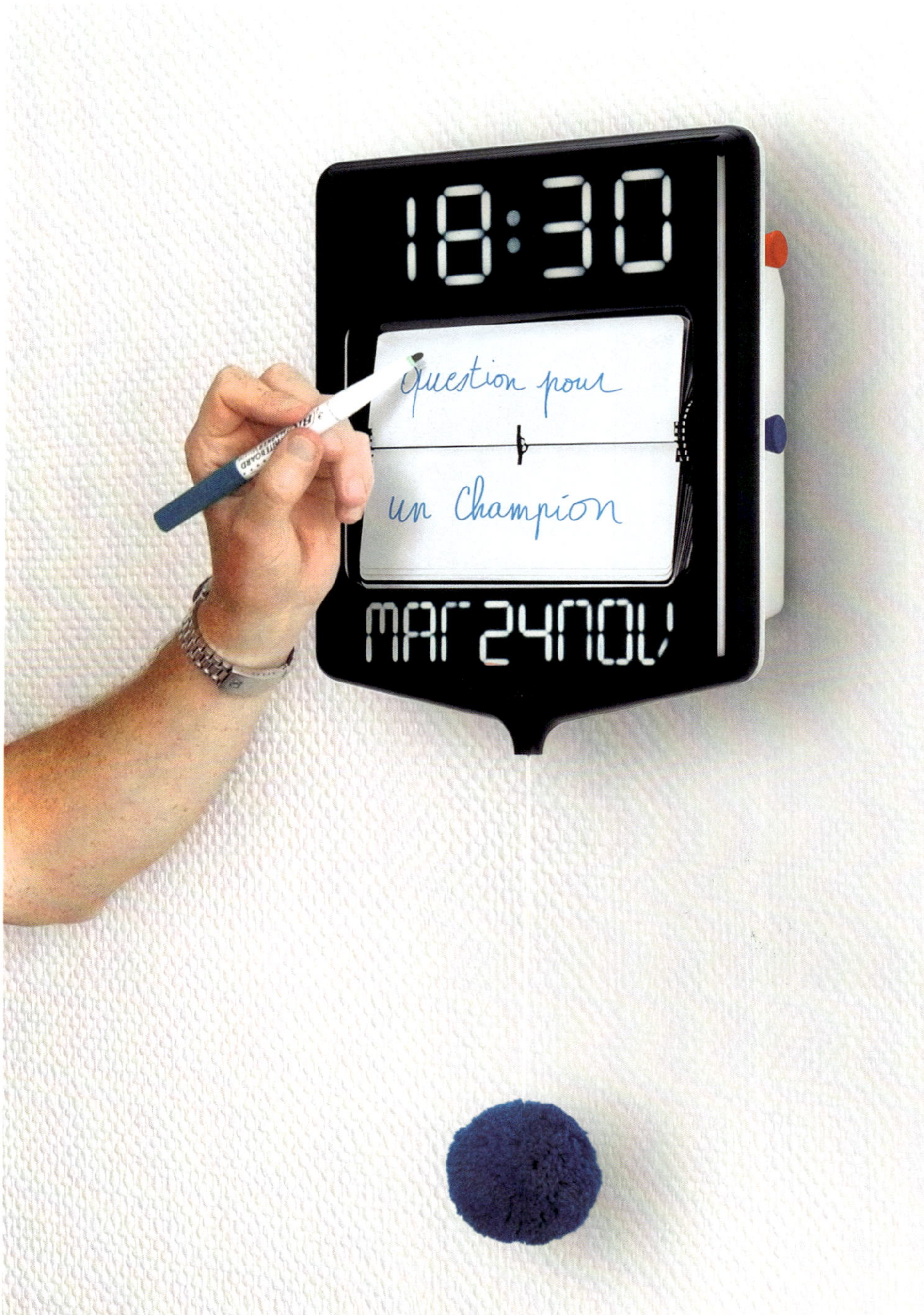


Pierre Charrié, *Horloge aide-mémoire*, 2008

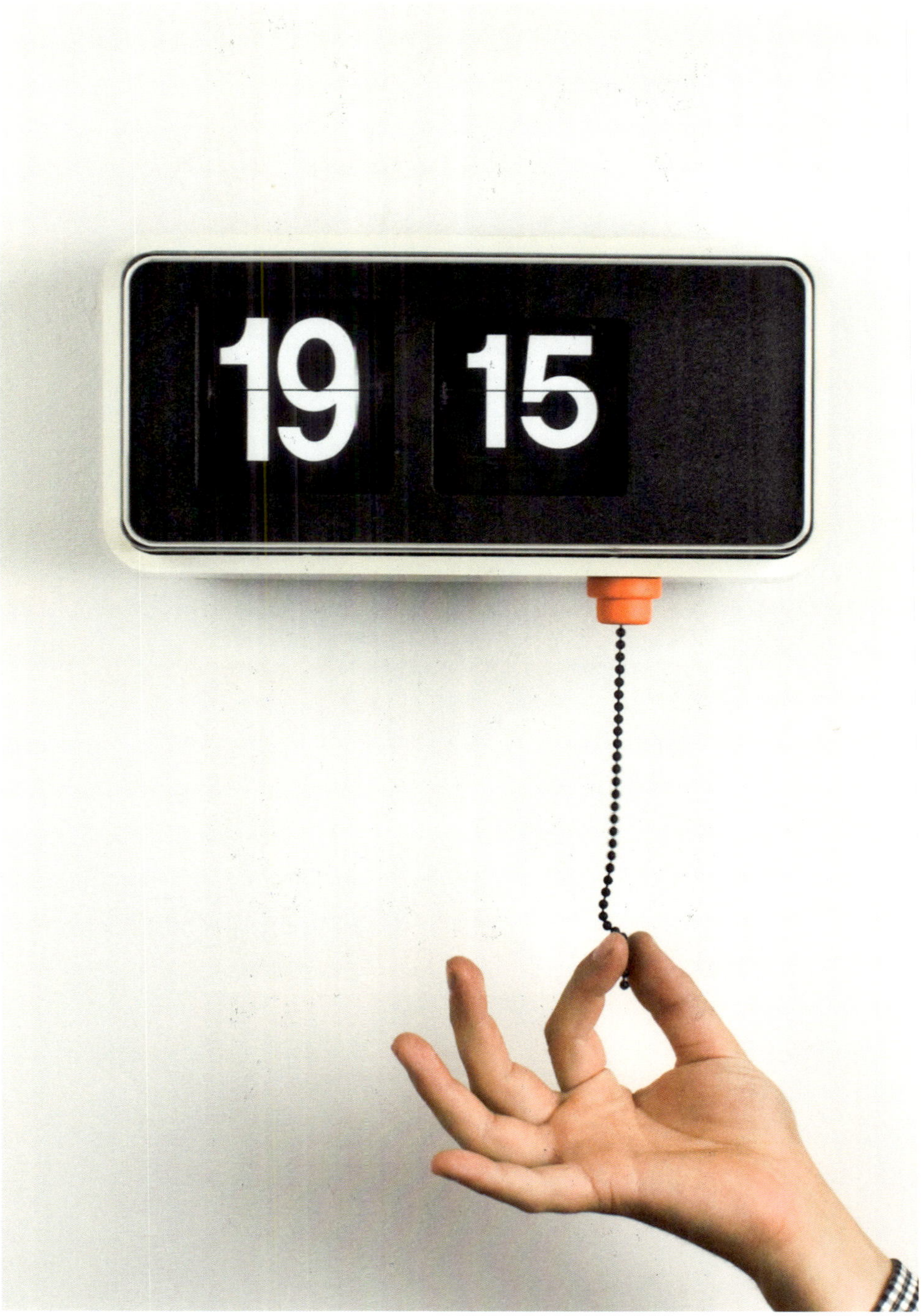


**breadedEscalope**, *Your Clock*, 2012

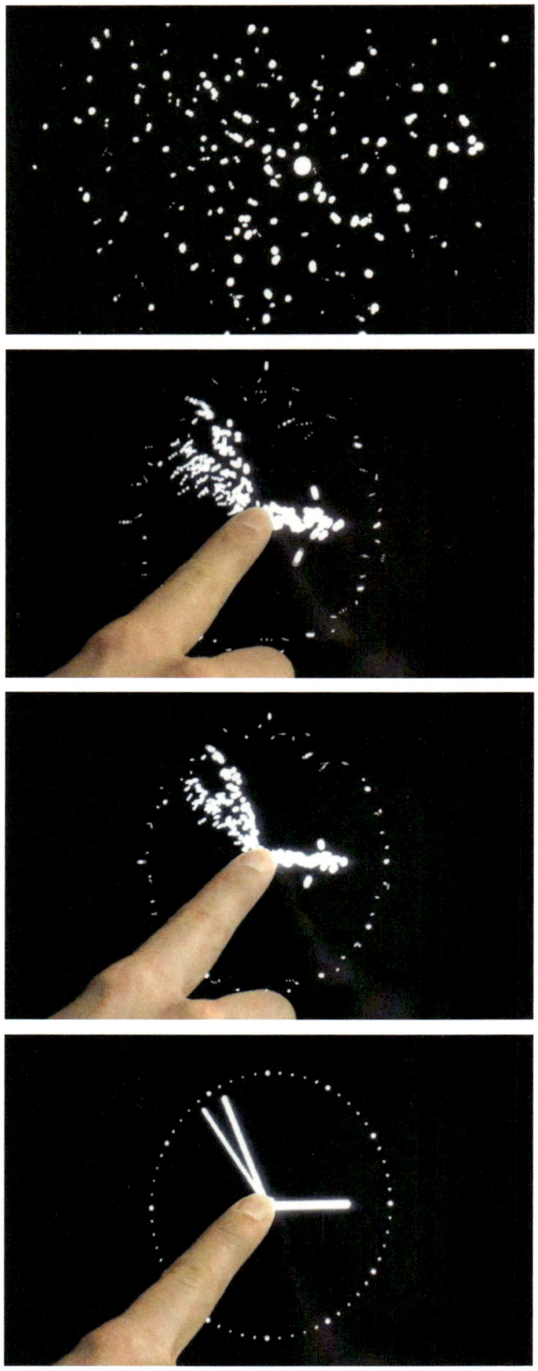

**Éric Morzier, *Horloge tactile*, 2005**

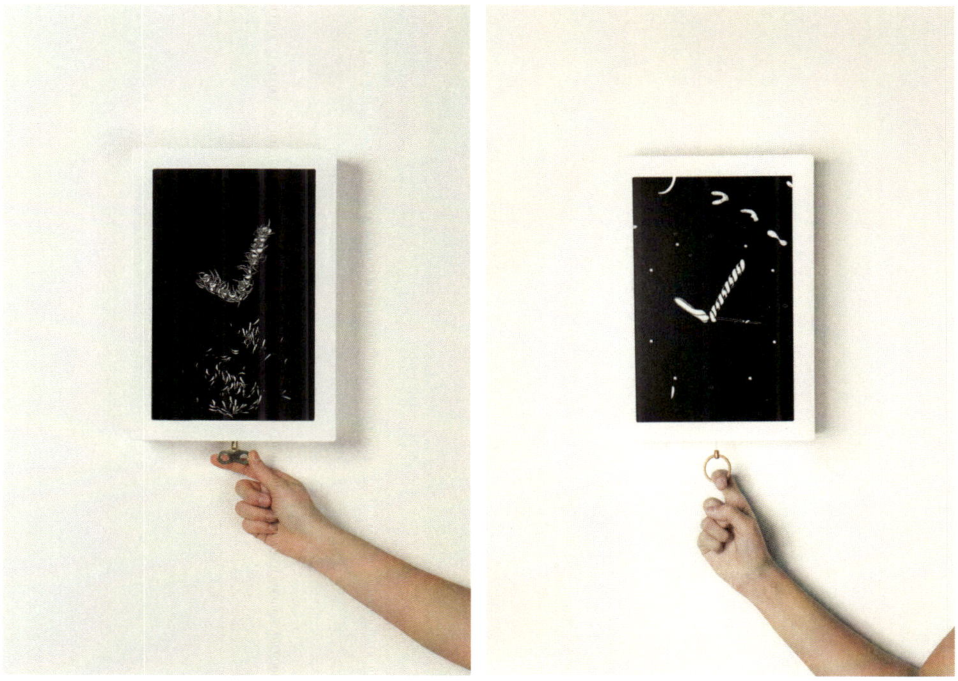

Pauline Saglio, *Rewind (n° 2)*, 2013
© ECAL / Pauline Saglio

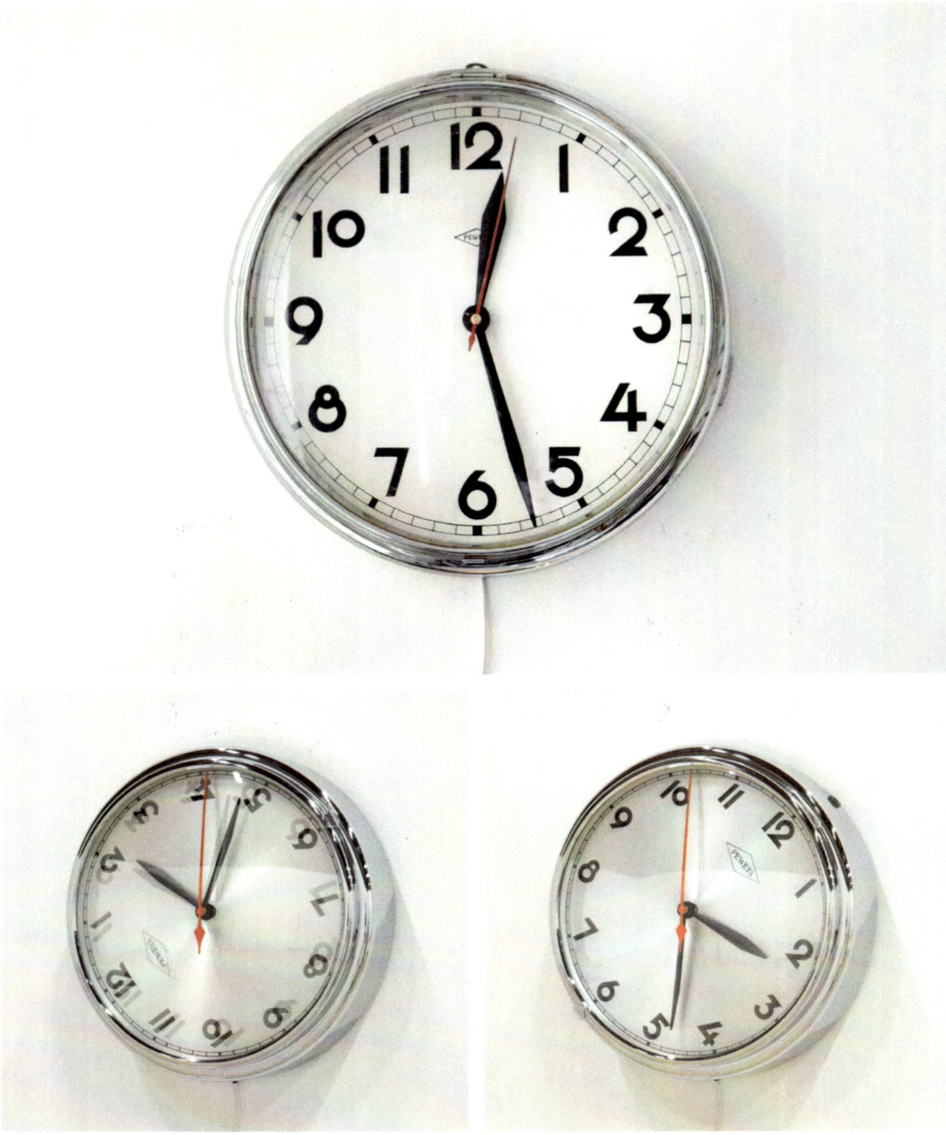

**Alicja Kwade,** ***Gegen den Lauf (ref: 12)*****, 2014**

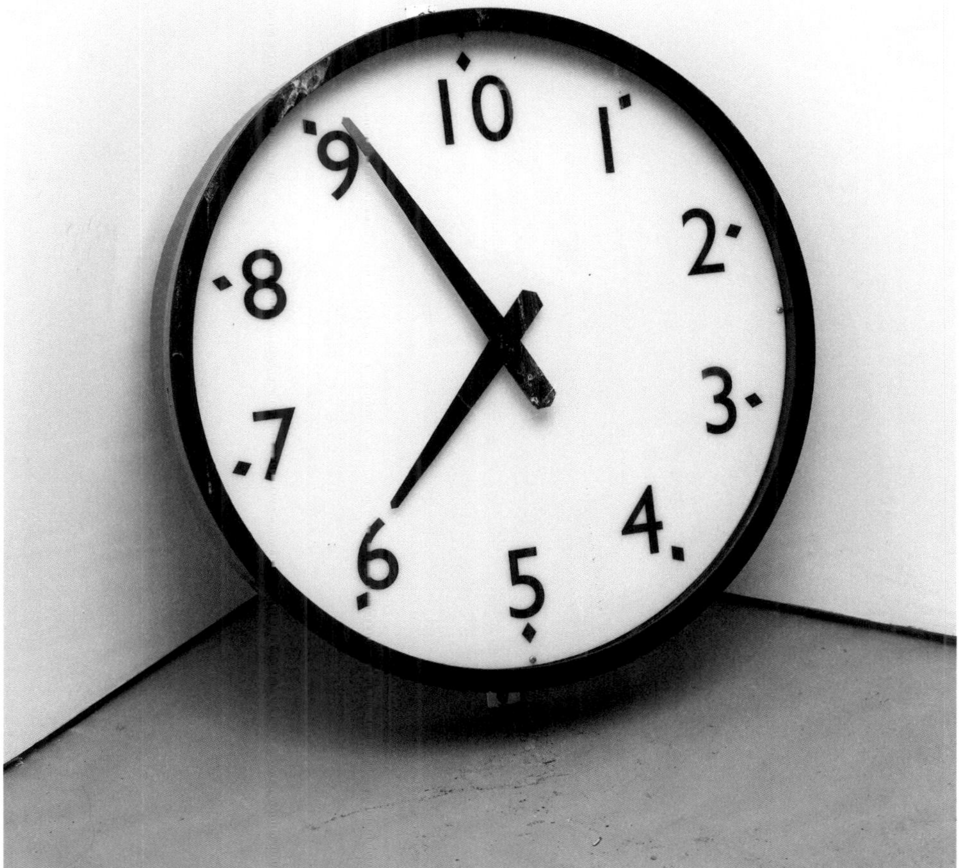


Ruth Ewan, *We Could Have Been Anything That We Wanted To Be*, 2011
© Collection FRAC Champagne-Ardenne, Reims

# L'HEURE DU COUCOU

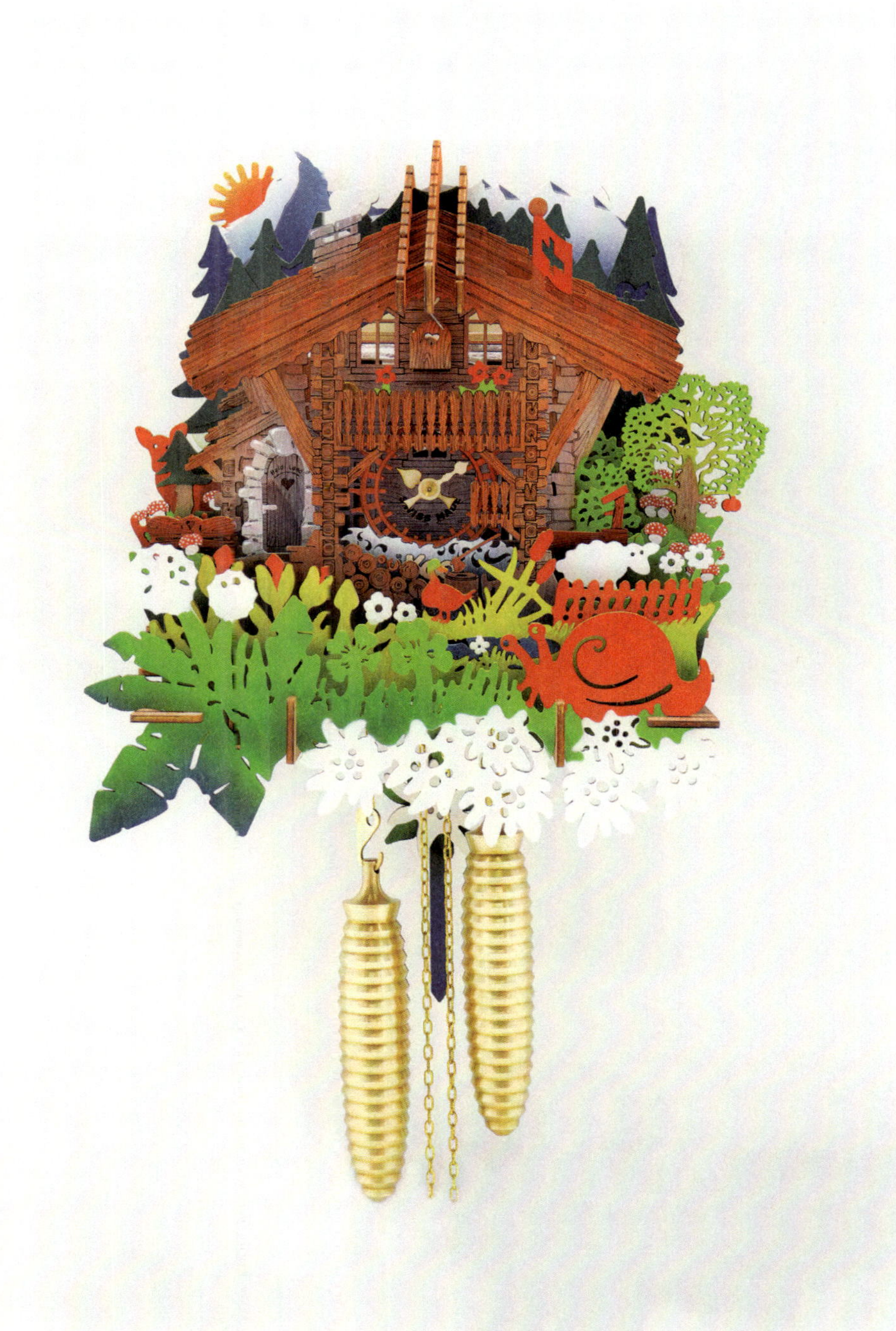

**Martino d'Esposito et Alexandre Gaillard**, ***Heidi Land*****, 2014**
© Swiss Koo

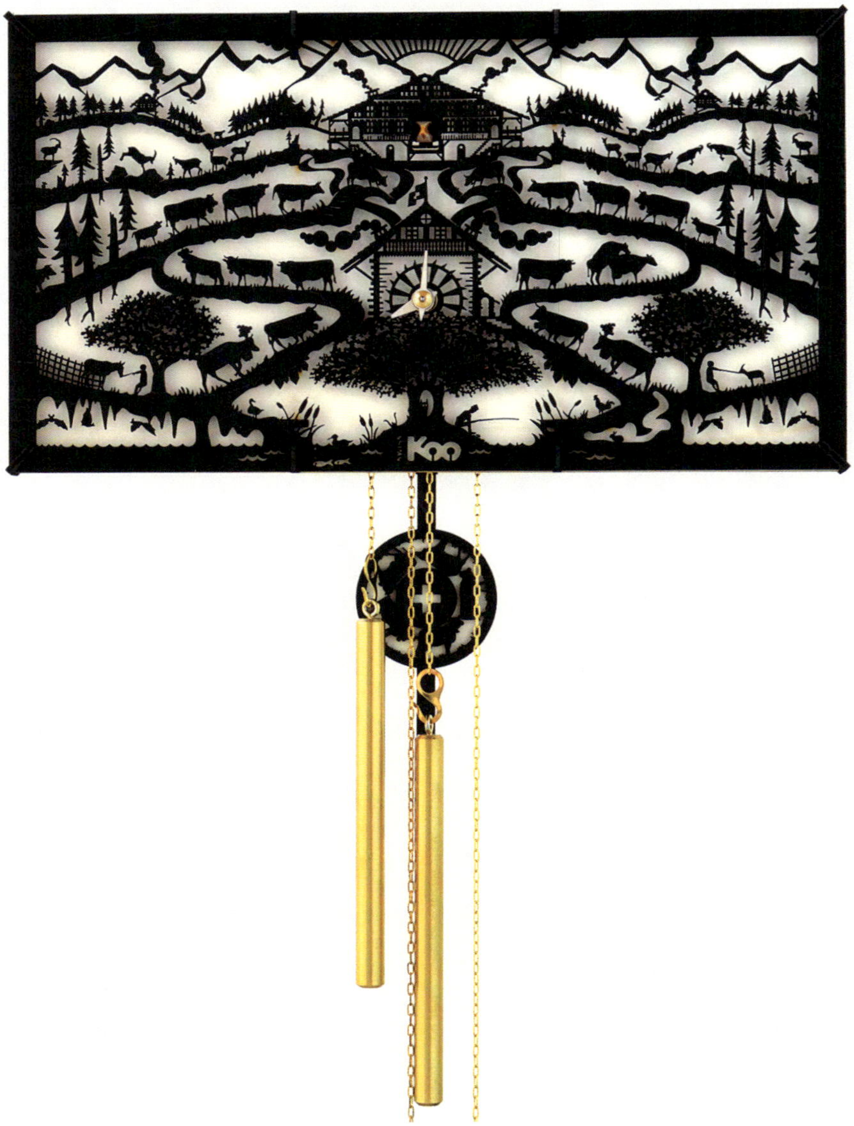


Martino d'Esposito et Alexandre Gaillard, *Poya*, 2014
© Swiss Koo

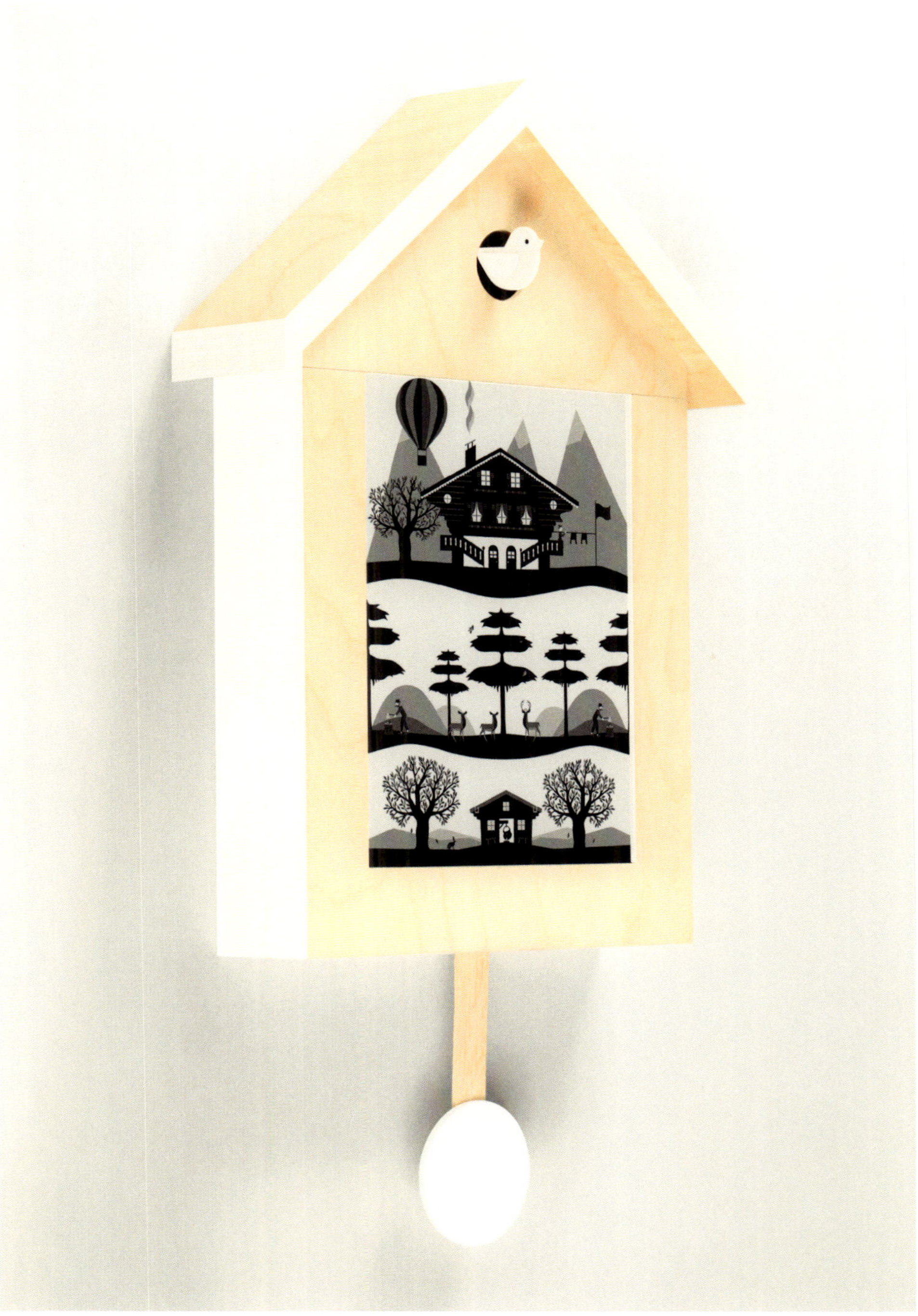



**Joëlle Aeschlimann, Mathieu Rivier, Pauline Saglio, *Cukoo Clock*, 2014**
© Joëlle Aeschlimann, Mathieu Rivier, Pauline Saglio

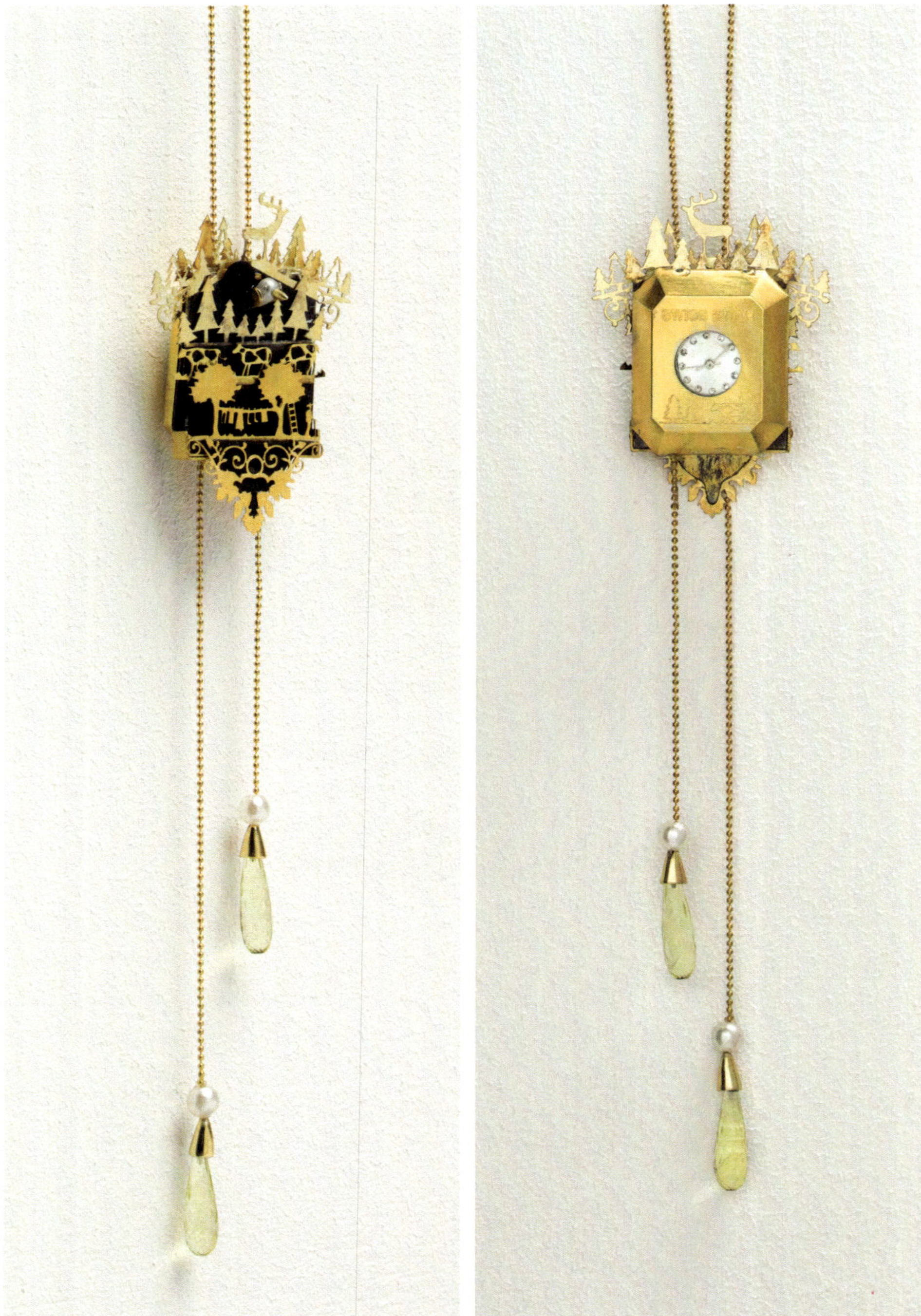

**Mathilde Petit et Roland Kawczynski-Pillonel, *Coucou Bijou*, 2013**
Courtesy HEAD – Genève

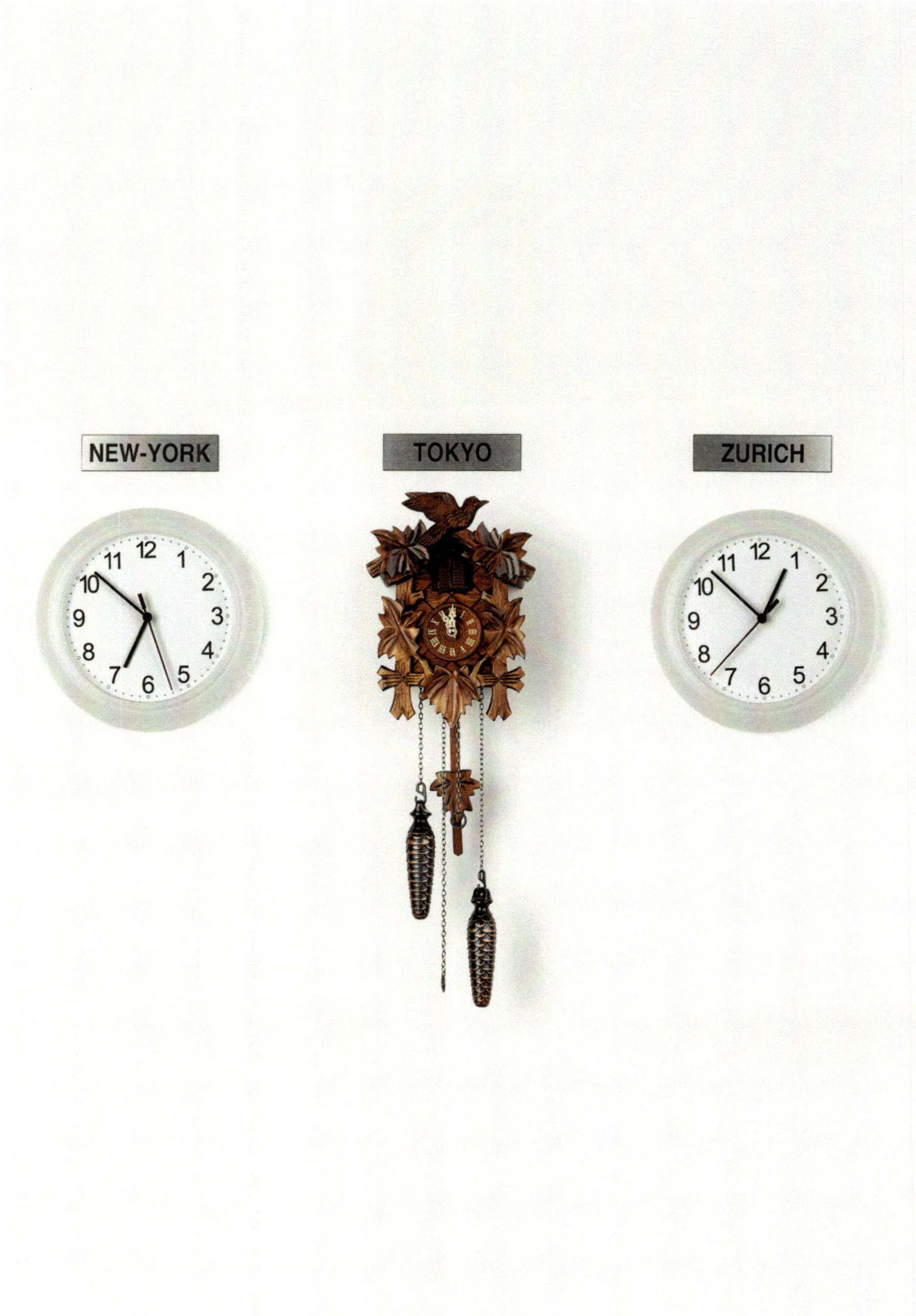


Benoît Billotte, *À la bonne heure*, 2009

Solkin Keizer, *Peeping Clock*, 2013
Courtesy HEAD – Genève

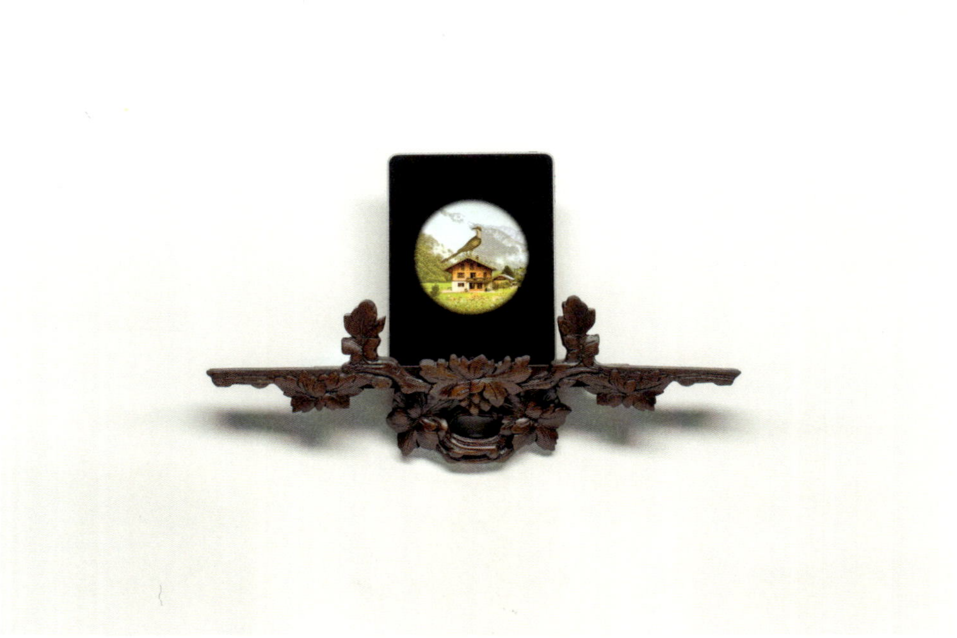

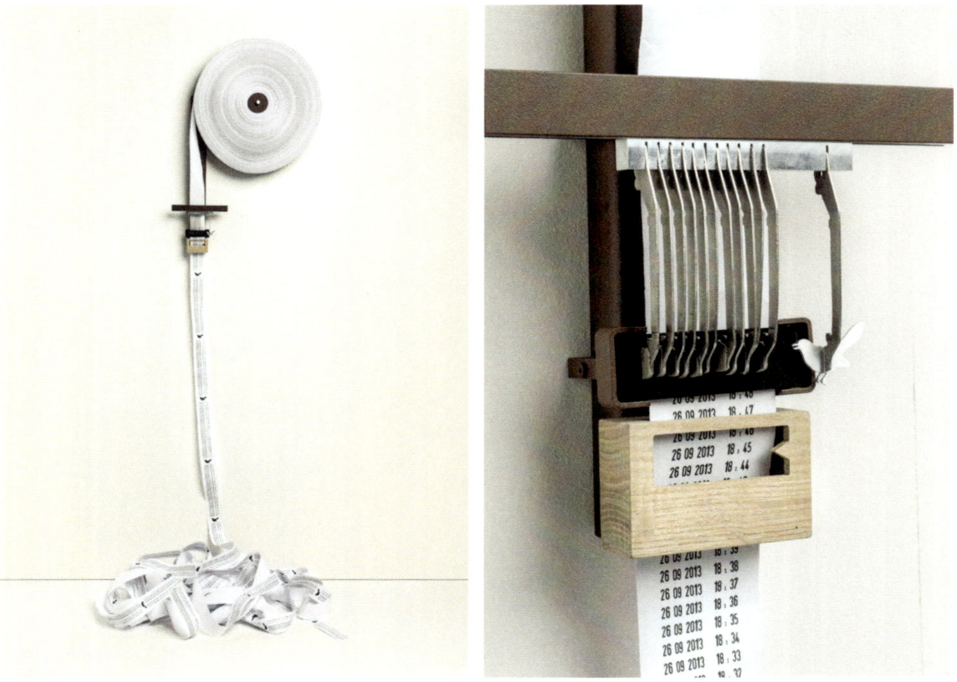


Wendy Gaze et Arnaud Imobersteg, *Semaphore*, 2013
Courtesy HEAD – Genève

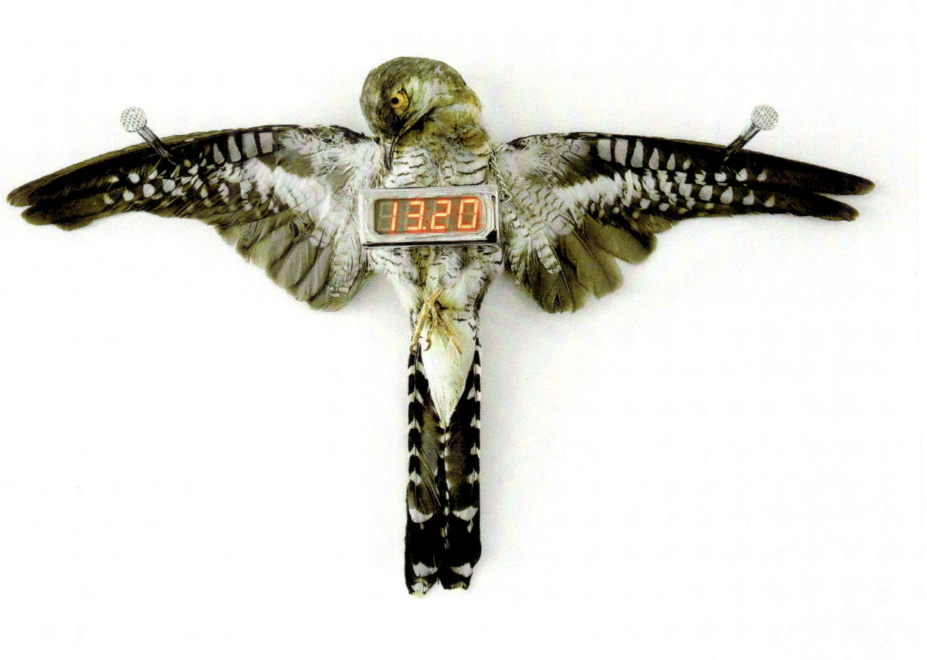




Michael Sans, *Cuckoo Clock*, 2006

# L'HEURE ABSENTE, POÉTIQUE, RÊVEUSE

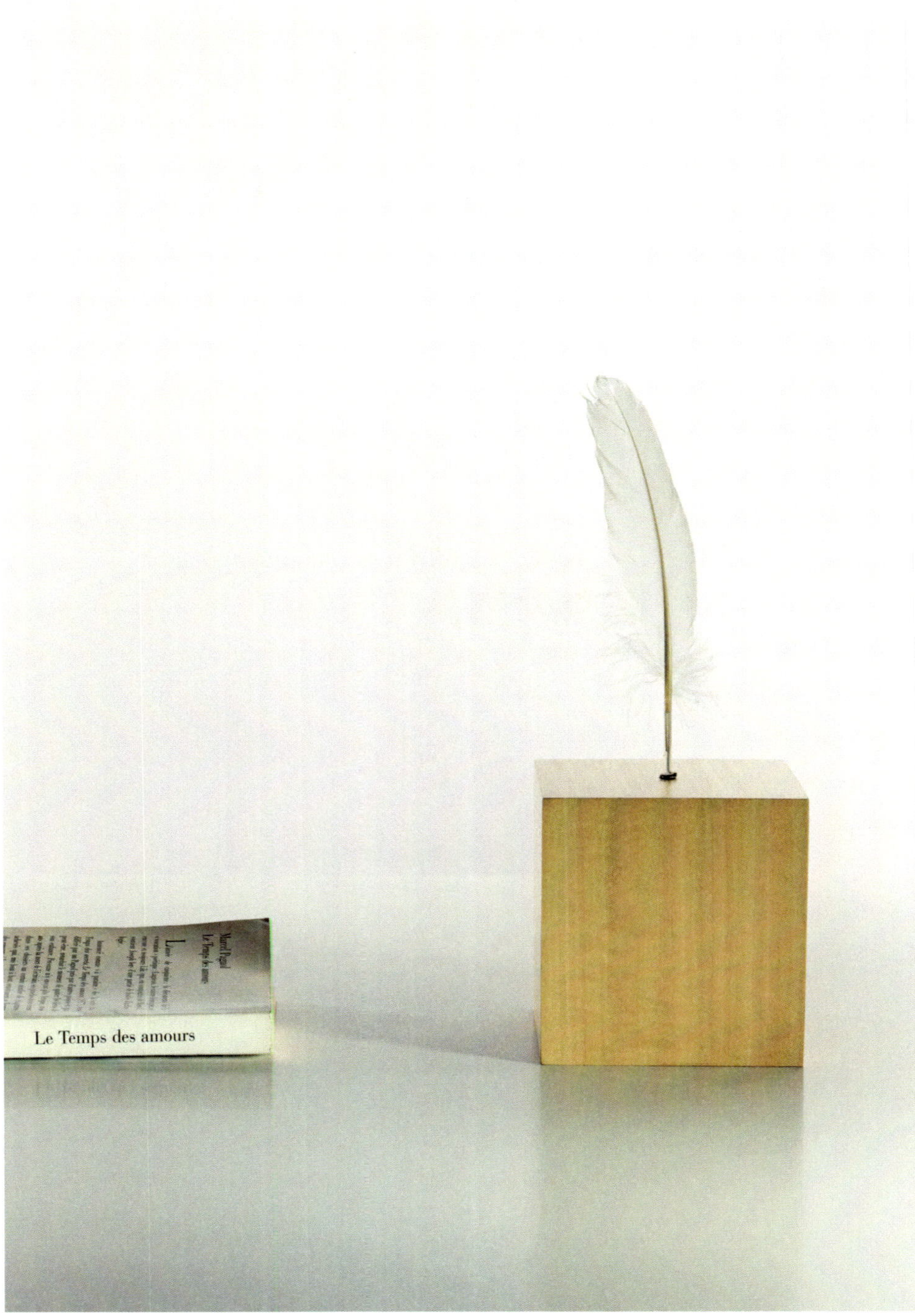


Jean-François d'Or, *Expression Of Time*, 2013
Courtesy CID / © Jean-François d'Or, édition Grand-Hornu, 2013

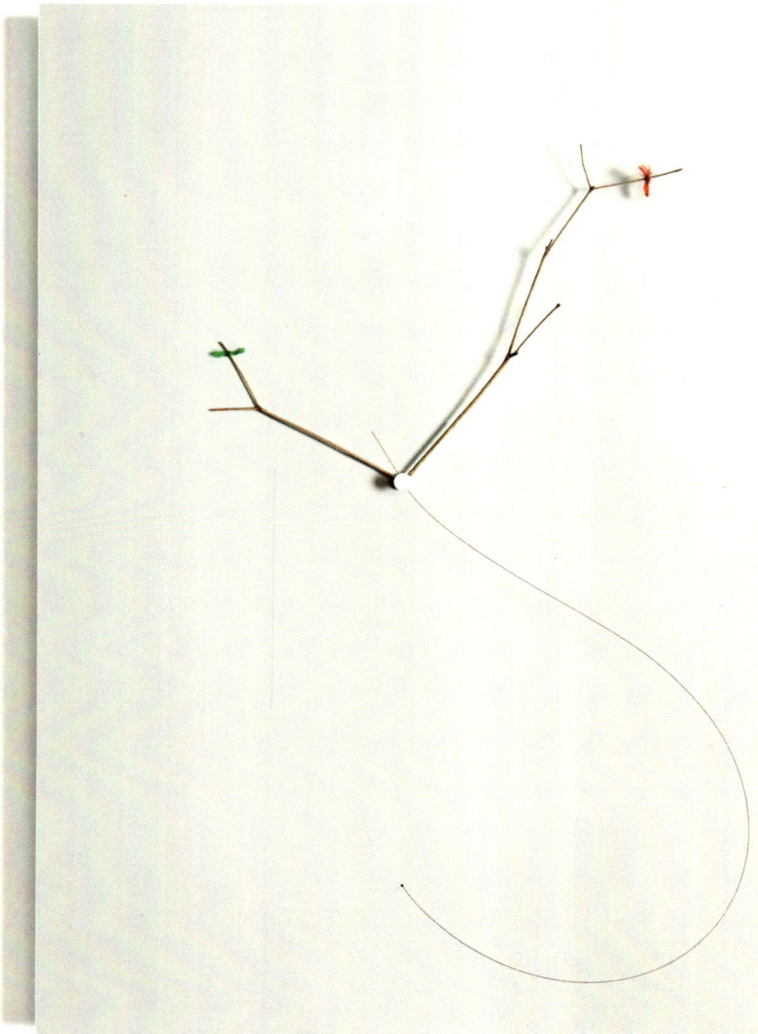

**Shiro Kuramata**, *Just In Time*, 1986
Courtesy Paris, musée des Arts décoratifs, département moderne et contemporain

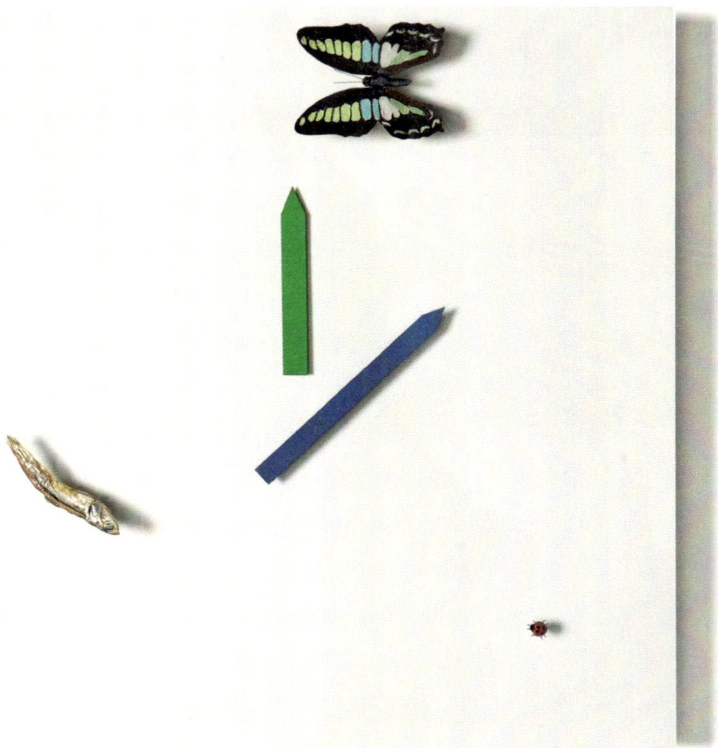

**Shiro Kuramata, *Clock With Five Hands*, 1986**
Courtesy Paris musée des Arts décoratifs, département moderne et contemporain

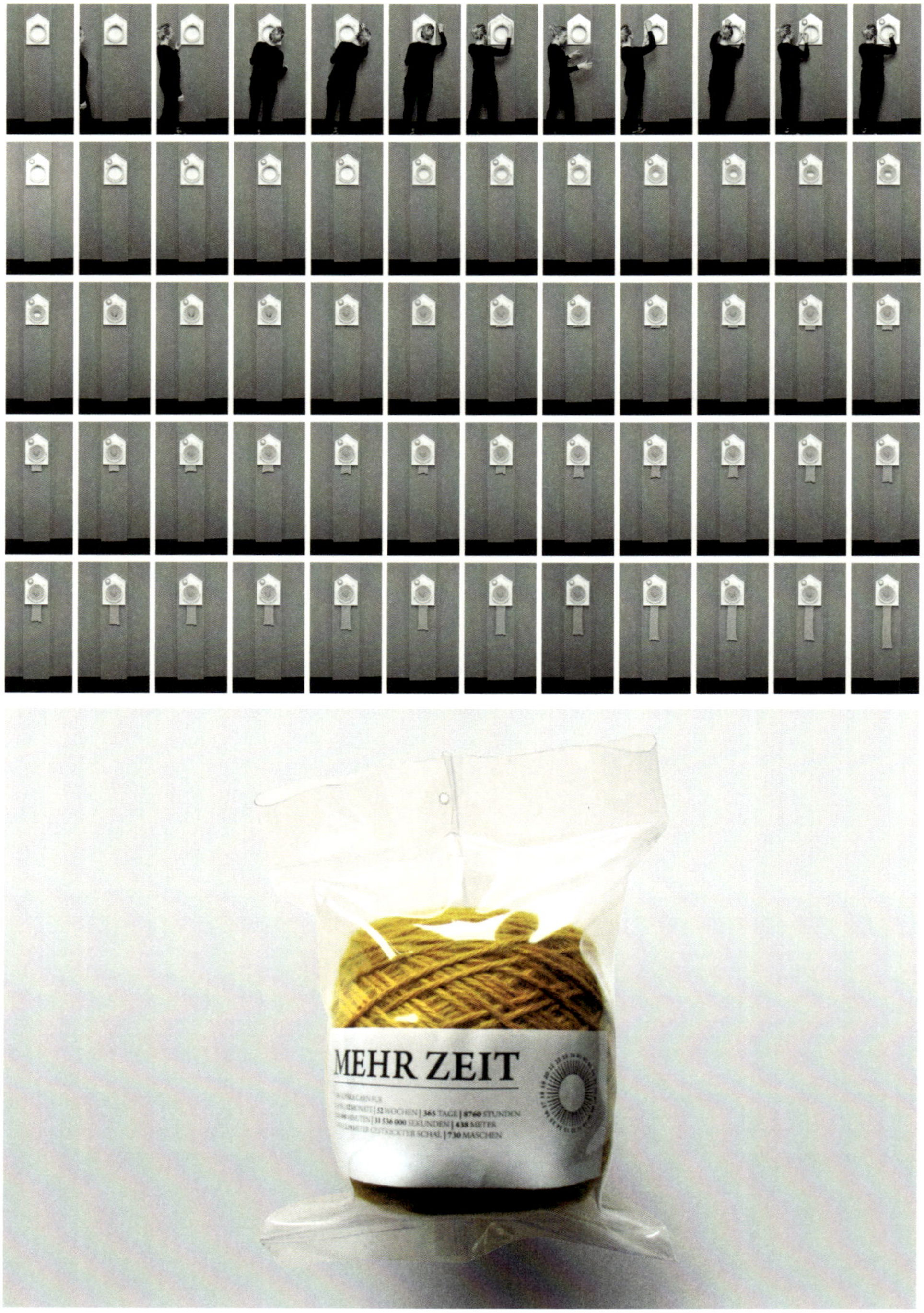


Siren Elise Wilhelmsen, *365 Knitting Clock*, 2010

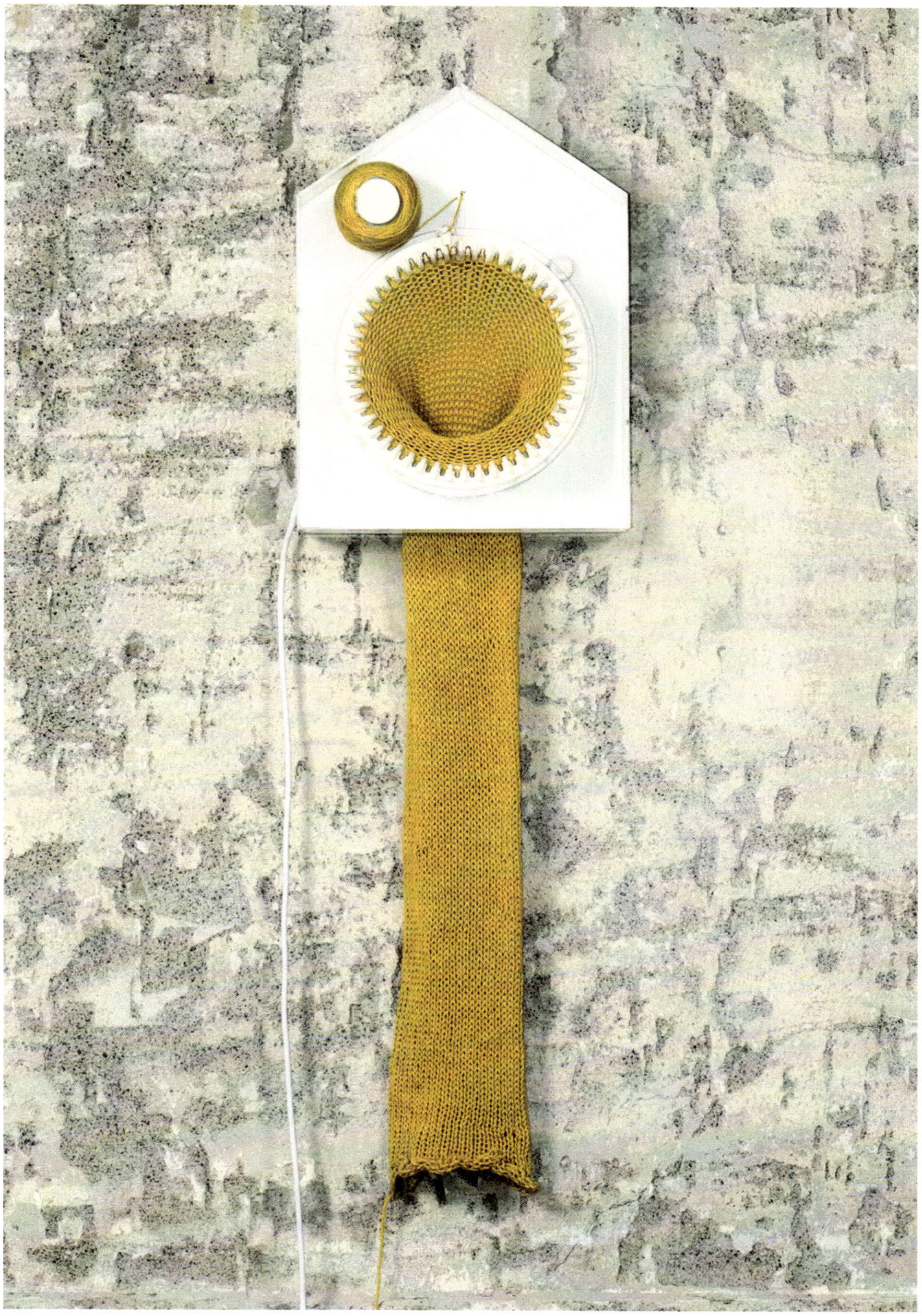

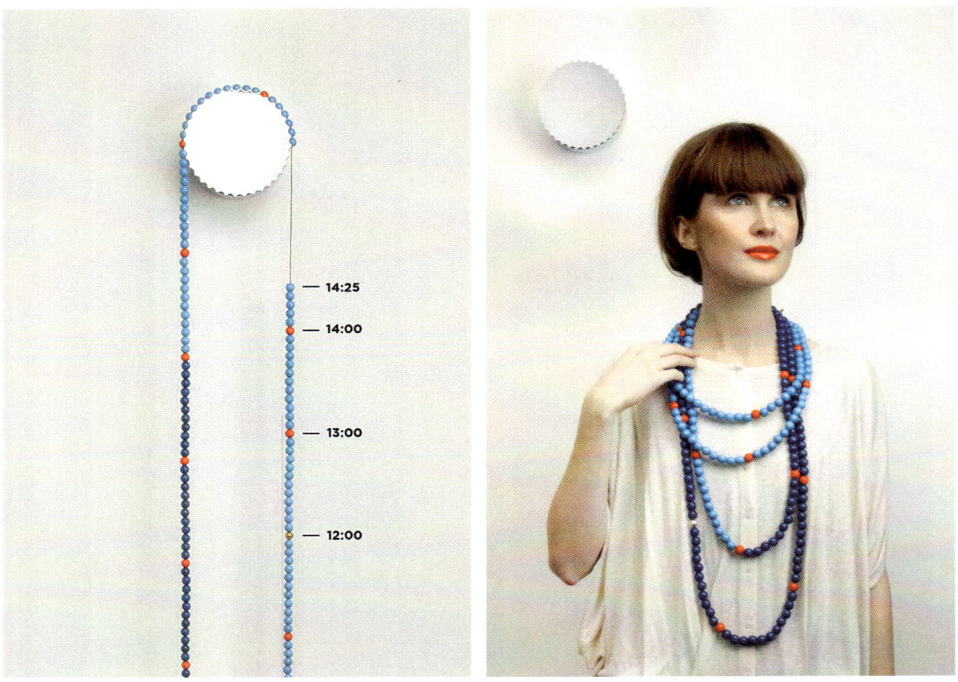


**Thorunn Arnadottir, *The Sasa Clock*, 2007**
Courtesy Daniel Estes Designs, Housatonic, États-Unis

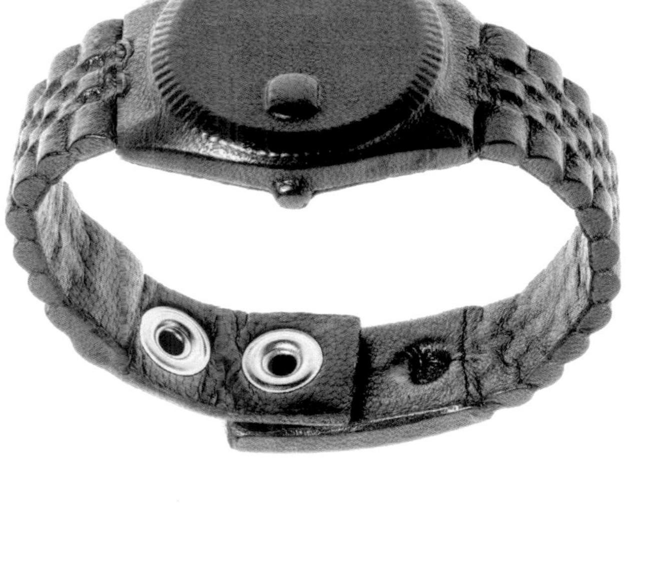

Natalia Brilli, *Nolex*, 2007-2008
Courtesy Paris, musée des Arts décoratifs, département moderne et contemporain

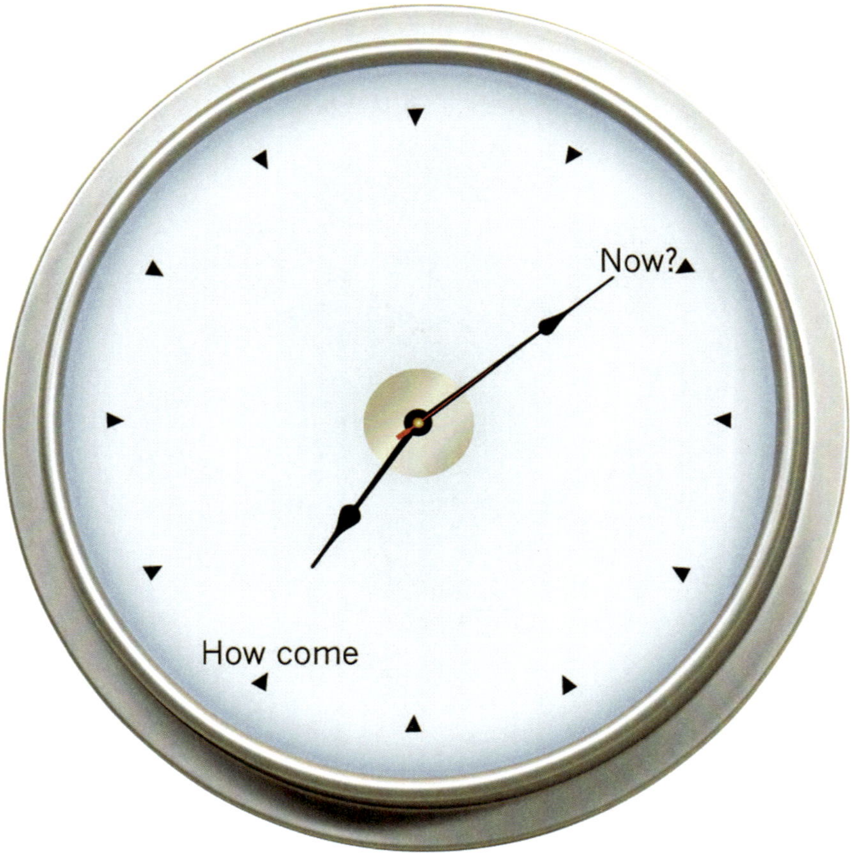


**Raqs Media Collective,** ***When The Heart Skips a Beat*****, 2012**
Courtesy des artistes et de Frith Street Gallery, Londres

# L'OMBRE DE L'HEURE

147

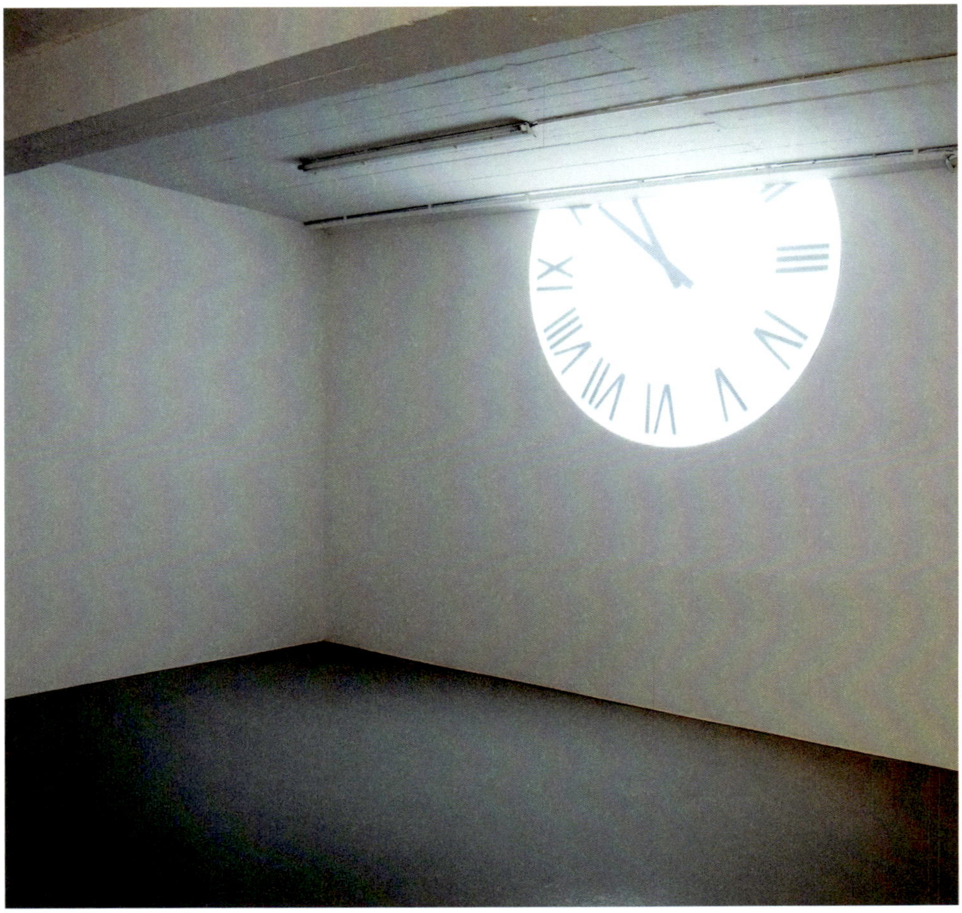

**Jorge Macchi, *10:51*, 2009**
Courtesy Jorge Macchi & Galerie Peter Kilchmann, Zurich

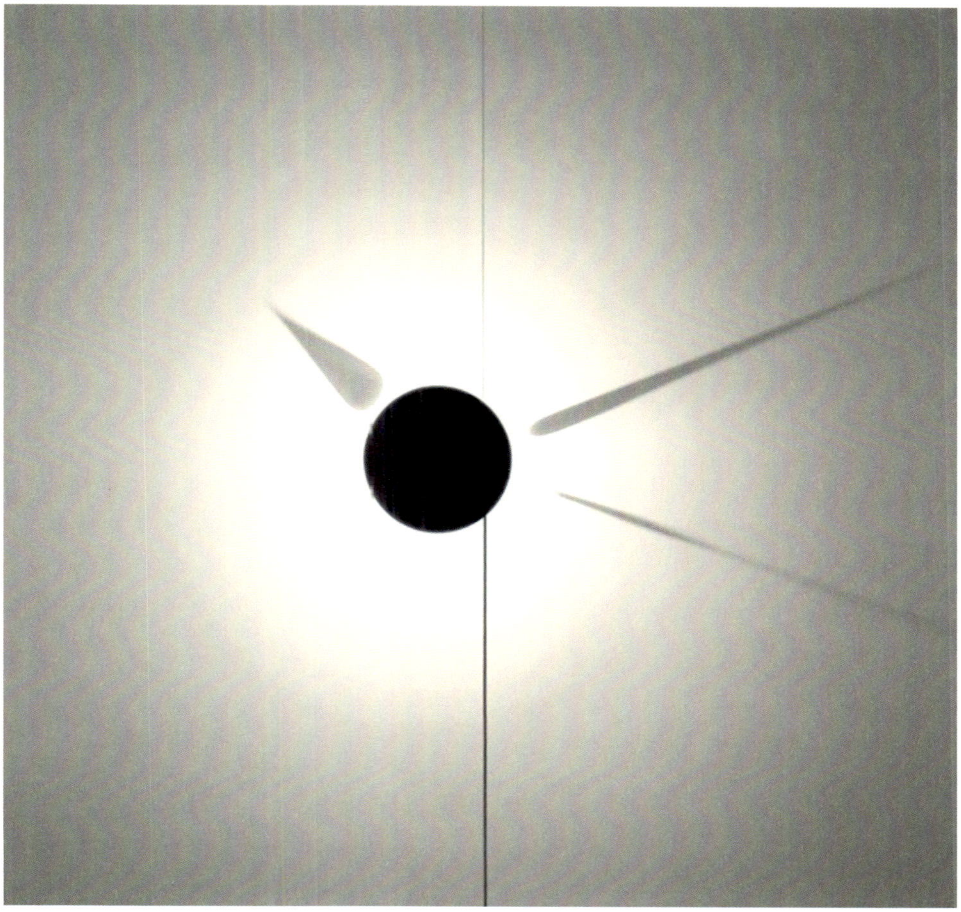



Poetic Lab, *Shadow Clock*, 2011

# LE DESIGN À L'HEURE

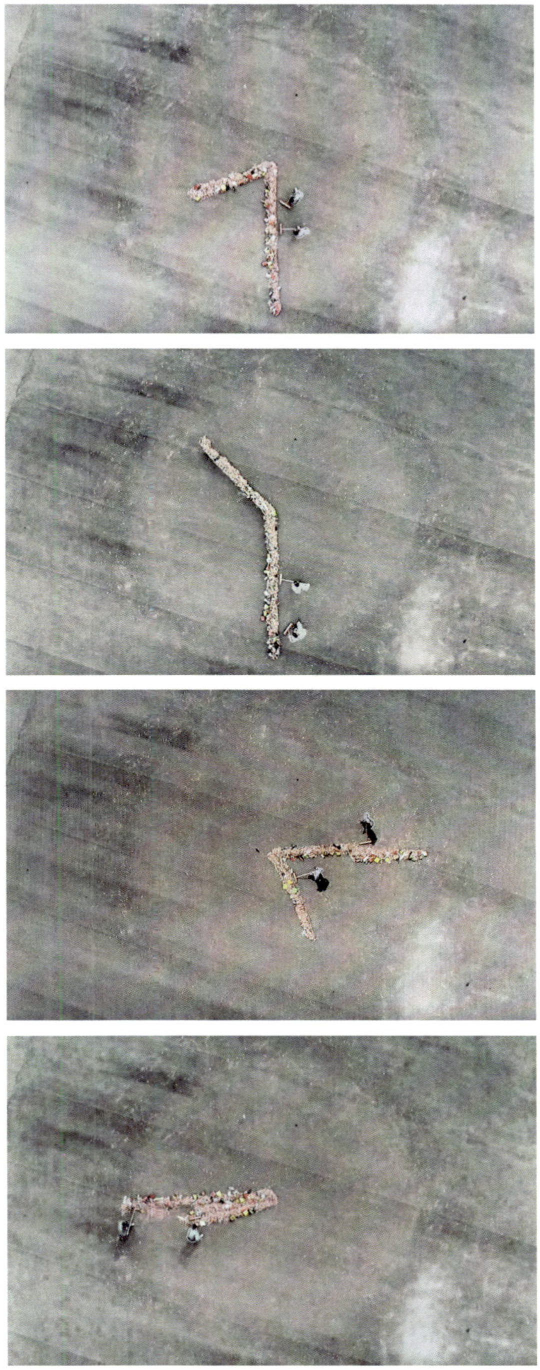

Maarten Baas, *Sweepers clock*, 2009

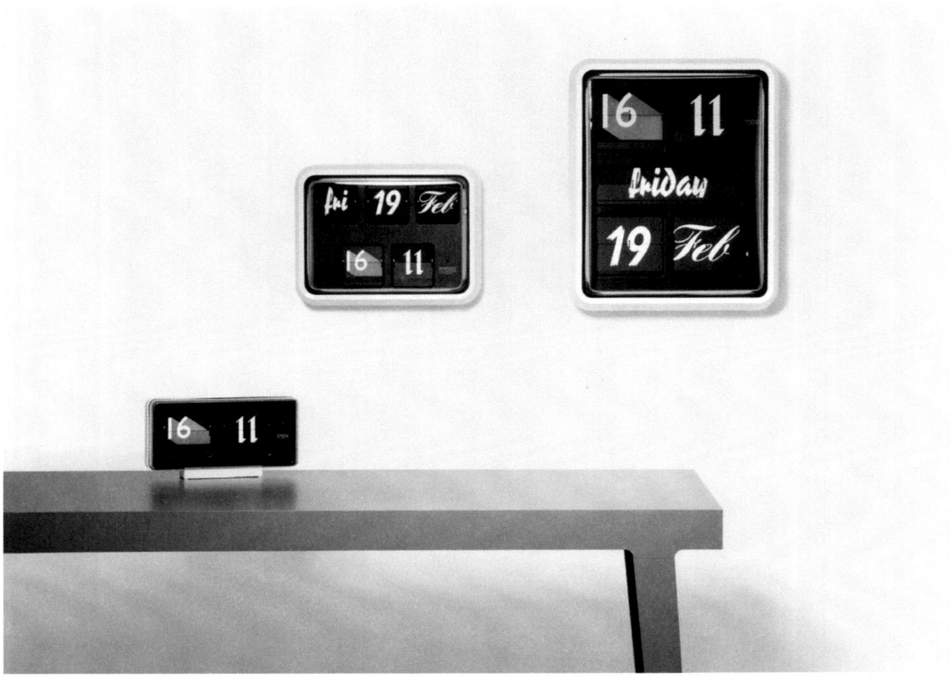


**Sebastian Wrong, *Font Clock*, 2007**
Courtesy Established&Sons, Londres – Font Clock by Sebastian Wrong

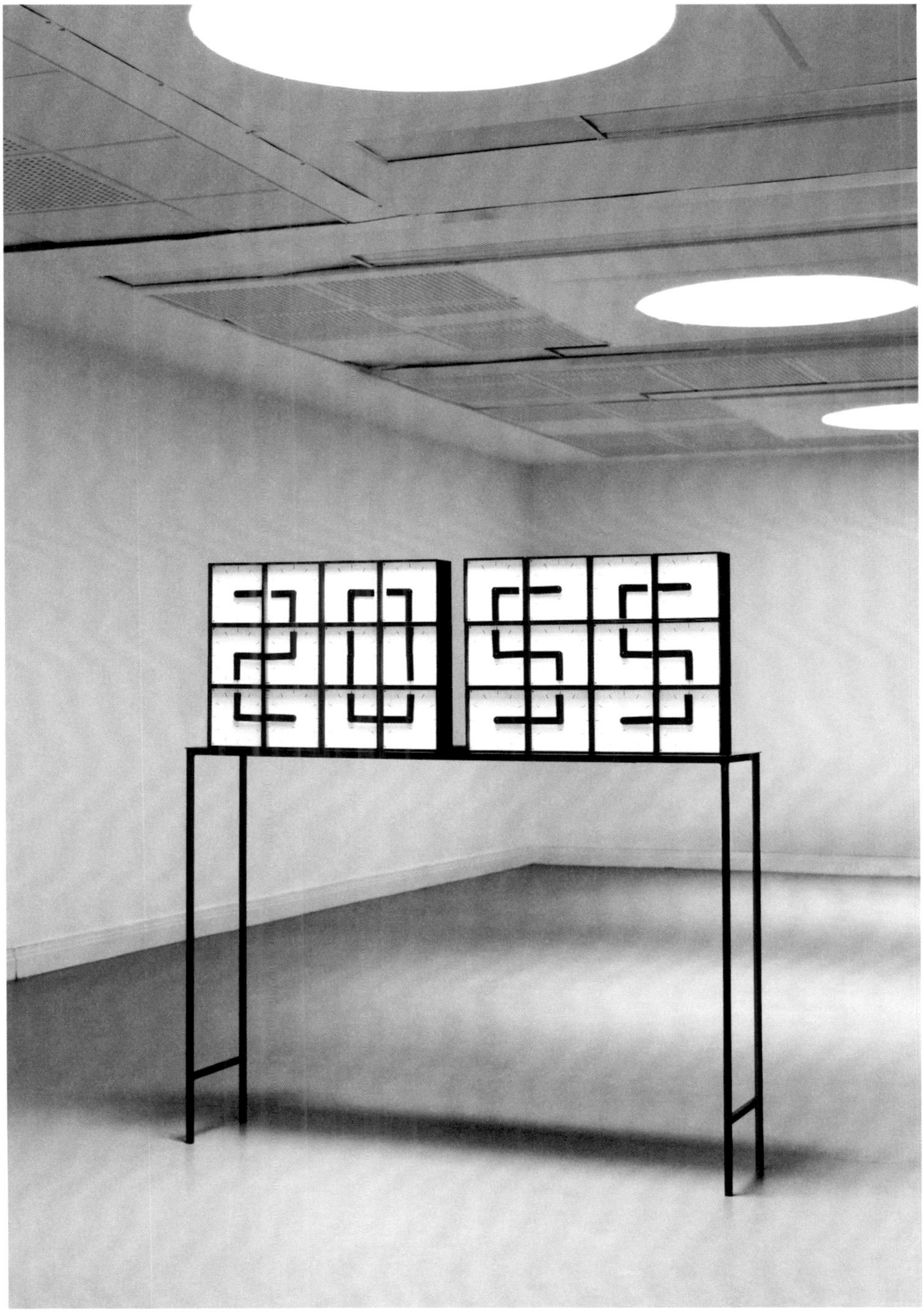


Humans Since 1982, *The Clock Clock AP2*, 2008-2009
© Humans Since 1982

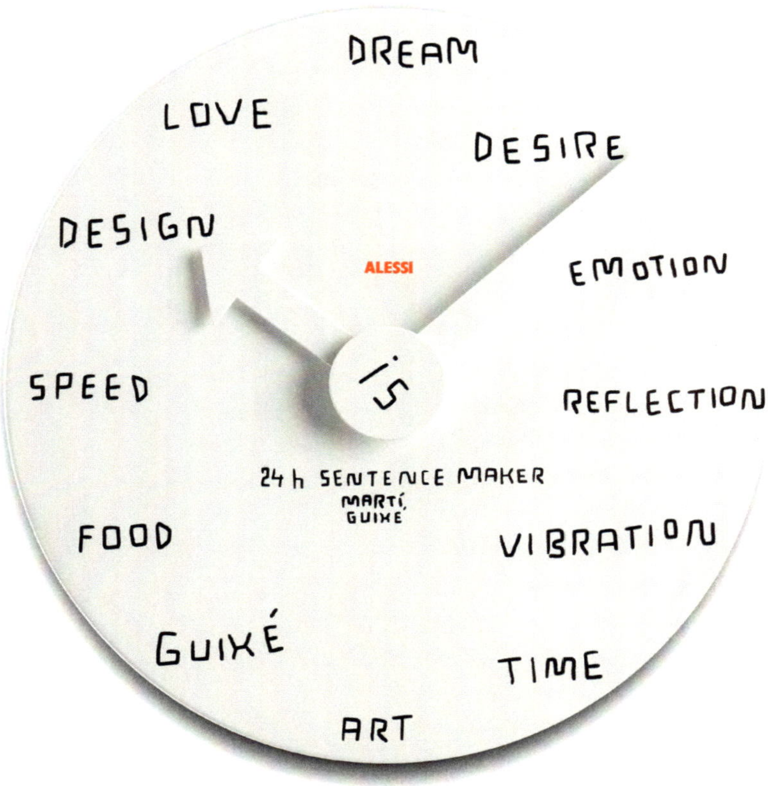


**Martí Guixé**, *Wall Clock*, 2010

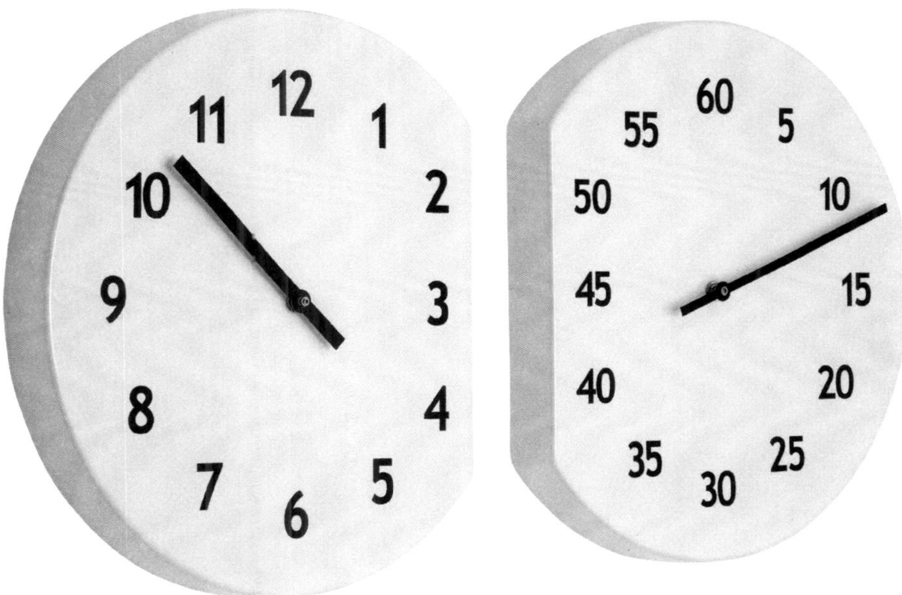


Martino d'Esposito, *Espace Temps*, 2007

# L’HEURE ÉLECTRONIQUE



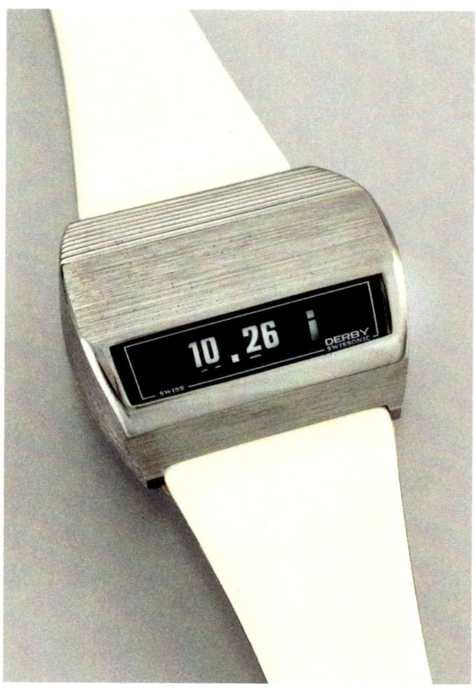


Derby Swissonic,
montre-bracelet à affichage digital, Marin, vers 1974


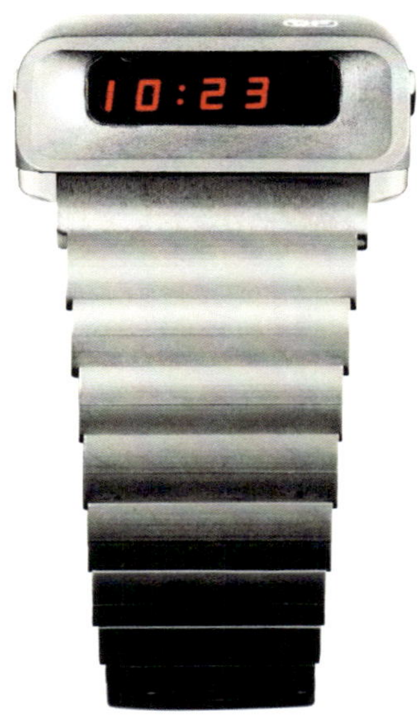


Girard-Perregaux, montre-bracelet casquette
à affichage digital, La Chaux-de-Fonds, 1976

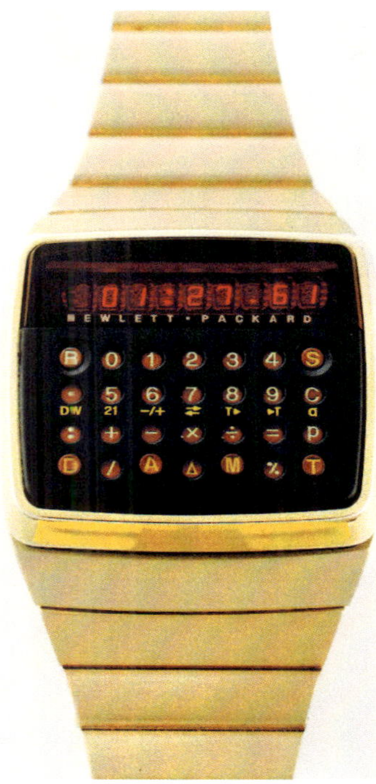

HP Hewlett-Packard, montre à quartz à affichage digital, États-Unis 1977
© Collection du Musée international d'horlogerie, La Chaux-de-Fonds

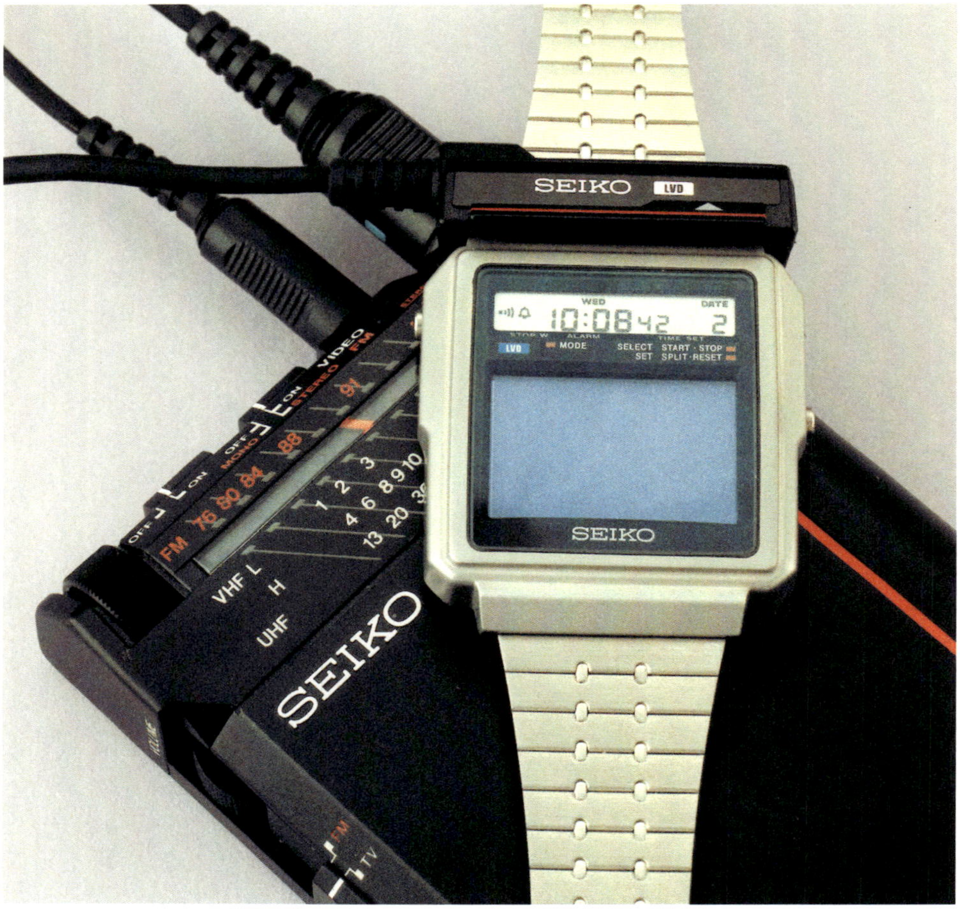


Seiko, montre-bracelet à écran avec récepteur radio et télévision, Tokyo, 1983

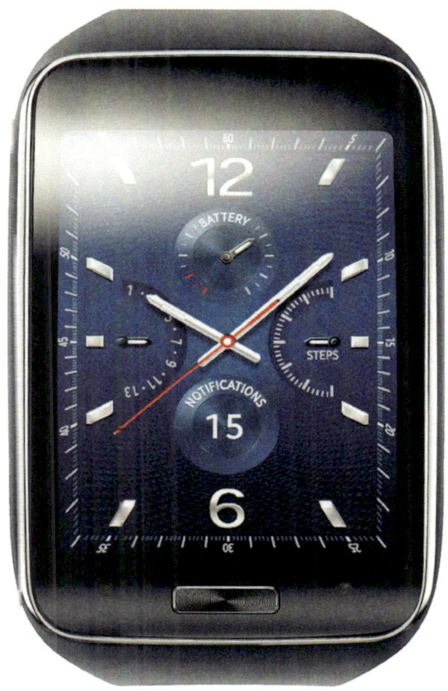




Samsung Electronics, *Smartwatch Samsung Gear S*, 2015

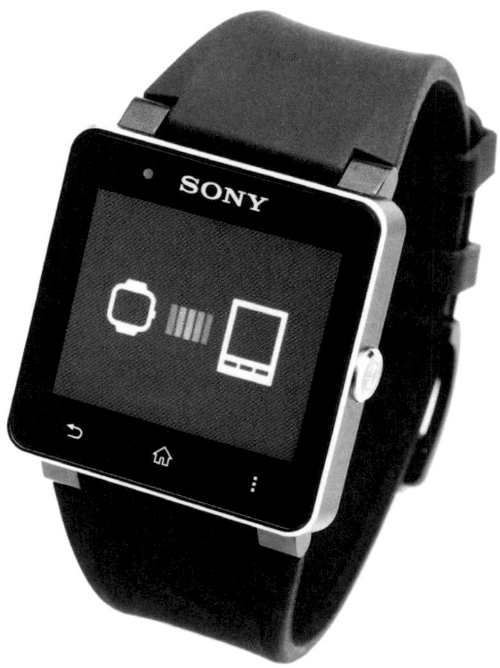


Sony, *SmartWatch 2 SW2*, 2013
© Collection mudac, Lausanne

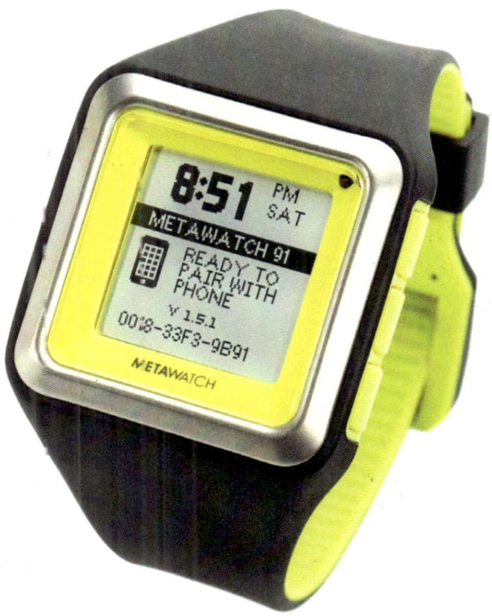


METAWATCH, *STRATA – Optic Green*, 2012

# L'HEURE DES DESIGNERS

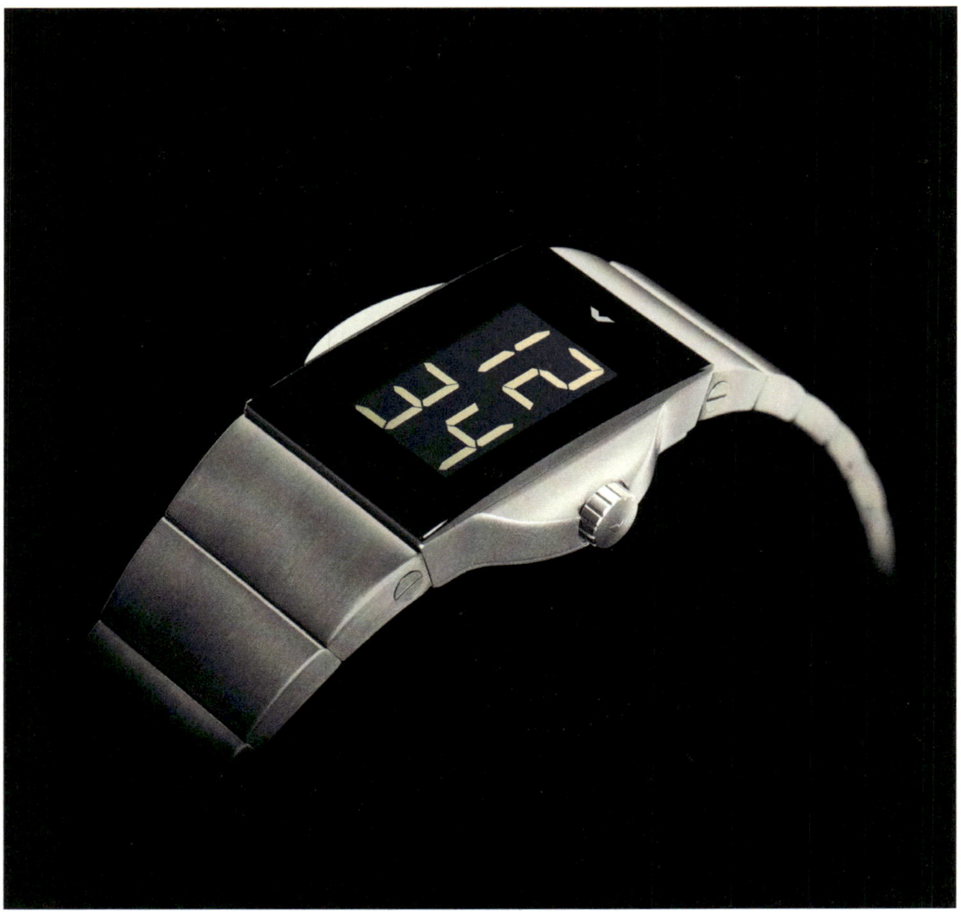

Hannes Wettstein pour Ventura, *SPARC FX 2000*, 2000
© Ventura

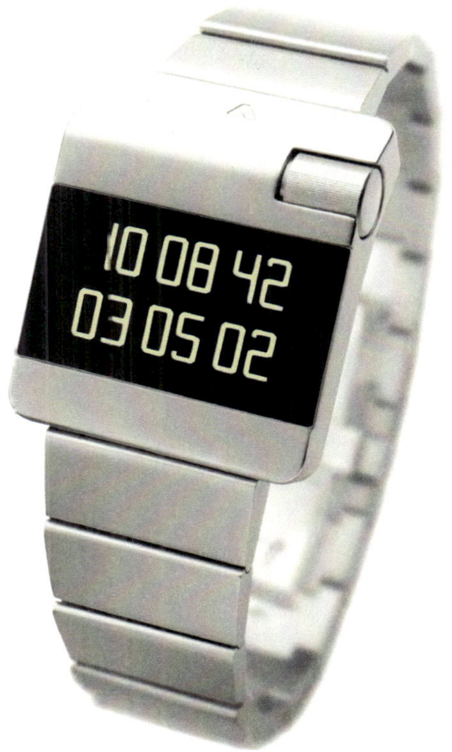


Hannes Wettstein pour Ventura, *v-tec Alpha*, 2003
© Ventura

EAA Genève, *ERIS*, 2007
© Montres Pierre Junod

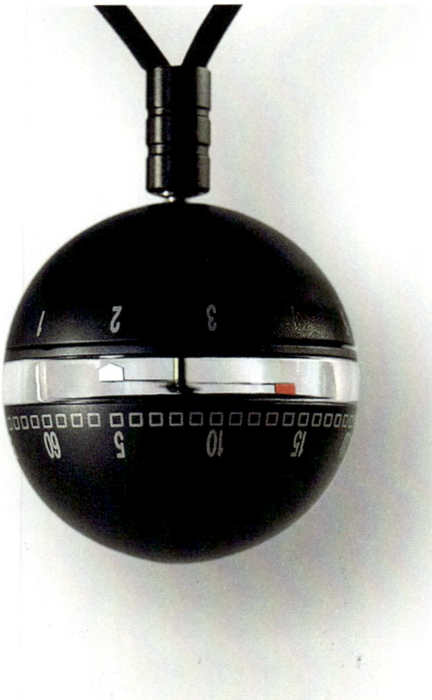



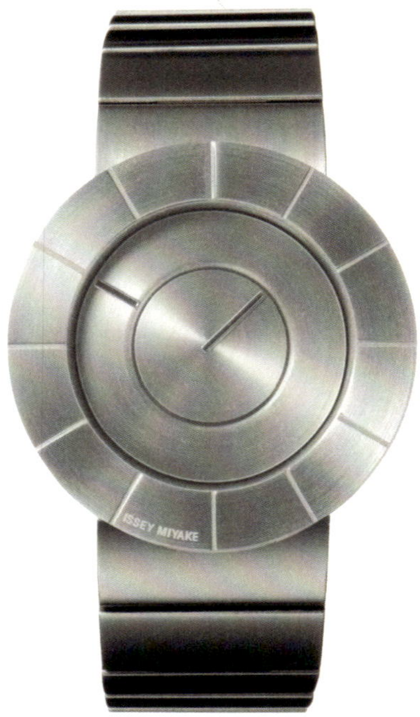


Tokujin Yoshioka pour Seiko-Issey Miyake, *TO*, 2005
© Seiko Nextage Co., LTD

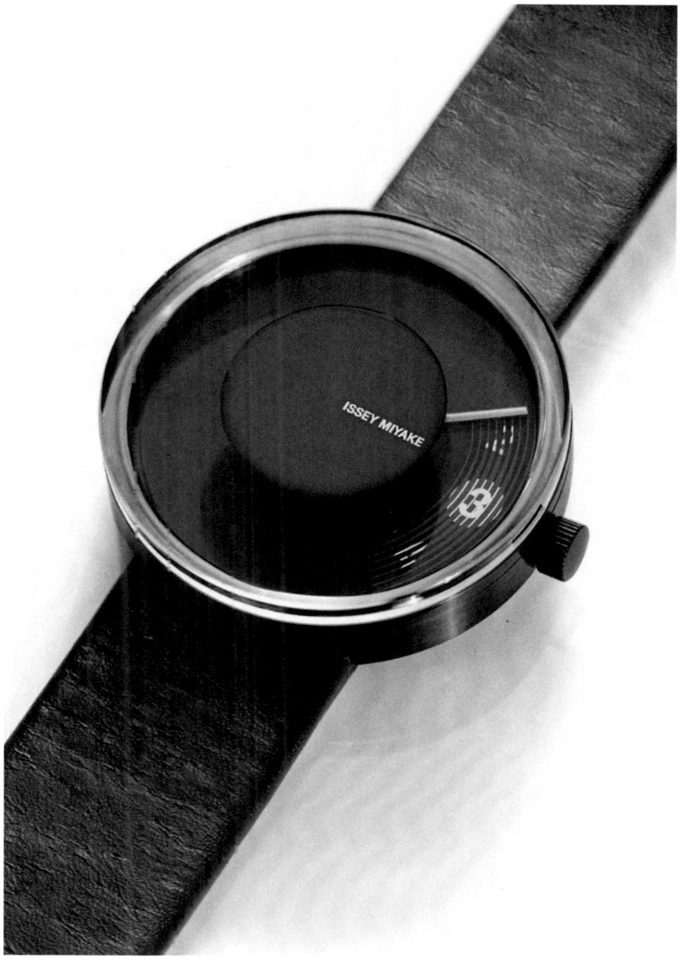


Issey Miyake et Yves Béhar pour Fuseproject, *Vue Watch*, 2005

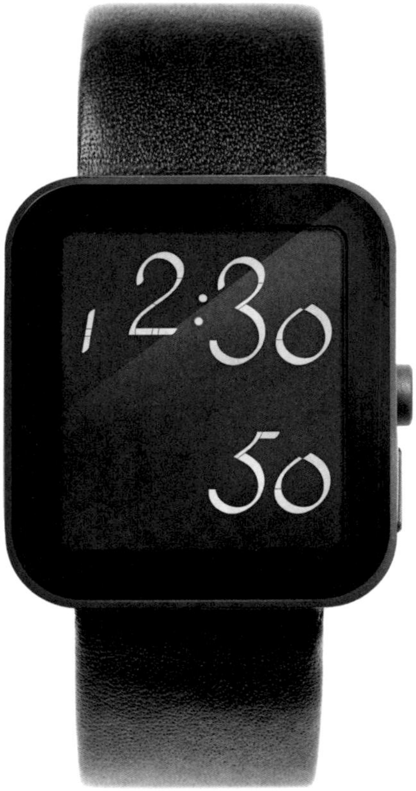


Adrian et Jeremy Wright, *Script LM 125*, 2013

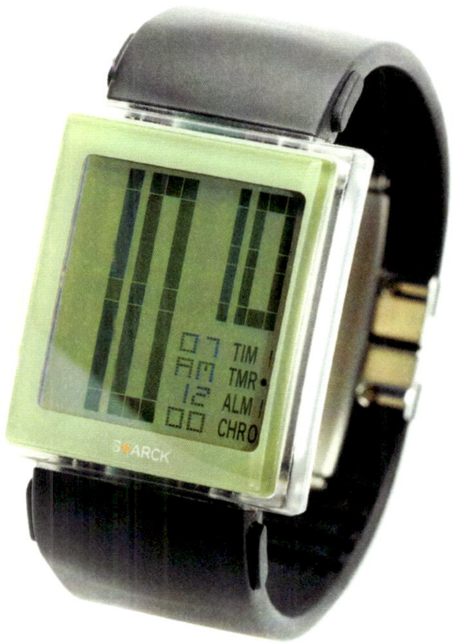




Philippe Starck pour Fossil, *Led Cub*, 2004
© Collection mudac, Lausanne

Mathieu Lehanneur pour LEXON, *Take Time*, 2012
© Collection mudac, Lausanne

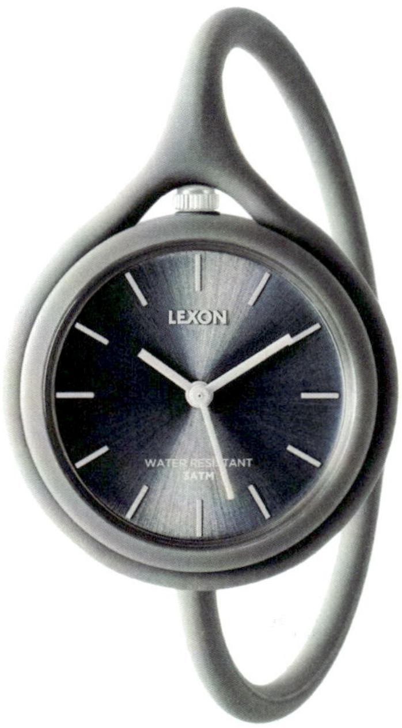




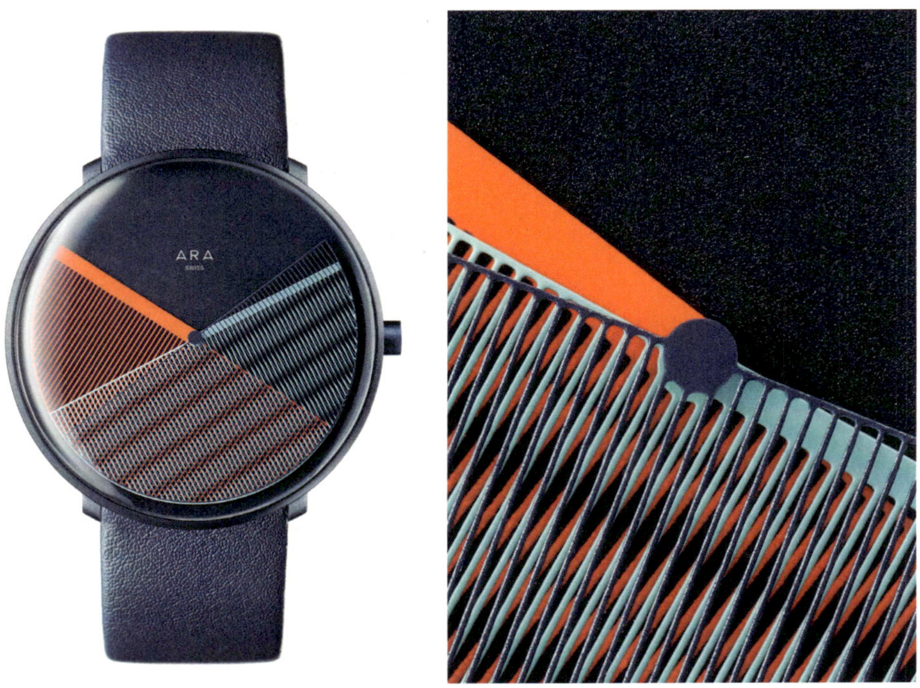


Seraina Lareida / ECAL, *ARA*, 2014
© Seraina Lareida

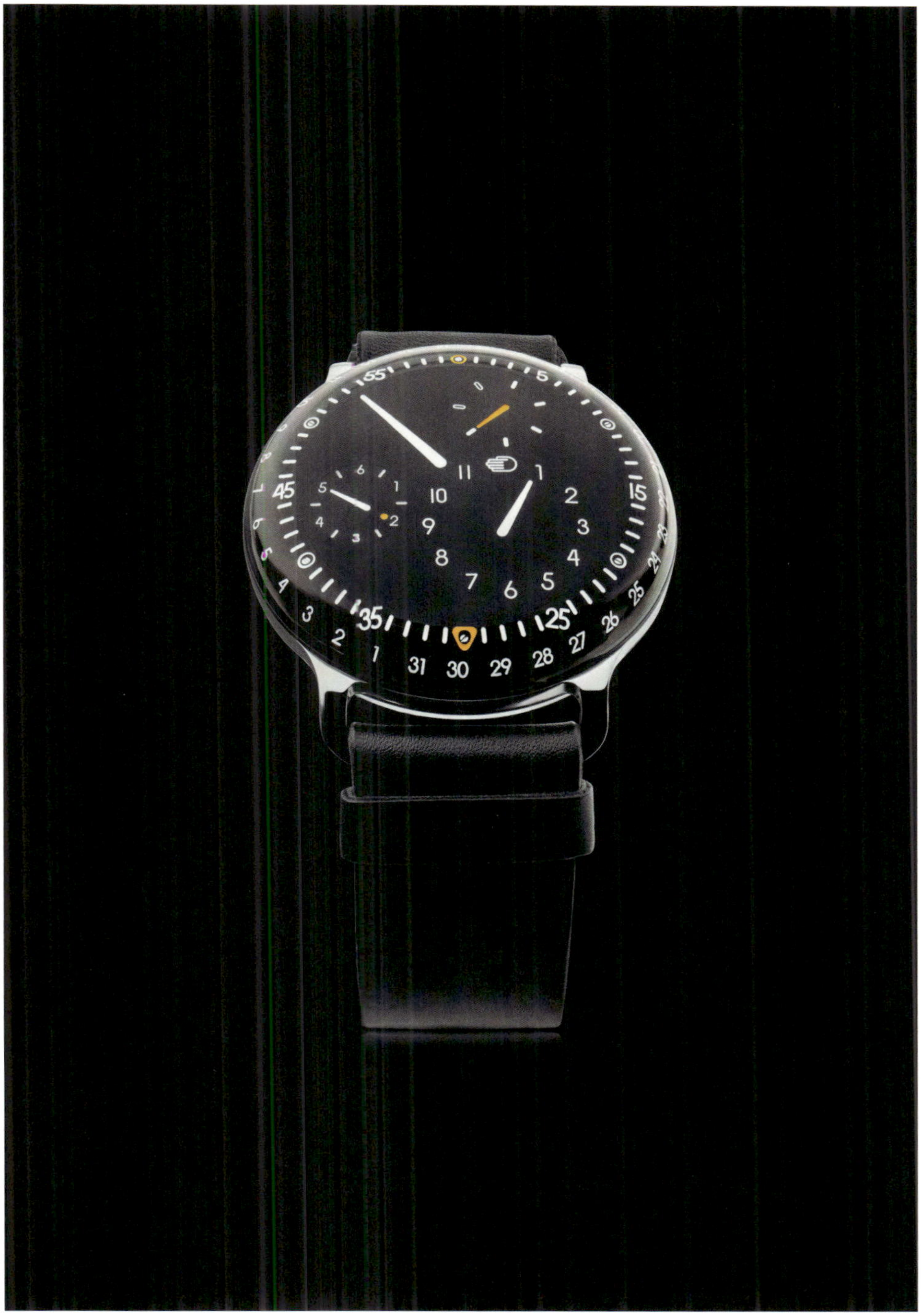

Benoît Mintiens, *Ressence Type 3*, 2012

Félix Baumgartner et Martin Frei pour Urwerk, *UR-CC1*, 2009


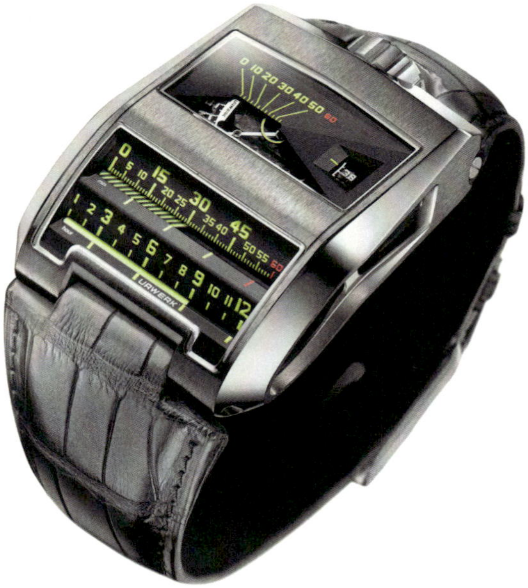

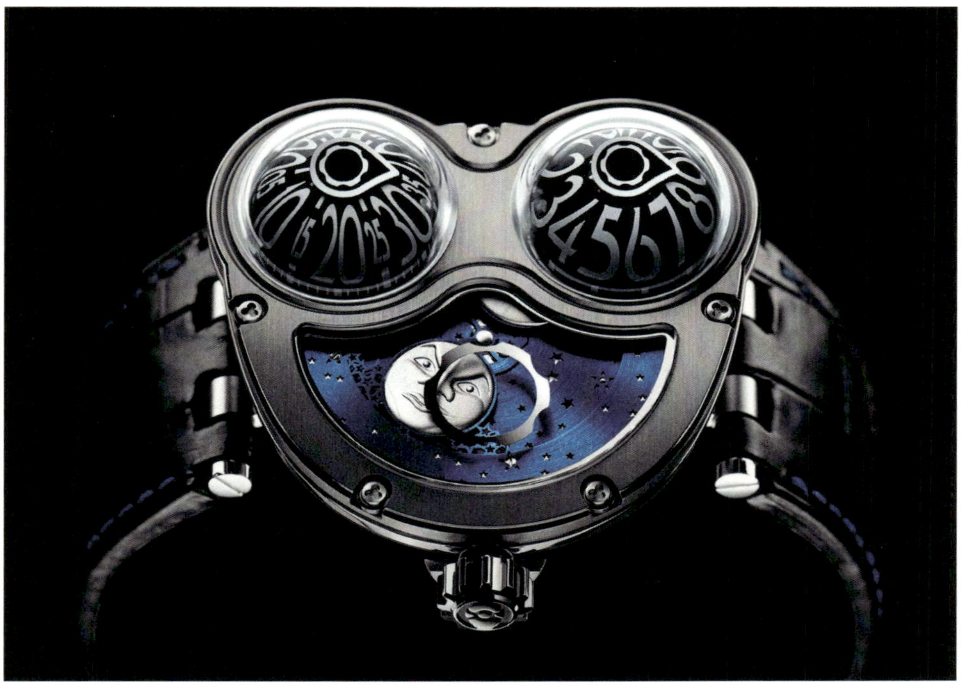

Maximilian Büsser & Friends, *Moonmachine*, 2012

Parmigiani Fleurier SA, *Bugatti Super Sport*, 2011
© Parmigiani Fleurier

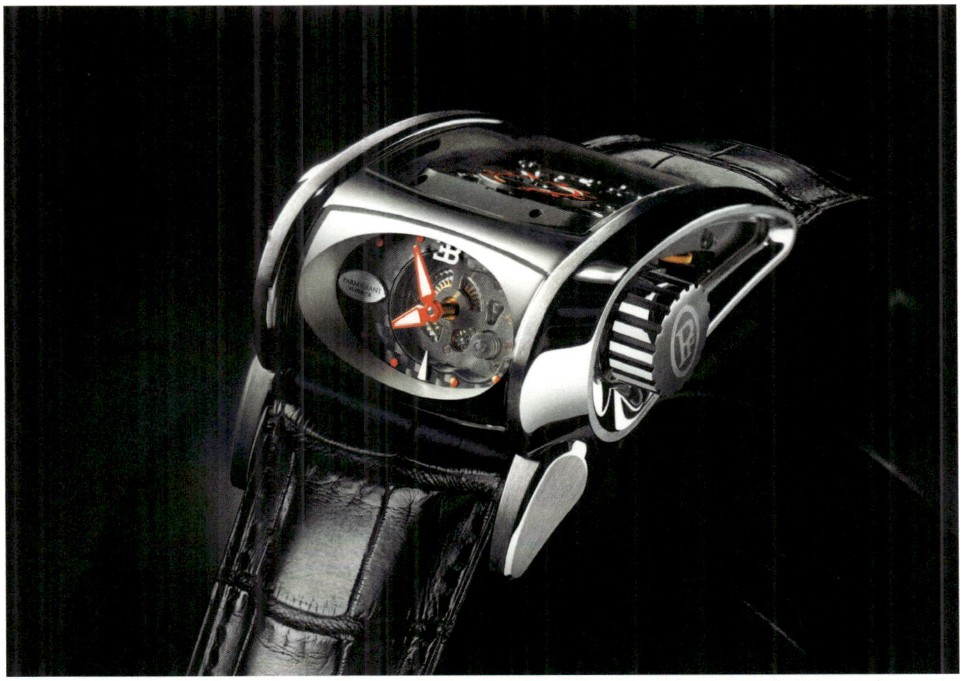

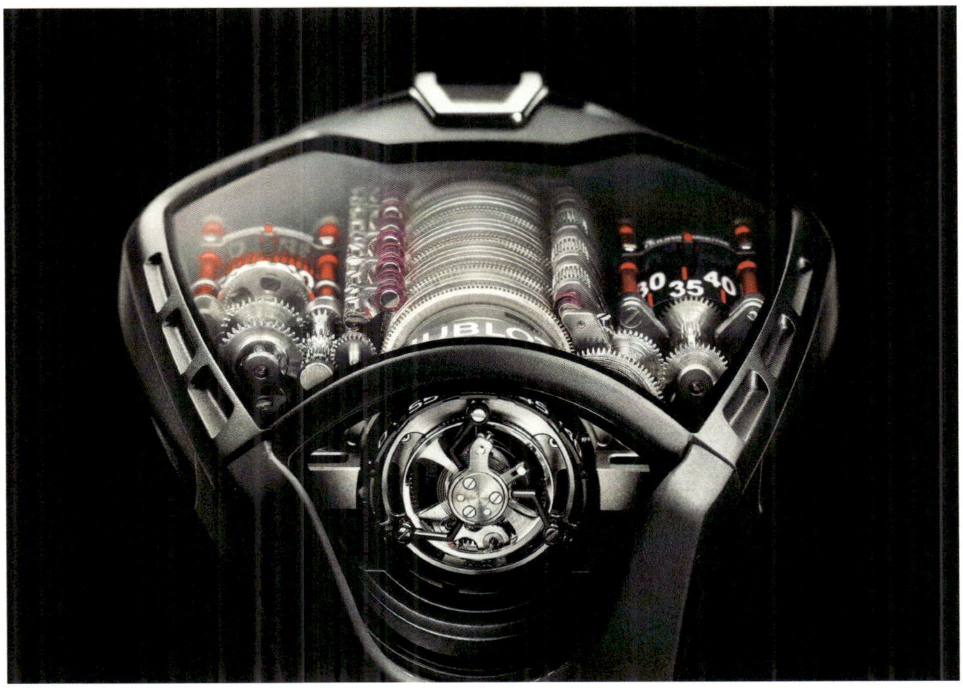


Hublot, *MP-05 «LaFerrari»*, 2013
© Hublot

# TELLING TIME

CHANTAL PROD'HOM
FABIENNE XAVIÈRE STURM



### Why *Telling Time*?

We have long been aware that the master watchmaker's extraordinary skill is accompanied by a certain recurrent formal classicism. This is surprising in view of the highly dynamic creativeness of contemporary Swiss and international design. Mudac, the only design museum located in Suisse Romande, a region regarded as one of the cradles of world horology, was bound one day to tackle the subject with an independent spirit, an open approach which should be the hallmark of any museum. We realized from the very outset there was no question of organizing an exhibition of watches in the traditional sense of the term, nor of providing a showcase for the great brands. We decided to take a totally new approach to the subject.

Our desire to dovetail our viewpoints took immediate form in the choice of our overall approach: the decision to concern ourselves with the way time is displayed and not the nature of time itself. In consequence, it came naturally to establish a dialogue between traditional watchmakers and contemporary visual artists and designers. Since then we have based our choices of both historical and present-day pieces on rigorous, certainly subjective but unabashedly declared criteria. The objects gathered together in this way are naturally not exhaustive, but all are closely associated with the topic of telling time. The exhibition and the book that accompanies it are an invitation to stroll through what is by turns an informative, poetic and even surprising theme, which perhaps ironically eschews a straightforward chronological approach to concentrate on specific topics. Our four years of preparation have corroborated our initial instinct, revealing the extraordinary potential of this approach.

### Telling the Time Is Also Using Up Time

An hour in human life can be a straitjacket or a source of happiness, depending. In any event, an hour is simply a unit of measurement calculated by man and refined by horologists who have broken it down into smaller subdivisions over the centuries. It is simultaneously a precise period of time made up of sixty minutes and an individually experienced timespan, which can be long or short, insufficient or excessive… Although a watch is a functional object like a chair, an hour certainly isn't; in order to make use of it, we experience both the freedom to define how to exploit it and the pressure to fill it, thus establishing from two angles its central place in life.

### Time on a Clock Face

The time shown on a clock face is always and unambiguously the time at that precise instant, the time that escapes as soon as it has been captured during its inexorable flow. Whether using digits or points and dashes, the various methods watchmakers have devised to show the time on the faces of their timepieces are just part of an object designed in all its details according to the fashion of a given period. The exhibition displays many of the numberless designs testifying to their makers' inventiveness: watches, clocks, projections, installations, sounds, smells, publications and many other supports, all catering to our need to know what time it is.

### Designer Watchmakers

Watchmakers are joined by movement designers, precision mechanics, engineers and concept watch designers in creating striking new ways to express time visually. They explore numerous avenues, while still endeavouring to provide a fresh interpretation of designs and dials of the past and inventing designs foreshadowing possible future developments, sometimes challenging convention.

### Designer Object vs. Visual Art

The great advantage of approaching the subject from many angles is that it can be seen from outside the conventional watchmaking perspective. Creators are given the freedom to explore the concepts of purpose, irony, humour, poetry and the plain wacky. Clearly, the border here between designer object and visual art is always blurred. The functional priorities of design often take second place, or are quite simply overturned in order to give free rein to personal whim. When the designer Maarten Baas got some people to sweep up rubbish on the ground into the shape of the hands of a clock, he insisted they spend twelve hours sweeping the rubbish/hand round. On this occasion he was effectively acting as a visual artist, expressing himself intelligently and humorously through his performance. By setting huge black hands on a monochrome red ground, Valentin Carron is being deliberately vague. Is it a picture? Is it a clock? Both, one might say. But can we be sure? The work entitled *10.51*, by Jorge Macchi, is an example of the absurd made physical. The clock hand thuds ceaselessly in the corner between the wall and the ceiling at precisely 10:51, giving form to time's inability to move on and our own paralysis in trying to define time.

The exhibition is also a showcase for one of the most fondly regarded popular traditions: the cuckoo clock. Thanks to the interest of young designers, this folk object has received a new lease on life, revealing an unexpectedly appealing and amusing side. The little house, the bird that comes out every hour and the iconography of forest and mountain provide a wonderful opportunity to rework the old clichés.

### Our Shared Adventure

It was our desire in this book to create a unique geography around the exhibition, by allowing other points of view to define and at the same time broaden our aim.

The history of horology and timekeeping as such is admirably told by Arnaud Tellier in a detailed survey of its various stages and the complicated inventions devised by tireless imaginations. Artists have taken their cue from our captive stare as we read the time; they have then exploited it to take us way beyond simply knowing what time it is. Karine Tissot's highly enlightening essay provides a broad overview of the contemporary scene. Lorette Coen concentrates on the work of an artist and a designer on display in the exhibition, highlighting their unmistakeable and highly individual voice. Stéphane Bonvin responded to the invitation to address the spirit of time by investigating the accessories that ornament our daily life, providing a framework for our attitudes and behaviour. Joël Vacheron explores the *New Age* phenomenon and launches us into a future that is certainly moulded in part by the creators of The Clock, symbolising *slow attitude* and supposed to run for 10,000 years. We wanted to give literature a voice by asking André Wyss to give us the poets' take on the experience of time; he reminds us that time only makes sense in relation to a community and the actions that take place within it. Luc Debraine's wide-ranging survey provides a commentary on time that is frozen by a natural calamity or a historical event and shows how in each case it has acquired a powerful commemorative dimension.

Lastly, we made a point of entrusting the design of the exhibition to the students of the ECAL/University of Art and Design Lausanne, inviting them to meet the demanding, complex challenge of displaying a vast array of different works in the same exhibition space. ECAL's Director, Alexis Georgacopoulos, describes the reasoning behind their approach and the final design of the exhibition.

### In Praise of the Mysterious Minute

Hidden, sometimes even absent, time becomes a secret. We sometimes feel we can grasp it, but it's only an illusion. For example, as it moves across the face, the hand on a clock jumps from one minute to the next. This sweet, almost imperceptible little blur disappears completely in a digital display, where one number suddenly changes into another. Put differently, digital means categorical: it is 10:34. A hand tells us for a period of sixty seconds that it is *between* 10:34 and 10:35.

It is precisely in this *between* that lies the mystery of the exhibition, and of our aim…

# REVOLUTION IN TIME[1]

ARNAUD TELLIER

"So what is time? If no one asks me, I know;
if I have to answer this question, I don't."
St Augustine, *Confessions*, Book 11, Chapter 14.

### Why the Faces on Our Watches Are Divided into Twelve Hours, Sixty Minutes and Sixty Seconds

The time we commonly use today, namely a day divided into twenty-four hours, was only adopted universally in 1918. In order to understand the way the method is used now, we have to appreciate the way our distant ancestors perceived time. Although the natural separation between day and night is the most elementary way of marking the passage of time, the handling of the concept of time actually requires an uncommon grasp of a highly abstract notion.



### Tempus Fugit

For Aristotle, time was a property of movement; he defined it as "the number of movement in respect of before and after".
In St Augustine's view, time is fundamentally linked to not-being, since it is made up of three negatives: the past is that which is no more, the ephemeral present exists only because it must pass and the future is that which is yet to come.
According to Kant, time is not a concept derived from experience, but an a priori category through which our personal sensibility organises and coordinates phenomena; in some sense it is the prism through which each person apprehends the world.
Bergson contrasts spatialised clock time, which is quantifiable and universal, with the different types of qualitative, subjective time a mind experiences depending on mood.
While these eminent philosophers elaborate on their personal views of time, for everyday man time is above all his allotted span, which inexorably runs down until he reaches the end of his life. Nevertheless, we still hold fast to a reference point that enables us to get our bearings in time.
The word "time" comes from the Latin "tempus", which principally means "interval of time", or "period".

### Division of the Day

The division of the day into hours probably originated among the Chaldeans, who adopted base sixty – the so-called sexagesimal system – in their calculations. A Chaldean year was divided into six periods of sixty days and in astronomy they divided the circle into degrees, with each degree broken down into sixty minutes, consisting of sixty seconds.
The Babylonians counted in pairs of hours called "Kaspar" (there were thus twelve "Kaspar" in one day). Our present division of the day is derived from the observations of Babylonian astronomers. Four to five thousand years ago, they broke days down into six time intervals, or "vigils": three periods from sunrise to sunset and three others from sunset to sunrise. The periods were then shortened, giving six day and six night "vigils".
At a later stage, the day was divided up into twelve double hours during the day and at night. Each was of different duration since the calculation was based on how long day and night lasted, respectively. As a result, daylight hours were longer in summer than they were in winter and the night hours shorter in summer than in winter.

Ancient Egypt adopted the same system, and in China the day was similarly split into twelve "Toki". The preference for dividing the day into twelve hours is probably due to the fact that in the solar year there are around twelve new moons. With the year divided into twelve, it was sensible to break the day down in the same way.

A day would begin at different times, depending on the calendar: at sunrise in Ancient Egypt and in India, at sunset among the Jews, Moslems and Chinese. In Rome the new day began at midnight. The word "diurnal" comes from the Latin "diurnus", derived from "dies", meaning day, or light.

In Greece and Rome, time was measured in temporary hours for everyday purposes. The "nychthemoron" (the physiological unit of time), consisting of one night ("nux", "nuktos", in Greek) and one day ("hemera"), was broken down into twelve night hours (from sunset to sunrise) and twelve day hours (from sunrise to sunset), which varied in length according to the season. This practice was maintained right up to the end of the Middle Ages.

### History of the Hour

Up to the tenth century BC, hours were associated with natural phenomena: dew, mist, fertilising warmth, etc.

In Homer's time (eighth century BC), hours were embodied by minor, but benevolent, divinities, who were accompanied by Nymphs and Graces and would typically follow gods and goddesses, such as Apollo, Demeter and Aphrodite.

By the fourth century BC, the number of hours had been reduced to four, personifying the four seasons of the year.

Alexandria in the third century BC preferred to envision hours as the twelve companions of the goddess Aurora ("Eôs", in Greek) and this system was soon adopted by Rome. The goddess was said to place them in the sky at regular intervals each day to act as a guide for the chariot of the sun god. These twelve "Hôrai" have given us the word "hour", derived from the Latin transcription "horae", signifying a "regularly recurring period of time" and standing for any subdivision of time, regardless of its duration: a year, a season and equally an hour.

As we have seen, for the Romans an hour could vary in length, corresponding as it did to a twelfth of the time elapsing between sunrise and sunset for day time and vice versa for night time. This meant that a daylight hour was shorter in winter than in summer, lasting three-quarters of an hour in December and an hour and a quarter in June.

### Minutes

An hour is divided into sixty units called minutes. The concept of the hour made up of sixty minutes, or 3,600 seconds, has come down to us from the Babylonians (who used base 60 in their calculations), by way of the Greeks and Romans. The word "minute" comes from the medieval Latin "minuta", signifying "small" or "insignificant".

### Seconds

A minute is divided into sixty units called seconds. In consequence, these represent one 3,600th of an hour and one 86,400th of a day. The second is used universally as the base unit of time in the International System of Units and was defined in 1967 to be the duration of 9,192,631,770 periods of the radiation corresponding to the transition between the two hyperfine levels of the ground state of the caesium 133 atom. This is the atomic second.

### On the Use of the Hour and Its Application on Clock and Watch Faces

There is a wholly logical reason for the faces of our timepieces to be divided up into twelve hours: this system makes it easier to understand and to read the time on the clock or watch face.

As we have seen, although variable, hours – temporary hours or canonical hours – have been commonly used as part of a religious tradition, they cannot be applied in a mechanical fashion. The purely mathematical laws governing gearwheels are hard to reconcile with those underpinning spirituality[2].

These physical constraints easily explain why this type of hour was dropped; as the Middle Ages drew to a close, the ideas of Renaissance humanists speeded the decline of this approach. All the same, it is worth noting that in Italy clocks and watches with faces showing six hours and repeating an alarm four times a day remained popular until long afterwards. The occupation of a large part of Europe by Napoleon's troops, the advent of the Empire and the resulting standardisation of weights and measures on the basis of the decimal system all conspired to make these ancient methods of timekeeping obsolete.

However, the French Revolution's attempt to decimalise time remained stillborn, chiefly because ordinary people never took to it. Sunday, the weekly

day of rest established by the Gregorian calendar, was supposed to be replaced by a day that was to be called "décadi", falling every ten days in the Republican calendar.
One of the features of the nineteenth century was the surging dynamism of the Industrial Revolution, powered first by steam and later by electricity, with profitable enterprises producing growing quantities of manufactured goods that were conveyed by rail. Several conferences on weights and measures followed one another throughout the century in an effort to regulate the newly industrialised world, running from Napoleon's Civil Code to the "Inter-Allied Conference for International Scientific Organisations, Paris" in 1918. Conferences on meridians and the division of the planet into different time zones added the final details to the deliberations.
Although a number of local units of weights and measures are still applied in certain Anglo-Saxon countries, the rest of the world strives to use standard units that are easy for everyone to understand. But these last remnants of bygone systems are sure to be consigned to the past soon, as the modern world continues its inexorable march.

### On the Scientific Division of Time

After thousands of years in the evolution in our concept of time, we now employ "mean" of "civil" time, with one day representing twenty-four "civil" hours, based on the duration of the atomic second.

Astronomy recognises:
- the sidereal day: a timescale based on the Earth's rate of rotation measured relative to the fixed stars (around 23 hours, 56 minutes and 4 seconds);
- the sidereal hour: 1/24th of a sidereal day and therefore shorter than a civil hour;
- the true solar day: the time interval between two sunrises, two sunsets or two successive returns made by the sun to the same meridian. It varies from 23 hours, 59 minutes and 39 seconds to 24 hours, 0 minutes and 30 seconds, with a mean of 24 hours. The true solar day is therefore longer than the sidereal day on account of the Earth's movement around the Sun;
- the true solar hour: 1/24th of a true solar day;
- the mean solar day: lasting 24 hours and starting at midday, whereas the civil day begins at midnight.

The duration of the solar day varies for several reasons:
- the Earth's angular speed orbiting around the Sun is greater when the Earth is close to the Sun, since the Earth describes an ellipse around the Sun;
- the angle of the Earth with the Sun at its zenith is not constant and depends on the distance between the two, being greater when they are closest;
- the angle between the plane of the Earth's orbit and the plane of the Equator, which is strongly inclined at the equinox and much less so at the solstice.

It can thus be seen that the passage of time is not reckoned in the same manner throughout the world.

### The Birth of Horology and Early Watches

Mechanical clocks made their appearance in the West during the thirteenth century. They were the result of a collective effort going back to early Antiquity, when the first attempts were made to measure time, using sundials, water clocks and, much later, hourglasses. The earliest mechanical clocks were extremely large. It would take almost three centuries of gradual miniaturisation of components and the invention of the spring-driven mechanism in around 1435 to produce the first examples of the little "treasure" that can be carried on one's person – the pocket watch.
No expert would hazard a guess nowadays as to precisely when, where or even by whom the watch was invented. Southern Germany, northern Italy and France are the areas that produced the first written or painted evidence of early watches just before 1500. The oldest watches still in existence date from 1530–1550.
In the sixteenth and seventeenth centuries, the components of watch movements were made of gilt brass and iron, then, with advances in technology, steel. The movements were equipped with a crown wheel escapement[3] known as the verge. The first balance wheels on these early timepieces were known as foliots, which could be either straight or circular. Only the round form remained in use from the end of the sixteenth century. In order to counter the risk of the balance wheel coming loose as the result of a jolt, watchmakers used pig bristles to restrict the extent of its movement.

Horologists tried early on to improve the functioning of their mechanisms. An extra moving part, the fusee, was used to equalise the pull of the powering mechanism. This was placed after the barrel (which contained the mainspring) and delivered power to the wheel train more or less uniformly between the top and the bottom grooves. In Germany, horologists preferred to use the stackfreed, a powerful spring ("stark", strong; "feder", spring) placed behind the movement, which controlled the pull of the mainspring by braking it in varying degrees.
The time was indicated on watches with just one hand. The face was split up into twelve hours, which were generally marked with Roman numerals. The minute hand did not appear until after the pendulum had been invented and applied to clocks in around 1660, with clock faces then being divided up into sixty minutes to give a more precise time. With the invention of the spiral balance in 1675, the first watches with a minute hand began to appear in around 1680.
With these two inventions introduced by Christiaan Huygens, a Dutch mathematician, astronomer and physician, timepieces at last changed from being objects of fashion into scientific instruments[4].
By 1700 virtually all watches included both an hour hand and a minute hand. In order to achieve this, watchmakers had to introduce a new "minute wheel". Watches continued to evolve throughout the eighteenth century, with the invention of new escapements and the use of new materials, gradually and constantly improving the accuracy of the movement. The appearance of these timepieces changed in response to the technology being used and the vagaries of taste. A watch can thus be thought of as a distillation of the arts and sciences of its time.
Horologists have therefore always tried to improve the precision of their devices and have been keen to reduce the size of their timepieces while providing the maximum information by adding fresh mechanisms. These might be strictly linked to timekeeping (alarms, chiming, date with or without astronomical details, equation of time, intermediate time measurement, automation, music, etc.). Another "whim" of watchmakers is to invent new ways of displaying the time, and a few examples of these are added below.

### The Wandering Hour and Day and Night Display

In the late seventeenth century – just when the minute hand made its first appearance – horologists invented the so-called "Wandering Hour" watch, in which the hands are replaced by semi-circles and windows. This is the first example of a "digital" display and occupies just the top half of the watch face. On the outside of the dial, a semi-circle shows the minutes (in Roman numerals). In the middle, a rotating disk with a window shows the minutes and describes a semi-circular arc in one hour, while the new hour (in Roman numerals) appears in the window every sixty minutes. A semi-circular disk signals the quarter hours within the dial. Arranging the face so that the time is displayed in the upper half leaves the lower half free to contain foliate decorations or coats of arms. This type of watch is sometimes embellished with enamelled portraits of a monarch or other important figure. These "Wandering Hour" watches were very fashionable in England at the end of the seventeenth century. They were often commissioned by the court so they could be presented as gifts to important visiting dignitaries or given in recognition of services rendered to the country.
In the mid-eighteenth century this form evolved into the so-called "Day and Night" dial. Once again, only the top half of the face was used. On the outside a semi-circle shows the hours (in Roman numerals), with the quarter hours indicated beneath. In the middle a disk decorated with an image of the Sun and the Moon makes a complete revolution in twenty-four hours. The symbol of the Sun gives the time from morning till evening and the emblem of the Moon applies to the time from evening till morning. This design leaves the lower half of the face free for decorative purposes.

### Striking Mechanisms

A striking mechanism is a device that indicates the time by striking, either automatically or on demand. There are different types of striking mechanisms:

- Hour-striking (*clockwatch* striking), in which the hours are struck automatically. This is the oldest system, appearing in watches as early as the sixteenth century. Subsequently watches were made with striking on the hours and quarter hours;
- Quarter-repeating (at will) in which a low-pitched sound indicates the hours and a double blow indicates each quarter hour; the first on a low-pitched bell and the second on a higher-pitched one;
- Half-quarter repeating, in which the quarters are struck as above, with an additional blow

on a high-pitched bell seven and a half minutes after each quarter;
- Five-minute repeating, in which the hours are struck, and then a single blow every five minutes, without striking the quarters;
- Another type of five-minute repeating strikes the hours as above, then one blow on a higher-pitched bell at five minutes past the hour.
- Minute-repeating, the most complicated, but also the most common today. The hours and quarters are struck as above, then the minutes, on a higher-pitched bell;
- *Grande Sonnerie* or grand strike, in which the hours and quarters are struck automatically and the hours, quarters, and minutes may be struck at will by means of a push-piece;
- Alarm, striking on a bell at a pre-determined time; it is used when one wants to wake up at a particular time.

There are also striking mechanisms in which the quarter hours are struck on three or four bells of varying pitch; these are often called carillons. Among all these types of striking, quarter and minute repeating are by far the most common. The other types are rarely found.

Up until the end of the eighteenth century, the bells were made of a metal alloy with a copper base ("airain" in French). After 1800, gongs were used in place of bells; these were springs made of hardened steel.

### World Time

The forementioned model makes use of mobiles that turn over a twenty-four-hour period. This system is also used in a new type of watch introduced in around 1780: the "World Time" watch. The ingenious mechanism made it possible to know the time in various parts of the globe. On the very earliest examples known, the names of the cities or locations on the Earth are engraved on the bottom of the case. The central dial has a double set of figures running from 1 to 12 and makes a complete revolution in twenty-four hours in the opposite direction to the rotation of the hour hand, in this way showing the local time in the various places. The whole concept was really nothing more than an amusing curiosity, since it could serve no practical purpose at the time, there being no chance of telephoning the other side of the world and no need to know the local time when one's American or Asian correspondent received one's letter! Throughout the whole of the nineteenth and twentieth centuries there was a succession of inventions in the field, leading to innovative designs (watches with two faces, multiple dials, etc.). The very latest gimmick added in the twenty-first century is a tiny globe that spins round in twenty-four hours, perhaps a throwback to the planetary clocks devised in the fourteenth century (such as Richard de Wallingford's clock in St Albans, near London, dating from 1330–1340, or the *Astrarium*, 1348–1364, which was conceived by Giovanni Dondi, in Padua).

### Arms in the Air Display

A totally different approach was to eliminate hands from the clock face altogether and replace them with a miniature figure which when prompted raises its arms to point to the time on two semi-circles. This design, known as the "Arms in the Air" watch appeared in the late eighteenth century and remained in fashion for some twenty years, before being taken up again in the Art Deco period. Like many other ideas, it has been reinterpreted and adapted for use on wrist watches over the last thirty years.

### Retrograde and Extendable Hands

The end of the eighteenth century also saw the appearance of retrograde hands. Hours, minutes and even seconds are marked by semi-circles, each with its respective hand, which snaps back to the starting point when it reaches the end of its run. The so-called extendable hands model is more complicated and much rarer. In this case, the watch or dial is oval and the hands extend or retract, depending on their position. First found in a London watch made at the end of the seventeenth century, this design was revived at the very close of the eighteenth century, once again by a London watchmaker.

### Mysterious Hours

Another form was the "Mysterious Hours" watch. In this case, the hands appear in mid-air in the middle of the glass dial. The design was introduced in 1836 by Jean-Eugène Robert, horologist and later conjuror, the "restorer of modern magic". He changed his name to Robert-Houdin in 1843 and made several pendulum clocks in which the dial is replaced by two transparent disks, each with an hour hand and a minute hand. These disks are belt-driven or encased in toothed metal rings, which engage with the gears in the clock's movement, creating the illusion.

## Digital Designs

Throughout the nineteenth century, we find watches with a "digital" display, in which hours, minutes and even seconds are painted or stamped on disks and appear in windows instead of being indicated by traditional hands. Numerous different systems were patented at the end of the century and at the beginning of the twentieth century, at a time when watches were becoming increasingly affordable to ordinary people.

As can be seen, there is no limit to watchmakers' imagination other than those imposed by the demands of the mechanisms themselves. Today's revival in interest in the profession means that young watchmakers and designers continue to amaze us with ever new ways of telling the time.

1. The title of this article refers to the key work by David S. Landes (1924–2013), *Revolution in Time: Clocks and the Making of the Modern World*. Cambridge, MA: Belknap Press of the Harvard University Press, 1983.

2. It is worth noting that watchmakers managed to regulate their timepieces using two specific mechanisms, one for short hours and one for long. Several examples of Japanese clocks with two foliots (circular balance wheels), one diurnal and one nocturnal, have survived since they stopped being produced in the mid-nineteenth century.

3. A device that turns the energy of the rotating gear into an alternative and quantifiable energy.

4. He invented the pendulum clock in 1656, while his law of the isochronous oscillation of the pendulum dates from 1659. He introduced the spiral spring on 20 January 1675 and published its workings the following 25 February in *Journal des Sçavans*, in Paris.

# THE TIME IT IS[1]... TODAY IN CONTEMPORARY ART

KARINE TISSOT



In medical circles, asking someone to draw a precise time on a bare clock face enables the clinician to explore memory functions and spatio-temporal orientation. *The clock* test helps detect forms of dementia by checking if a patient puts the hours in the right order, draws the hands[2] properly and sets them accurately to show the time stated. So what should we make of the clock photographed by Adrienne Garbini,[3] which she found in a second-hand shop? Its bizarreness lies in its refusal to have anything to do with mornings. The traditional twelve numbers are clear enough, squeezed into two-thirds of the face along with the words *I Don't Do Mornings*, (ill. 1) one-third remaining vacant. And what about Franck Scurti's *Week-end*,[4] (ill. 2) which extends over forty-eight hours and shows only the weekend leisure time on a wooden log? And finally, how should we approach *Life Clock*,[5] by Bertrand Planes (ill. 3), where the mechanism has been slowed down by a factor of around 60,000 so as to match it to the scale of a lifetime?

The clocks depicted by contemporary artists take a variety of forms and spring from a visual, metaphorical or philosophical poetry that happily avoids any hint of pathology. Although there is no need to wear a watch any more, a clock being built into any cell phone or computer, the watchmaking industry nonetheless survives owing to the cultural, monetary or artistic value of the objects it produces. So it is appropriate that artists should keep up to date with the latest ideas in the field. Was it not the Swiss manufacturer Romain Jerome who managed to sell the only complication watches that don't tell the time but merely distinguish between day and night[6]? Romain Jerome is well-known for his 2012 collaboration with the artist and fellow countryman John M. Armleder in creating a skull to fit onto a wristwatch, a highly appropriate support to express the concept of *vanitas*, although a touch delicate in view of its having used up all its minutes.

## A Unique Object

The reader will soon notice that all the works discussed in this article make abundant use of analogue clocks. At the same time, digital displays are not unknown to contemporary art. For example, Darren Almond (ill. 4) puts his faith in perfect[7] – or imperfect – time, which, fleeting in its action and abstract in its recording, is in perpetual motion without ever managing to communicate a precise hour. Gianni Motti[8] displays on his digital screen not time as it passes, but the time still to elapse – five billion years – before the solar system is due to explode, according to the latest scientific research (ill. 5). Since the Earth's fate is already known, Mars could reasonably be seen as a hypothetical promised land for Earthlings. So Melik Ohanian's *Relative Time*[9] (ill. 6) gives us the time on Mars – including an extra thirty-nine minutes in twenty-four hours, since it takes Mars around twenty-four hours and thirty-nine minutes to make a full rotation on its axis – translated into Earth time, with seconds thus being considerably lengthened. In *Second Time*,[10] the artist of Armenian descent translates twenty-four hours into 86,400 seconds, the aim, among others, being to rethink the standard

ill. 1 / ill. 2

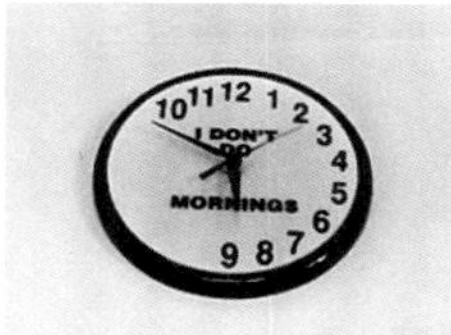


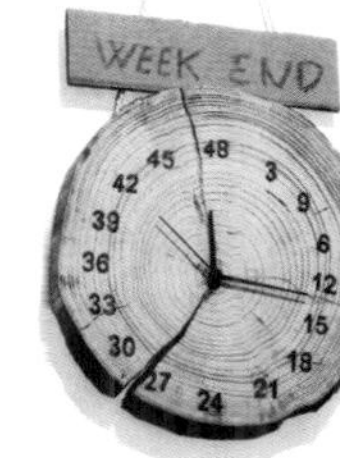


ill. 3 / ill. 5

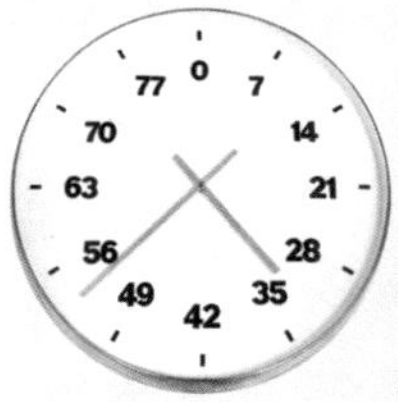

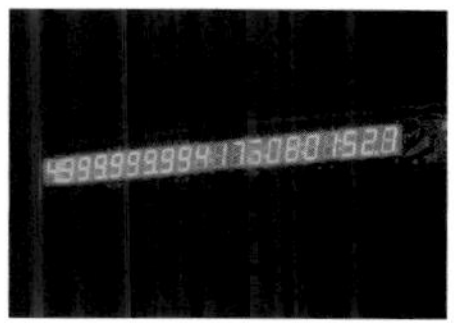

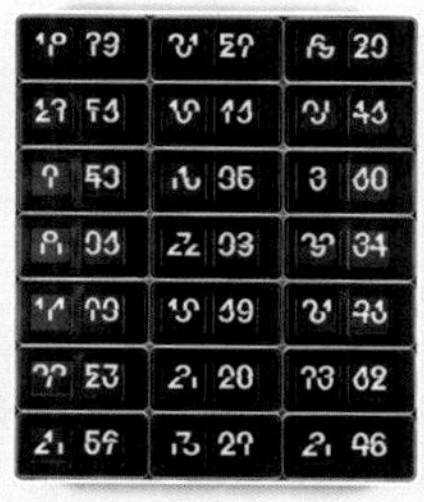

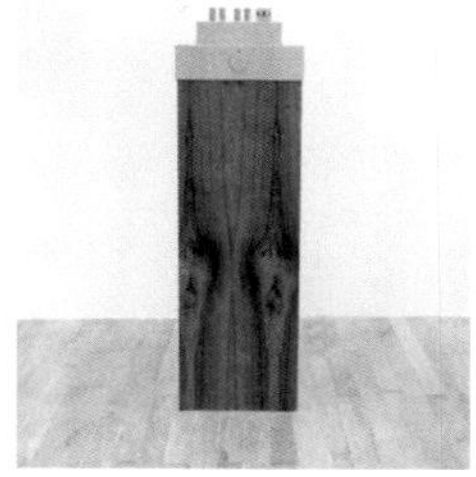

ill. 4 / ill. 6

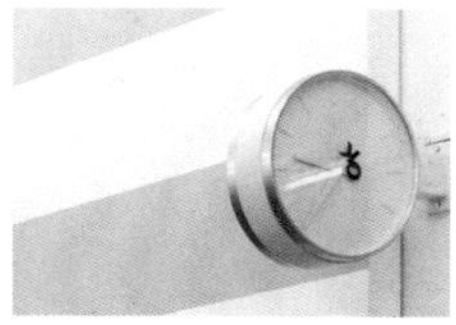

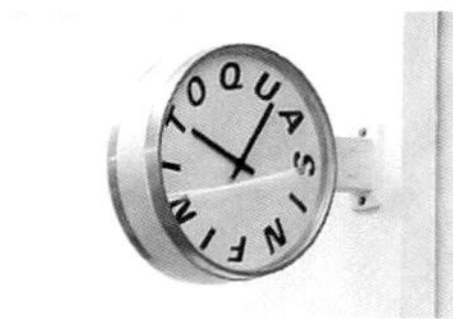

ill. 7 / ill. 8

sports chronometer, in the knowledge that his monumental clock would be installed in the municipal swimming pool.

One of the contemporary artists providing a fresh interpretation of the traditional round clock face is Jochen Gerz, whose *OK KO*[11] (ill. 7) places the accent on the subjective nature of the time one experiences: depending on the positioning of the two hands, one reads either OK or its opposite, KO – giving visual expression to time that is passing either pleasantly or seems exasperatingly slow. In Maurizio Nannucci's *Quasi infinito*[12] (ill. 8), the usual twelve figures are replaced by letters describing an endless headlong rush into the future: time is constantly repeating itself in an unending cycle, it is q-u-a-s-i-n-f-i-n-i-t-o. The greedy second hand Bujar Marika has installed on a clock face, on which the word "encore"[13] (again) recurs sixty times, gobbles up time as it spins frantically round. In contrast, Alicja Kwade,[14] a young Polish artist, seems to want to stand up to the relentless flow by making the whole clock face turn in time with the seconds and in the opposite direction to the hands (ill. 9). The second hand thus gives the impression of standing on the spot, obstinately stuck on the number twelve, letting the other figures and hands on the face go past in the opposite direction. Claudio Parmiggiani[15] on the other hand tries to go back in time by inverting a clock's movement (ill. 10). Lastly, Patricia Reed anchors her clock as firmly as possible to the present,[16] packing hands onto her clock face and ensuring that all the world's time zones are covered (ill. 11).

This last work unquestionably comes close to the concept behind a piece by Marco Godinho[17] (ill. 12) consisting of a dozen hands of equal length spinning round in time with the seconds – and not the minutes – with the idea that each second cancels out the previous one. However, the work is intended above all as a tribute to Felix Gonzalez-Torres's *"Untitled" (Perfect Lovers)*[18] (ill. 13). By using a double kitchen clock, perfectly matched and synchronized, Gonzalez-Torres aims to strike directly at the emotions. Far from being a simple commentary on how we tell the time, the mechanisms of the two clocks imitate the beating of twin hearts,[19] which only the batteries may one day cause to stop as they run down. Other artists frequently allude to this key work in the recent history of art. Yann Sérandour, for example, created an eponymous work in 2008[20] by exploiting the 1995 poster announcing the Gonzalez-Torres exhibition at the Centro Galego de Arte Contemporánea in Santiago de Compostela – the last show the artist installed during his lifetime, which included the work mentioned. Sérandour adds a quartz mechanism to operate the right-hand clock: the hands tell the present time, providing a new reading of real and symbolic time. Two years later, for the *Entre-Deux* exhibition in Nantes, the French artist printed a poster based on a photograph of a replica of *"Untitled" (Perfect Lovers)*, reviewing the various interpretations there have been of this work, whether by other artists or even art lovers.

### The Clock Multiplied

While there is a doubling of the clock in Gonzalez-Torres, the object is multiplied in *Trouble*

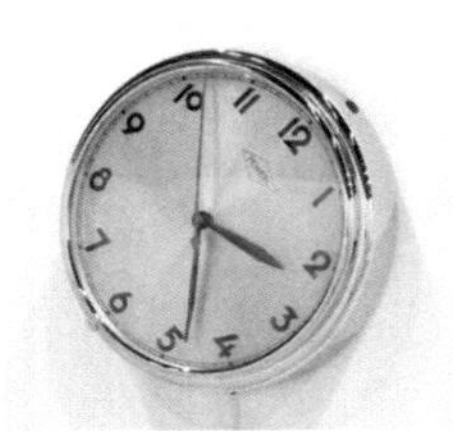

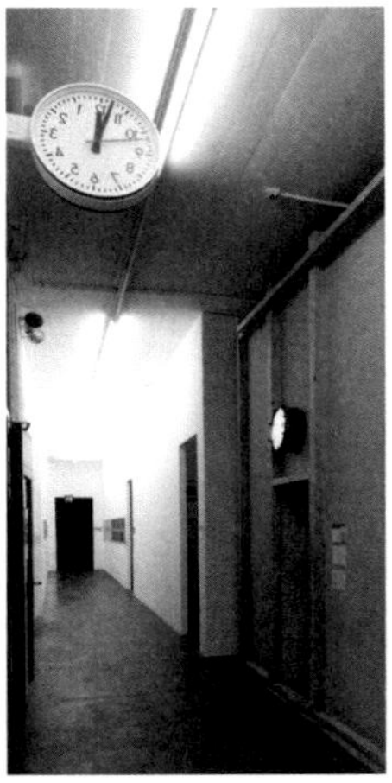

ill. 9 / ill. 10

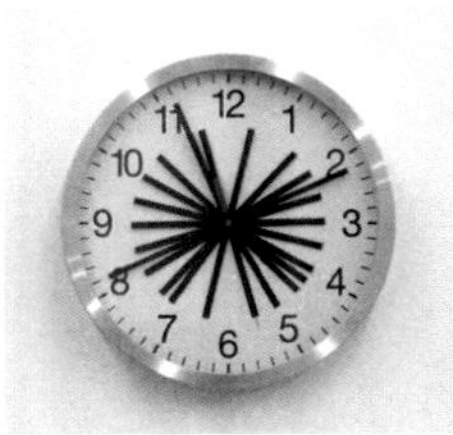

ill. 11

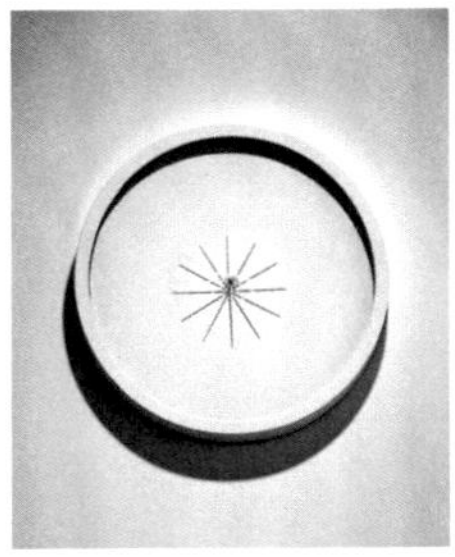

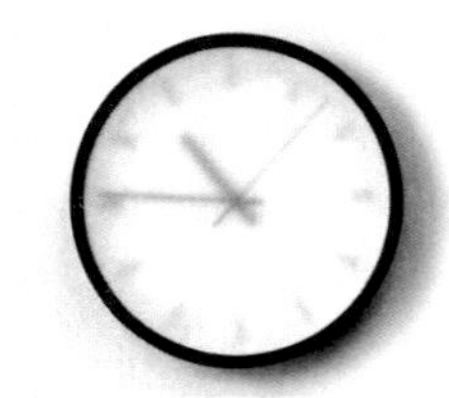

ill. 12 / ill. 14

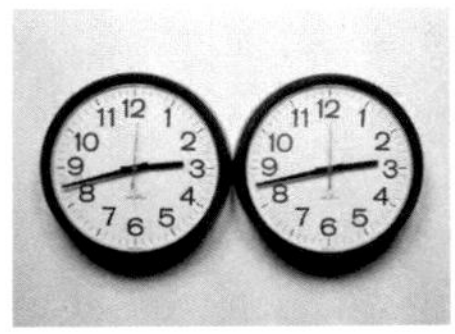

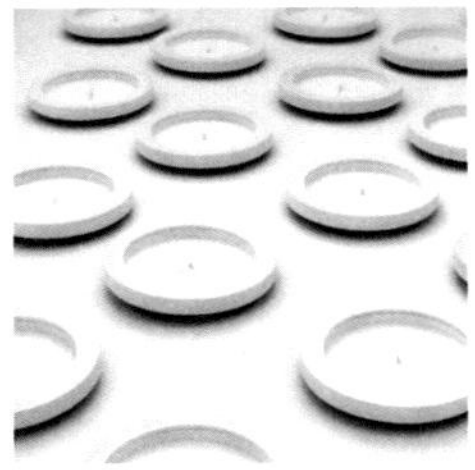

ill. 13 / ill. 15

*Time(s)*[21] (ill. 14) by Melik Ohanian, whose clock face covered with frosted glass makes it deliberately awkward to read the time. Fifteen of the fifty existing specimens were gathered together in the window of a bookshop in Paris, thus giving physical form to the co-existing timespans of the fifteen exhibition spaces employed in the show titled *From the Voice to the Hand*, thus bringing into play a mental geography and a plural time. Melik Ohanian has always been involved in active research into matters regarding time, and a clock is often a key feature in expressing it. The same applies to Bujar Marika, the Albanian artist mentioned above, who for instance also gathers dozens of quartz clocks onto the same wall[22] (ill. 15), where white hands spin round white clock faces, making a sound like gentle rain, without either a past or a future. Another example of a device operating outside time while using multiple clock mechanisms is *Slow Motion*[23] (ill. 16) by Zilvinas Kempinas, which attempts to express duration as a smooth continuum. By aligning a hundred or so clocks on a number of rows, with a gap of five minutes between each, the artist combines two possible representations of time, linear and circular, on the same panel. This creates a graphic undulation consisting of sequences, like a silent wave.



Edward Kienholz's (ill. 17) installation is altogether noisier and examines time from both a figural and sonorous angle, through dreams or memory. With an original soundtrack recorded in *Barney's Beanery* diner – a favourite meeting place for artists in 1960s Hollywood – the installation translates the time we try to lose, ignore or boozily forget, by means of an impressive three-dimensional collage: clocks are perched on the shoulders of figures in lieu of their faces and their personalities can perhaps be gathered from the shape and texture of the clock faces and the time they show. Only the gloom contributes to harmonise this motley crew, each with his own distinct mood.

Steering well clear of anecdotal memories, the Raqs Media Collective[24] tackles the question of time by looking at the concrete phenomenon of globalisation: what does it mean today to live in one time zone rather than another? Just like the White Rabbit in *Alice in Wonderland*, we're always in a hurry, stressed, short of time and afraid of being late. Whatever the identity of the town portrayed in their installation *Escapement*,[25] time ticks by in the same way in "fear", "panic", "nostalgia" or "tiredness". Twenty-seven large-diameter clocks, each corresponding to a town located in a different time zone (three of which are fictional cities, such as Macondo or Babel), are juxtaposed and express emotions or feelings rather than numbers. On a more playful note and set up in the full light of day, Richard Wentworth's sixteen clocks are all lined up together and tell the time in different places on the planet. Installed near London's Canary Wharf financial district, where the awkwardness of the different times is ever present when doing business with the rest of the world, *Globe, Half a Minute's Walk*[26] is just what it says – a thirty-second stroll along a wall viewing the world through the prism of its different time zones.

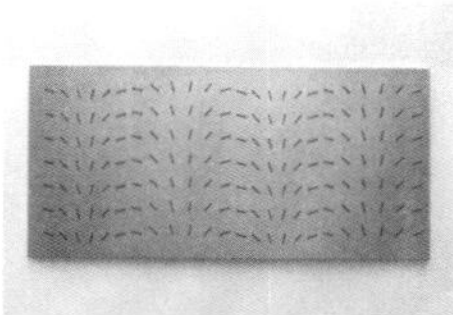

ill. 16

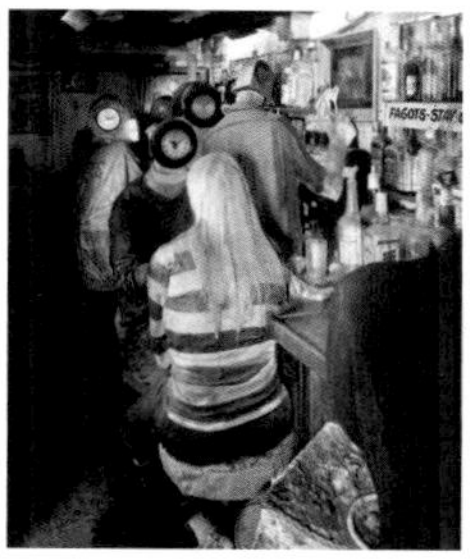

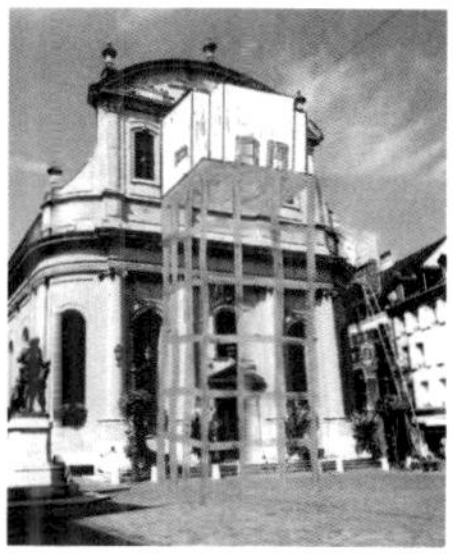

ill. 17 / ill. 18

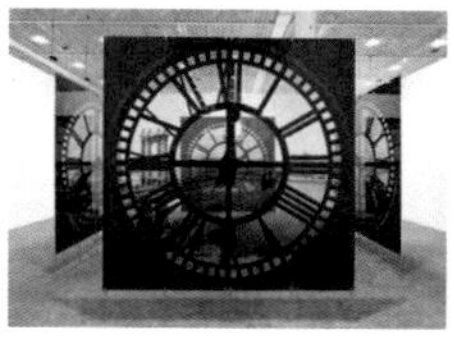

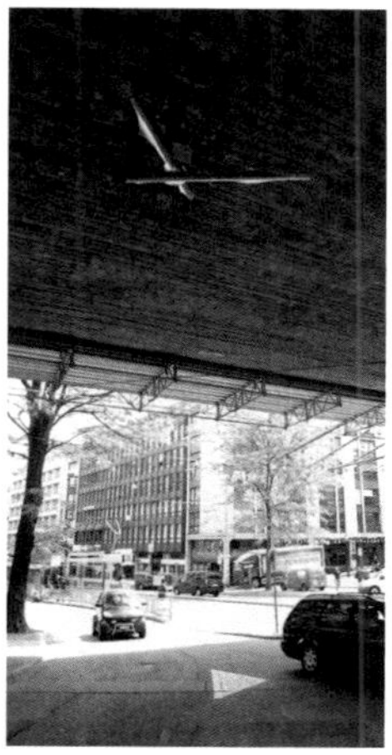

ill. 19 / ill. 20

Speaking of numberless clocks, those piled up in artful disarray in front of Saint-Lazare station in Paris[27] – whose hands have stopped at various times of the day and take great care not to tell the time – are well-known to travellers. There is no question that Armand, the famously fanatical hoarder of objects, is the creator, but one might ask who decided one day that all the clocks should be set to Moscow time on the trans-Siberian railway – crossing no less than seven time zones and taking in 990 stations along its 9,288 kilometres. Out of the context of contemporary art, this is something that reveals much about the authoritarian nature of the public clock... Just consider the majestic Big Ben or the two Moors striking their bell in St Mark's Square in Venice.

### The Public Clock

"Public clocks are the most generally useful machines of those serving to measure time, because they govern the working day and the duties of all citizens,"[28] explained the mechanical astronomer Antide Janvier in 1811. And he continued: "At present, the face on public clocks is generally set too high, so that their diameter has to be very great in order to be able to read the time."[29] In the present day, the Japanese artist Tatzu Nishi aims to test this by means of his installations positioned on public land (ill. 18). For this purpose, the top of the tower of Saint-Pierre station in Ghent[30] had been concealed by temporary scaffolding: people could thus suddenly experience what it was like to see this public clock – designed for the town and not for personal consultation – from close up, since the object became the decoration of a hotel room suspended twenty-four metres above the ground. In contrast, in Vera Lutter's photographs[31] (ill. 19) it's not the visitor who climbs up to view the clock, but the clock that comes down to meet him. In an exhibition space, four monumental black-and-white shots taken from behind each face of the gigantic clock in a tower in Brooklyn provide different experiences in time and space: the original view beyond is now frozen in time. In the same way, Tatzu Nishi had an entire public clock face dismantled in order to display it in an exhibition and thus make us fully aware once again of the sheer size of an instrument designed for a public square.

Since temples or churches are often the best places to find the time, Christine Zufferey has applied golden spear-like hands[32] like those found on a church clock horizontally on the underside of a concrete flyover dominating a busy crossroads in Basle (ill. 20). Reading the time in this manner is obviously of no use to anyone. This is one way of offering a silent reinterpretation of the sword of Damocles – as time passing inexorably over our frantic lives. Roman Signer takes a completely different approach in his *Le Pendule*[33] in Saint-Nazaire, thumping out the time, whose rhythmic, inexorable flow never ceases. Two examples that take their cue from a pre-existing structure, before adding clock hands appropriate to the scale of a city.

In Folkestone, Ruth Ewan[34] has chosen an urban environment as the location for an installation

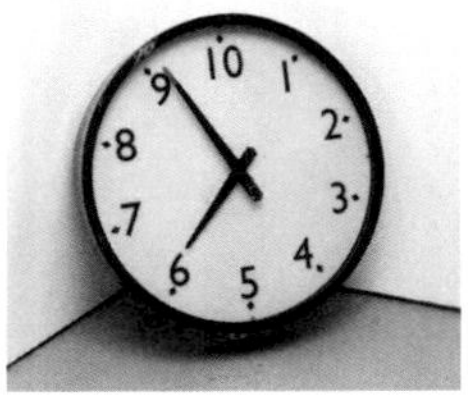

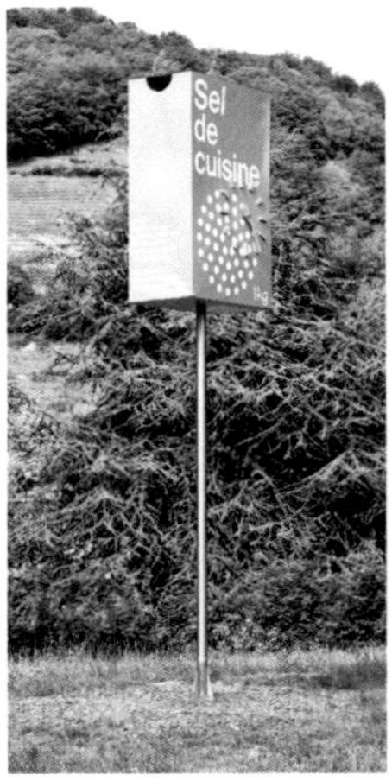


ill. 21 / ill. 22

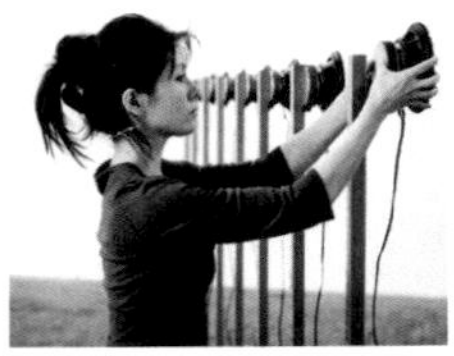

ill. 25

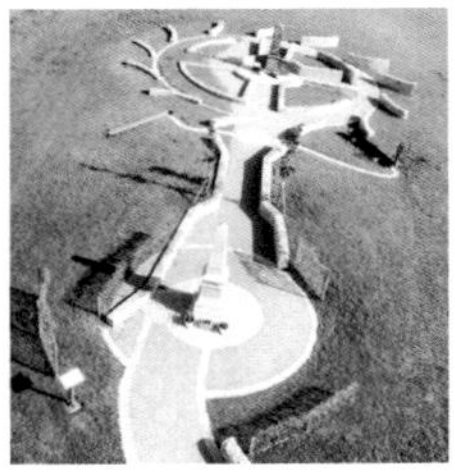

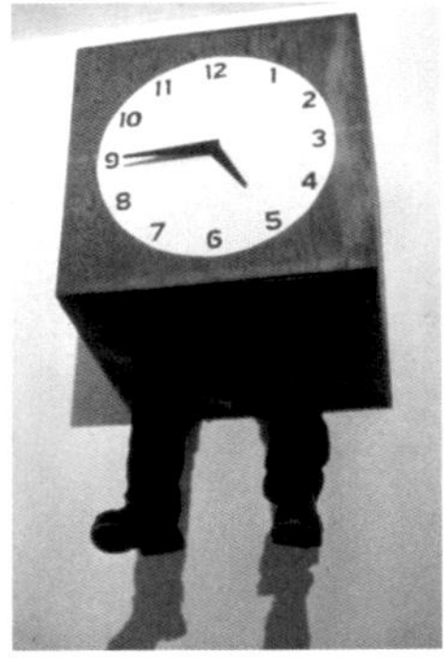

ill. 23 / ill. 24

consisting of ten decimal clocks, as they once used to be in Egypt, China or during the First Republic in France: midnight thus corresponds to ten o'clock and midday to five o'clock, each hour being made up of one hundred minutes – in other words, corresponding to the present two hours and twenty-four minutes – and each minute has one hundred seconds; the past is thus reawakened and our normal way of telling the time thrown into disarray (ill. 21). The work conceived by the Indian Raqs Media Collective is another example of a multiple and urban-oriented contribution. Their video[35] shows the erratic movements of a clock whose hands, following no logic, do not point at figures, but words, giving rise to improbable combinations. In Birmingham, forty-eight photographs arranged around a hundred advertising boards[36] afford the chance for a poetic hour. Their title, *When the Heart Skips a Beat*, reminds us that a heart is a type of body clock and it sometimes misses a beat, altering our perception of the world and our relationship with time itself.

Stefan Burger's *Sel de cuisine*[37] (ill. 22) takes a completely different line and doesn't at first even appear to be concerned with time at all. And yet, blown up to an urban scale, this monumental replica of a packet of salt is turned into a case containing a public clock. Lurking here is an obvious analogy between a grain of salt and a grain of sand that trickles down an hourglass, registering the passage of time. Lastly, the American artist Amy O'Neill recently inaugurated a work[38] installed in the municipality of Grande-Rivière in the French Jura (ill. 23). In order to restore a contemporary public space to an area suitable for monuments to the fallen, she has adapted the motif of the escapement, a watch component that controls the speed and steady rhythm of a watch, and uses two pre-existing obelisks as sprockets engaging with the cogs of wheels represented on the ground by so-called "murgers" – drystone walls. The device also includes two troughs recalling the principle of the clepsydra, also known as a water clock. Without literally telling the time, this public artwork acts as a bulwark against forgetfulness.

### The Immaterial Clock

Unique or multiple objects gathered together in the form of installations – a performance can be a way of telling the time, too. A well-known example is the case of Charles Ray,[39] who in 1978 placed himself inside a makeshift clock made to scale so that he could work the hands himself and give the time of day (ill. 24). Cut off inside his clock case and unable to tell what the real time was, he toiled for up to eighteen hours using his intuition to do the job of all the cogs and wheels of the mechanism, without realising that he stopped three hours early. A photograph records the performance and all its amusing side, since he was dangling his legs in empty space without really knowing if they were acting as a pendulum or as the two counterweights of a traditional cuckoo clock. In *Day-N*[40] things go very differently (ill. 25). Mio Chareteau calls the seconds out loud, hour after hour. The passing seconds, normally signalled by the movement of the second hand on a clock, are expressed orally. Each hour is recorded

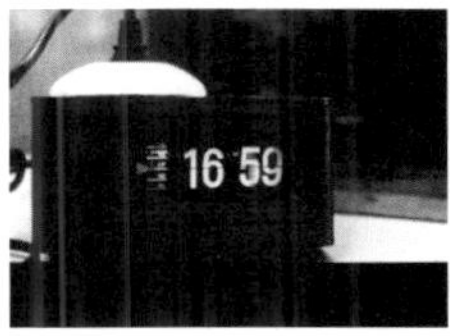


ill. 27

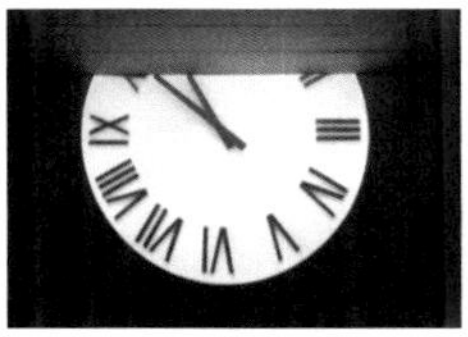

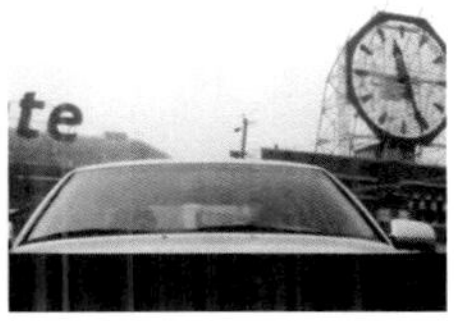

ill. 26 / ill. 28

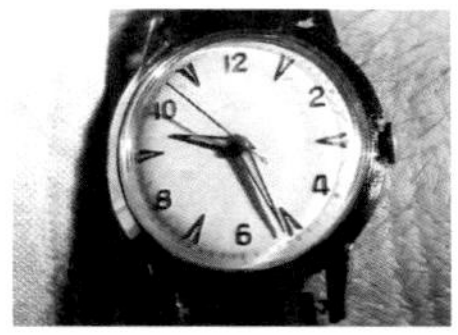

ill. 29

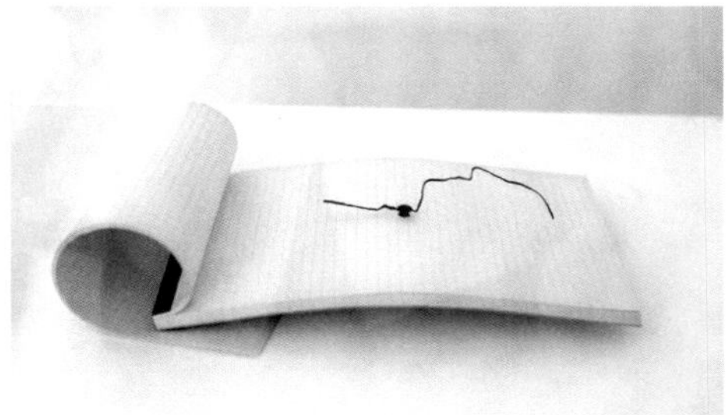

ill. 30

and announced by loudspeakers. The seconds in the first hour are thus superimposed on the second hour, then the first and second hours are placed on top of the third and so on. Overall, 28,800 digits are repeated and piled up on one another in a recording process, proving how imprecision – since it is uttered by a human voice and without any accurate mechanism – can become ingrained, with potentially ruinous results.

*One Year Performance (Time Clock Piece)*[41] is a performance with a totally different tone and, as its title suggests, is spread over an entire year. The work consists of photographs by the Taiwanese artist Tehching Hsieh, who was living illegally in New York when it was created in the 1980s. And these were not any old photographs: in fact, there were as many shots as there are hours in the year. A click for each hour, meaning there were only about fifty-nine minutes of free time between shots. Only 133 pictures were missed during the 365 days, as a result of resisting the temptation to sleep. Instead, Hsieh's lens framed his bust a total of 8,627 times, along with the time clock that accompanied him in his lonely, self-imposed imprisonment.

Just as in the act of performing, the use of video makes it possible to tell the time without having to resort to a physical object properly speaking. For instance, Jorge Macchi[42] projects a truncated clock face slapped on the ceiling, which blocks the hands at precisely *10.51*, thus preventing them from completing their circuit (ill. 26). In the video titled *XYZ*, 2012, he shows a picture of the famous Mondaine in the corner: it is stopped at four hours and forty seconds, which means the angle at the corner of the screen is perfectly matched by the hands of the clock. Finally, Christian Marclay's spectacular *Clock*, an award winner at the 54th Venice Biennale in 2011, demands attention all to itself (ill. 27+28). The installation consists of a twenty-four hour video montage of thousands of scenes, each showing the time somewhere in it, synchronised to show the actual time of the projection. This video owes much to Christoph Girardet's[43] work created ten years previously, which lasted a more modest one minute (ill. 29).

And, among all these attempts to get a grip on time, to express its passage, its flight or its subjective nature, why not pause to consider Bujar Marika's *La Paresse*[44] (ill. 30)? A twisted clock hand traces the outline of Marcel Duchamp. He is seen side-on, reminding us that for the French father of conceptualism a clock observed from the side tells us nothing about the time. In its own way, Christine Zufferey's *Fiktion*,[45] mentioned above, proves precisely the same.

1. This article will appear without scarce examples of watches so as to comply with restrictions on length.
2. The hour and minute hands.
3. *Cognitive Decline #1*, 2001, is a photograph taken by Adrienne Garbini. The clock in the photo was found in a second-hand shop and is in the artist's collection of clocks and photographs of clocks that no longer work.
4. *Week-end*, 2005, wooden log, cardboard and string, ø 30 cm, Private collection.
5. *Life Clock* has three versions. It takes eighty years for the hand to go round the first, *Life Clock I* (2006, clock, ø 25 cm), in the collection of Antoine de Galbert (ed. 8/9), and its mechanism is slowed down by a factor of 61,320. In the second version, one circuit takes eighty-four years. The purpose of the clock is subverted so as to provide the experience of a different timescale, "since we do have the freedom, which we seldom make use of, to act according to the scale of a lifetime and not the superfluous scale of a twelve-hour circuit", to quote Bertrand Planes.
6. His *Day and Night* models sell for as much as 300,000 euros.
7. *Perfect Time*, 2012, numerical wall clocks, electromechanical, steel, vinyl, computerised control system and electronic components, 103 x 90 x 17 cm.
8. *Big Crunch Clock*, 1999, 10.5 x 81 x 5.5 cm, Artist's collection, held by Mamco. On 1 January 1999 Gianni Motti started *Big Crunch Clock* for the first time. The timepiece is rectangular and digital. One example of this work has been installed on the ground floor of Mamco, in Geneva, above the lift doors. It includes twenty numbers, covering billions of years and providing a countdown with units of a tenth of a second, turning this type of clock into a detonator. The work is powered by solar energy, but ironically it is the sun's very explosion that will destroy it. The artist's intention is that each purchaser should adapt the contraption to future technological inventions.
9. *Relative Time, Mars Clock Model*, 2008, digital clock, Nixie light bulbs.
10. *Second Time*, 2008, is the counterpart of *Second Sound*, two works commissioned by the city of Paris benefiting from the 1% art fund, to mark the opening of the Alfred Nakache sports complex – Belleville swimming pool – in April 2009. *Second Time* covers the whole area of the two pools: 560 swivelling, mirror-polished stainless steel tiles are tilted so as to produce figures twenty-four hours a day – for the work can also be seen from the street at night-time – on five panels measuring 180 x 240 cm.
11. Jochen Gerz's *OK KO* is one of three clocks installed on the various floors of Mamco in Geneva. These three clocks (1994, ø 32.2 cm, Mamco collection) were already in the building when it opened in 1994. They were restored to working order by Piaget and their outer appearance entrusted to artists: Maurizio Nannucci (3rd floor), Jochen Gerz (2nd floor) and Claudio Parmiggiani (1st floor).
12. See note 11.
13. *Encore*, 2009, canvas on stretcher, clock, 30 x 30 cm, Artist's estate.
14. *Gegen Lauf*, 2014, clock, ø 29.5 cm; there are several variations of this work.
15. See note 11.
16. *Perfect Present*, 2013, ø 30 cm, Artist's collection.
17. *Endless Time Searching # 3*, 2008, modified standard clock, ø 30 cm, Artist's collection. Like Patricia Reed, Marco Godinho has mounted a cluster of hands on his clock face, except in this case it is completely free of any other feature.
18. Felix Gonzalez-Torres titled two works *«Untitled» (Perfect Lovers)*. *«Untitled» (Perfect Lovers)*, 1991, held in the collection of MoMA, New York, is comprised of two wall clocks with white rims. An installation of *«Untitled» (Perfect Lovers)*, 1987–1990, is comprised of two wall clocks with black rims, and was created in an edition of three with one artist's proof. According to the parameters that the artist specified for these works, the individual artworks can only be exhibited in one place at a time.
19. Perhaps with undertones of the artist's campaigning on behalf of gay rights during the 1980s.
20. Yann Sérandour, *Perfect Lovers*, 2008. When invited to the Centro Galego de Arte Contemporánea in Santiago de Compostela, Yann Sérandour used the 1995 poster announcing Felix Gonzalez-Torres's exhibition in the same CGAC. The poster reproduces the work created by Gonzalez-Torres before his life partner's death from AIDS.
21. *Trouble Time(s)*, 2008, clock with frosted glass, ø 24 cm, produced in an edition of 50 works numbered and signed by the artist for the Lambert Collection in Avignon. In 2008, the artist filled a bookshop window in the Galerie Yvon Lambert with fifteen *Trouble Time(s)* clocks, all showing the same time. There is also a monumental version of *Trouble Time(s)* (2007, clock, frosted glass, ø 180 cm, Frac Île de France, courtesy of the artist and Yvon Lambert Gallery, New York).
22. *Liquid Time*, 2006, visual and sound installation, variable number of modified clocks, Artist's estate.
23. *Slow Motion*, 2008, twenty-four columns and seven rows of clock hands, representing a week. Six examples made.
24. The Raqs Media Collective was founded in 1992 by Jeebesh Bagchi, Monica Narula and Shuddhabrata Sengupta.
25. The Raqs Media Collective, *Escapement*, 2009, twenty-seven clocks, glass, aluminium with LED, four flat screens, sound and video, variable dimensions, courtesy of Frith Street Gallery, London.
26. Richard Wentworth, *Globe, Half a Minute's Walk*, 1998, sixteen clocks, movements adjusted to the different time zones.
27. *l'Heure de tous*, 1985, bronze, enamel, public commission by the Ministry of Culture and Communication-CNAP of the City of Paris, Le Havre Court in Saint-Lazare station. Following restoration, L'Heure de tous was inaugurated on 14 May 2014.
28. Antide Janvier, *Essai sur les horloges publiques, pour les communes de la campagne, dédié aux habitants du Jura*, Paris 1811, p.1.
29. Ibid., p. 7.
30. *Hotel Gent* was created in 2012 as part of *Track*, a public art event in Ghent. Members of the public were able to visit the space from 10 a.m. to 6 p.m. every day. Evenings were reserved for those prepared to rent an all-night viewing at the cost of 100 euros.
31. *Folding Four in One*, 2009, photographic installation mounted on plexiglass, 2.6 x 4.6 x 4.4 m. Printed on plexiglass, these shots enable the visitor to experience the translucence of the original architectural slide. The views of landscapes added to the clock faces suggest different times, while on the film each of the four clocks is set to the same hour.
32. *Fiktion/Fiction*, 2010, clock with neither face nor writing, ø 2.7 m. A prize winner at Kunstkredit 2009, Christine Zufferey had this device installed for five years in Heuwaage, in the centre of Basle.
33. In 2009 Roman Signer converted in a rough and ready way a disused concrete works built in Trentemoult in the late 1960s. On it he hung a seven metre-long pendulum as part of the public art project titled *Estuaire Nantes-Saint-Nazaire, le paysage, l'art et la nature*.
34. *We Could Have Been Anything that We Wanted to Be* is a project organized by Andrea Schlieker for the second Triennial in Folkestone, Kent. There is also a decimal version of this clock, 2011, ø 100 cm, depth 31 cm, an example of which is in the Museum of Modern Art in Warsaw.
35. *When the Heart Skips a Beat*, 2012, video loop.
36. From 2 to 29 April 2012; this project was made possible thanks to the support of the Frith Street Gallery.
37. *Sel de cuisine*, 2011, metal, lacquer, two clock movements, 550 x 140 x 80 cm, courtesy of the artist and Freymond-Guth Fine Arts Zurich.
38. Through the mediation of the Haut-Jura Regional Park and as part of the Nouveaux Commanditaires scheme, in 2009

the members of the town council of Grande-Rivière commissioned a work from the American artist Amy O'Neill that would combine two existing monuments to the war dead of the commune – one commemorating those of the First World War and the other the dead of the Second World War. The work therefore unites historical time – two wars in quick succession – and the time associated with local traits – watchmaking, animal husbandry, natural springs of the Jura.
39. *Clock Man*, 1978, wood, paint, human being, 76 x 76 x 137 cm. Charles Ray ensconced himself in the clock case with his legs hanging down like pendulums. A series of photographs were taken so as to have a record of the performance.
40. *Day-N*, 2011, performance. The performances had their own separate title in sequence: *Day-1*, *Day-2*, *Day-3* ..., in this way counting how many performances took place.
41. *One Year Performance (Time Clock Piece)*, 1980–1981, photographs accompanied by a film. This performance, which lasted from 11 April 1980 to 11 April 1981, was part of a cycle of five performances staged over the entire year between 1979 and 1986. There is also an animated film made up of around 8,000 shots and lasting six minutes.
42. *10:51*, 2009, video installation.
43. *60 Seconds*, 2002, video loop.
44. *La Paresse*, undated, pad of squared paper, quartz clock movement, 5 x 15 x 23 cm, Artist's estate.
45. See note 32.

**ill. 1** Adrienne Garbini, *Cognitive Clock #1*, 2011
Photo: Adrienne Garbini / Courtesy of the artist

**ill. 2** Franck Scurti, *Week-end*, 2005
Courtesy of the artist & Galerie Michel Rein, Paris-Brussels

**ill. 3** Bertrand Planes, *Life Clock #2*, 2008
Photo: Lucille Blanche / Courtesy of the artist

**ill. 4** Darren Almond, *Perfect Time*, 2012
Photo: Darren Almond / Courtesy Galerie Xippas

**ill. 5** Gianni Motti, *Big Crunch Clock*, 1999
Photo: Ilmari Kalkkinen – Mamco, Geneva
Courtesy of the artist

**ill. 6** Melik Ohanian, *Relative Time*, 2008
Photo: Florian Kleinefenn
Courtesy of the artist & Galerie Chantal Crousel, Paris

**ill. 7** Jochen Gerz, *OK KO*, 1994
Photo: Ilmari Kalkkinen – Mamco, Geneva
Courtesy Mamco

**ill. 8** Maurizio Nannucci, *Quasi infinito*, 1994
Photo: Ilmari Kalkkinen – Mamco, Geneva
Courtesy Mamco, gift of the artist

**ill. 9** Alicja Kwade, *Gegen den Lauf (ref: 12)*, 2014
Photo: Fabrice Seixas
Courtesy of the artist & Kamel Mennour, Paris

**ill. 10** Claudio Parmiggiani, *Horloge*, 1994
Photo: Ilmari Kalkkinen – Mamco, Geneva
Courtesy Mamco

**ill. 11** Patricia Reed, *Perfect Present*, 2013
Photo: Cassander Eeftinck Schattenkerk
Courtesy Witte de With Center for Contemporary Art, 2014

**ill. 12** Marco Godinho, *Endless Time Searching #3*, 2008
Modified clock, Edition of 5, 2 AP
Photo: Carlos Mendes Pereira
Private collection, Luxembourg

**ill. 13** Felix Gonzalez-Torres, *"Untitled" (Perfect Lovers)*, 1987–1990 / Wall Clocks, Edition of 3, 1 AP
© The Felix Gonzalez-Torres Foundation
Courtesy of Andrea Rosen Gallery, New York

**ill. 14** Melik Ohanian, *Trouble Time(s)*, 2008
Photo: Florian Kleinefenn
Courtesy of the artist & Galerie Chantal Crousel, Paris

**ill. 15** Bujar Marika, *Liquid Time* (at Genève Horlogère), 2006
Visual and sound installation, 81 clocks, 675 x 150 cm
Presented at Galerie Pieceunic, Geneva, in 2006
Photo: Bujar Marika

**ill. 16** Zilvinas Kempinas, *Slow Motion*, 2008
Photo: Daniel Spehr, Basle.
Installation Tinguely Museum, Basle, 2013
Courtesy LAWIN Collection & Galerija Vartai, Vilnius

**ill. 17** Edouard Kienholz, *The Beanery*, 1965
Courtesy Stedelijk Museum, Amsterdam

**ill. 18** Tatzu Nishi, project for Yverdon-les-Bains (CACY), 2013
Photo: Tatzu Nishi

**ill. 19** Vera Lutter, *Folding Four in One*, 2009
Photo: Vera Lutter / Courtesy of the artist

**ill. 20** Christine Zufferey, *Fiktion / Fiction*, 2010–2015
Photo: Christine Zufferey

**ill. 21** Ruth Ewan, *We Could Have Been Anything that We Wanted to Be*, 2011 / Photo: Tim Meier
Courtesy Collection FRAC Champagne-Ardenne, Reims

**ill. 22** Stefan Burger, *Sel de cuisine*, 2011
Courtesy of the artist

**ill. 23** Amy O'Neill, *The Escapement*, 2013
Site-specific installation, 39150 Grande-Rivière, France
For Fondation de France's New Patron's Commission – Coordination: le Consortium, Dijon
Photo: Estelle Lacombe

**ill. 24** Charles Ray, *Clock Man*, 1978
Photo: Charles Ray / Courtesy Matthew Marks Gallery

**ill. 25** Mio Chareteau, *DAY-N*, 2011
Photo: Rebecca Bowring

**ill. 26** Jorge Macchi, *10:51*, 2009
Installation view: *Jorge Macchi: 10:51*, Künstlerhaus Bremen, Bremen, Germany, 2009 / Photo: Jens Weyers
Courtesy of the artist & Galerie Peter Kilchmann, Zurich

**ill. 27/28** Christian Marclay, *The Clock*, 2010
Photo: Ben Westoby / Courtesy White Cube

**ill. 29** Christoph Girardet, *60 Seconds (Analog)*, 2002
Photo (installation view): Roland Schmidt

**ill. 30** Bujar Marika, *La Paresse*, undated (2009)
Photo: Anne-Laure Oberson

# POETS, TOO

ANDRÉ WYSS

"I'm seeking the eternal and the ephemeral at one and the same time". Georges Perec

A poet wears no watch: "Let's dream, the time has come" (Paul Verlaine); "This is the evening hour P.-J. Toulet so loved" (an astonishing alexandrine by Georges Bernanos, set right at the start of *Under Satan's Sun*). Or Philippe Jaccottet: "Once again that moment when time is absolutely still, when the sky seems higher, when light is an oil that gilds the land soon to darken". And even the philosopher Jeanne Hersch, quoted in a CFF railway carriage: "A small 'now' that doesn't pass and within which eternity remains for a moment captive". Variant of the famous "O time, delay your flight", dreaming of a world where time would no longer serve any purpose.

But when it comes to time apparent, the poet can distance himself considerably from the eulogistic tone. "The Watch" in *Fleurs du Mal* offers a very bleak vision: the registering of time quite simply blends with a horror of time's passage; the second hand signals not the instant being lived, but time passing; "Three thousand six hundred times an hour", it reminds us we're heading towards our death. What we'd like is a tool that measures time, but end up with a terrifying symbol; a watch, an instrument cruelly colluding with the abstractions to which we reduce time in order to understand it (*Now, Formerly* personified, *Remember* as a leitmotiv), is nothing but a source of anxiety. The concept of the hourglass is the height of this horror: it doesn't empty to tell the time, but cruelly to mark its relentless passage. The most basic clock thus becomes the most powerful symbol of our life ebbing away – winding down: hourglass, show me my death, remind me of the sacrifice mankind constantly makes to the "sinister god". Through a curious transference, Charles Baudelaire at the beginning of his poem compares a clock to this god, although it is only the god's idol. *The insect voice* announcing my death and the *metal throat that speaks all languages* suck my life before delivering it to this cruel god, whose final image is that of an ever-thirsty maw. Clockwork timepieces in general suggest allegories that are rather less desperate than this Baudelairian clock, and they usually take the form of little stories, such as the tale of the Zytglogge in Bern. Guillaume Apollinaire saw one in Prague: "We went to listen to the chiming of the town hall clock. Death, going hell for leather, rang out while nodding his head. Other figures bobbed along, while the cockerel beat its wings and the twelve Apostles passed in front of an open window glancing impassively down at the street".

In *Faust* ("Prologue in Heaven"), Johann Wolfgang von Goethe considers the question from a more metaphysical point of view: "Die Sonne tönt nach alter Weise / In Brudersphären Wettgesang" (literally: "The sun rings out in the ancient manner / in a singing competition with his brother spheres. More elegantly: The Sun, in ancient guise, competes / With brother spheres in rival song"). Here the merest word can mean "tönt", since it occurs in silence – the music of the spheres, a positive celestial chime! "Nach alter Weise": indeed, this song is older than anything; "Brudersphären": the stars are brothers; "Wettgesang": cosmic emulation.

Much later and more trivially (although more scientifically), there was the astronomical clock; and still more recently there was the beep of the Neuchâtel Chronometric Observatory. Whether images or real, the stars play Pythagorean music to tell the time.

In *Alcohols*, Apollinaire returns to his memories of Prague and of another clock – "The hands of the clock in the Jewish quarter run backwards / And you slowly retreat in your life, too" – associating that "backwards" with a return to the past; now, these lines are immediately preceded by a Biblical reference: "You're like Lazarus blinded by the daylight". The magic of imagery, which coming from a poet is always more or less than thought, through the very forcefulness of meaning itself! That "Lazarus blinded by the daylight" is actually the reasonable accurate, though no more consoling, counterpart of Baudelaire's, "The day wanes, the night increases, *remember*!". Unless, that is, the clock's hands running backwards represent the hope of a return to the past, the passage from death to life. An image that is unsophisticated and at the same time profound, acting as a consolation to set against Baudelaire's anxiety.
As for the novel, authors often indicate the passage of time or describe the moment that is being lived, but each does it in his own way. Let's take two extreme examples. In his novel *In Search of Lost Time*, Marcel Proust manages to include forty-six watches, sixteen grandfather clocks, seven timepieces of other kinds and one alarm clock, but the time of day seems not to be of great importance to the characters; an entire lifetime unfolds through the novel's 300 pages without us knowing (except for rare exceptions) at what date, or even in which year, events are taking place. Furthermore, there is no way of knowing when it all comes to an end; the most we can say is that the author's death brings things to a conclusion, even though the narrator survives him. Although all of Georges Perec's *La vie mode d'emploi* is specifically or indirectly set at a precise time ("It's the twenty-third of June nineteen hundred and seventy-five and not very far off eight o'clock in the evening": now, that's paying tribute to time!), the series of stories the author relates cover a period running from 1833 to the autumn of 1975: a tribute to time that exceeds the duration of a single lifetime, not that of our memories.

In short, literature asks insistently whether it is possible to count up the hours. The language in which it is written might have a say in the matter: *to recount* and *to count* both share the same Latin root, *computare*. This refined relationship between two verbs one would not have called kindred spirits recurs in French (*conter* and *compter*) and German (*erzählen* and *zählen*): to relate is to count. Facts are added up in the same way as days are enumerated (the computation of the ecclesiastical calendar) or hours calculated (the crier of Lausanne Cathedral – "it is five o'clock" – the convent bellringer – prime, tierce, sexte, none). No, *computus* doesn't lead only to the *computer*.

But the computer is derived from it. It seems it is soon to be worn on the wrist as a tribute to the numerical hour, an hour which would be far more than an hour, an hour we would at last be able to do something with! "All watches tell the time. This one helps you to make the most of it". This slogan of the Cupertino poets translates into French as: *Le temps retrouvé* (*Time Regained*). That seems rather literary, but there is nothing Proustian about this time; it is wholly utilitarian, because it's not a question of knowing what time it is, but of learning how to manage one's time. And of staying connected in order to do so. But doesn't time only make sense in relation to a community? The illusion here is that the social network might take the place of real societies. Only connect, the new religion.
"It's the delectable time" (Verlaine). A time to dream, a time to find oneself again, it makes no difference: whether it's the church clock or a public clock on some other tower, the time it tells is provided for the whole community and that time has perhaps always had and, one hopes, will continue to have the merit of keeping people on good terms with one another. On these grounds at least, it deserves our praise.

# A CLOCK FOR ETERNITY?

JOËL VACHERON



"I think it is time for us to start a long-term project that gets people thinking past the mental barrier of the Millennium. I would like to propose a large (think Stonehenge) mechanical clock, powered by seasonal temperature changes. It ticks once a year, bongs once a century and the cuckoo comes out once a millennium". Daniel Hillis, 01993

### 01880

Towards the end of the nineteenth century most railway companies in Great Britain adopted Greenwich Mean Time. The Industrial Revolution was able to unfold following an established time frame. "Time is money", Benjamin Franklin liked to say. In modern societies, saving time means getting an advantage. Individuals are forced to keep up with the rapid rhythm of change, because standing still often means going backwards. Seizing an opportunity, making connections, staying competitive… the slightest rest might prove fatal. The recent developments in communications systems have signalled a change in our relationship with time. Images and emails get caught up in the arcane labyrinths of the Web. Computers and cell phones provide an unprecedented freedom of movement and action. The computerization of the market place and the generalised use of credit cards herald the arrival of an era in which the whole world seems to be accessible with a single click.

### 02000

When the first internet bubble was about to burst, these successive waves of acceleration scrambled people's perspective considerably – built-in obsolescence, short-term policies, the cult of the instantaneous, etc. This digital "revolution" was accompanied by a lack of stable guidelines that might have helped picture the future. With regard to the growing structural and mental dysfunction, it is becoming clearer and clearer that this ubiquitous speed is becoming an obstacle for all forms of future development.[1] From yoga courses to voluntary seclusion on the one hand and appeals to slow attitude and the right to deconnection on the other, palliatives have been found to enable people to contain this "time famine".[2]

### 01996

This was the context that saw the birth of the Long Now Foundation in 1996. The foundation aims to develop the theoretical and practical tools to channel this rush towards the future. As the momentous year 2000 approached, it became necessary to develop a new goal humanity might work towards. Through various projects, the mission aimed to reintroduce the long term in our perception of time. Rich, powerful and almost retired, the founding members of the foundation made up a sort of council of cyberculture oracles. They had all displayed a certain perspicacity regarding technological evolution in their respective fields.[3]

### 01968

This applies especially to Stewart Brand, a key figure in the American counter-culture. Well-known for his perceptiveness when it comes to technological innovation and the inventor of the term "personal computer", he is often called upon to evangelise the vague territory of the digital economy. Towards the end of the 1960s he urged NASA to publish the first photographs of the Earth seen from space. In his view, it was important to change our perspective to generate a new sensibility towards the environment. Fifty years later, he lent his talents as a visionary lobbyist to the task of reforming our notion of time. "Time and Responsibility: The Ideas behind the World's Slowest Computer" (1999) is a disquisition on the philosophical and technical implications behind the Clock of the Year 10,000.[4] The flagship programme of the Long Now Foundation.

**01993**

Daniel Hillis had the utopian idea of building a clock that was supposed to run for 10,000 years. The Clock was thus conceived as a mechanical and mythological device that would be able to redefine our temporal bearings profoundly. Hillis spent several years developing this timepiece stuffed with complex functions. Just like famous sites swathed in myth, such as Stonehenge, the pyramids of Giza or Shinto temples, this chronometer is intended to be viewed as a symbol designed for hypothetical future civilisations. The Clock had to be placed in a secure location and be hard to reach so as to amplify the mystical aspect of this journey into the limbo of time.[5]

**01999**

A few prototypes and fundraising appeals later, a site was bought in western Texas on land adjacent to a national park. Teams are at present digging pits around 150 metres deep, laying bare the rock face where this monument to the glory of the long term will be erected. No completion date has as yet been announced and a few years will have to elapse before we can expect to see the first pilgrims tramping to worship there. In the meantime, the Long Now Foundation is holding a series of conferences to broadcast the benefits of the successful fusion of utopia and technology.

**10000**

Seeing far ahead is also a way of not seeing close up. The perspective of this huge enterprise aiming to master time seems to have bewitched certain CEOs in Silicon Valley. Jeff Bezos[6] proved to be especially generous, coughing up 42 million dollars, tax deductible, to fund this project. An effective way of tempering inhibiting methods of organizing work based on the Toyota Production System[7] (or just-in-time method), which underlie the efficiency of the Amazon Way. After overcoming spatial contingencies in our purchasing habits, perhaps he entertains the dream of standardising globalisation's desynchronised convulsions. If Greenwich Mean Time served as a universal yardstick during the Industrial Era, why shouldn't this new clock take over during the digital period[8]?

∞

In the absence of a clear statement of what's at stake at present, the possible scenarios keep trotting out the old clichés according to which progress depends exclusively on manufacturing more complex machines. However, with this apologia for the long term, the new masters of time offer only superficial palliative measures that hide our age's basic inertia. Carried away by the fancy of possessing godlike powers, these futurologists try to convince us that human genius, reduced to technical prowess, allows us to free ourselves from everything. Even death,[9] the last temporal frontier, can now be exploited for its potential. Beneath its epic undertones, The Clock belongs to those functional myths with which the cyber-elites try to transcend the unattainable horizon created by acceleration. Undulating in the midst of the maelstrom, the subtext accompanying the erection of "the slowest computer in the world" states that its aim is to provide no less than a secularised equivalent of the promise of eternity.

1. This topic is discussed in depth especially by the sociologist Hartmut Rosa in his analysis of the social and political impacts of acceleration. He takes as his starting point the fact that the present economic crisis is a consequence of the tendency since the 1980s to dismantle all the institutions and other forms of control that might ensure long-term stability.
2. According to Rosa, "the most oppressive and surprising aspect of social acceleration is perhaps the spectacular and epidemic 'time famine' of modern (Western) societies. In the modern world, those active in society increasingly feel they are short of time and that they are using it up. It's as if time were perceived as a raw material like oil, whose reserves can be depleted and thus become more and more expensive." In *Aliénation et Accélération*. Paris: La Découverte, 2010, p. 25.
3. The founding members include: Daniel Hillis, founder of Thinking Machine Inc. and former head of Artificial Intelligence at Disney; Stewart Brand, often mentioned as a cyberculture pioneer, whose projects include the Whole Earth Catalogue or the online community The Well; Kevin Kelly, founder and executive editor of the magazine *Wired* and influential new economy guru; Peter Schwartz, cofounder with Stewart Brand of Global Business Network and author of works advocating continuous growth, such as *The Art of the Long View* (1991) or *The Long Boom* (1999); Brian Eno, musician and businessman; Paul Saffo, futurologist and consultant; Mitchell Kapor, founder of Lotus Development Corporation and cofounder of Electronic Frontier Foundation; and Esther Dyson, journalist specialising in computer science turned angel investor.
4. Also known as the Millennium Clock, 10,000 Year Clock, Horloge of the Long Now or more simply The Clock.
5. It is worth mentioning that one of the works in the grotto where The Clock will be installed is to be turned into a library with 1,000 books chosen by the founders of the Long Now Foundation. The aim is that they should convey the state of our knowledge to hypothetical future civilisations.
6. Jeff Bezos is the founder and present CEO of Amazon.
7. Developed by Toyota after the Second World War, the Toyota Production System took over from the Ford Production System as the model of choice for the automobile industry. The underlying idea of this method of organising the workplace consists of "producing what is needed just in time". Meticulous stock management, workforce empowerment, strict quality control of products and services, etc. typical of "just in time production" are also behind the lean management techniques that became popular in the West with the boom in start-ups.
8. The concept of the 10,000 year clock, heralding the advent of a new era, was introduced at the same time as the Declaration of Independence of Cyberspace: "Governments of the Industrial World, you weary giants of flesh and steel, I come from Cyberspace, the new home of Mind. On behalf of the future, I ask you of the past to leave us alone. You are not welcome among us. You have no sovereignty where we gather". In John Perry Barlow, *A Declaration of the Independence of Cyberspace*, 1996.
9. This applies to Ray Kurzweil, a media apostle of transhumanism who rejoined Google in 2012 to work on Artificial Intelligence (AI). In his view, extending our life experiences has become a priority: "If we have radical life extension only, we would get profoundly bored, we'd have profound existential ennui, running out of things to do, and new ideas, but that's not what's going to happen. In addition to radical life extension, we're going to have radical life expansion, we're going to have millions of virtual environments to explore, we're going to literally expand our brains" (Global Future Congress 2045, June 2013).

# LOOK, WATCH OUT

STÉPHANE BONVIN

"If you haven't got your Rolex by the time you're twenty, you've screwed up your life as a rebel".
Lao Tseu (www.wired.com, May 2015)

"Why does time exist?"
"Because we measure it," the philosopher replies.

"Why do watches exist?"
"So I can be seen looking at one,"
replies the fashion journalist.

This article takes as its starting point an incontrovertible fact: having the time on your wrist is no longer really necessary, nowadays. So, for a lot of people, wearing a watch is just a matter of personal preference. Being superfluous, the wrist watch has turned into an item of symbolic significance, conveying meaning, social affiliation, individuality, added value; it has become a membership badge, a focus of ritual, display, confession, self-dramatization; in short, it carries a message. The same applies to a whole array of objects that changing social conventions or technological development have made obsolete and have now become social indicators: fountain pens, ties worn by footballers, LPs, SUVs behaving like tractors in an urban environment, etc. In brief, few things in the West today are more essential in the narrative of our sanitised lives and our mythologies shorn of all danger than our accessories. And watches are no exception to the rule. The wristwatch one wears, which one looks at and which one ensures others notice has shifted from belonging to the realm of useful appliances to the sphere of symbols.

A period can be read: its utopian hopes or its dull fears can be discerned from the design of its cars, the style of its houses, its taste in questions of culinary aesthetics. So what exactly is conveyed by fashionable watches, watches in jewellers' windows, watches flashed around by the arbiters of taste, the trend-setters, the media-wise artists, the stars taken as models and the trailblazers in contemporary manners?

First of all, watches, or male watches at any rate, remain an ever-present accessory in spite of their obsolescence. Then, flip through the fashion blogs. Settle down in one of those trendy wine bars. Observe, in Basle, Milan or Miami, the watches worn by people at private views or during design fairs. Size up the watches weighing down footballers' wrists (who, unfortunately, are the most universally present role models of the early twenty-first century). Examine the demeanour of rockers or creative avant-garde types. Look at the various models of cheap timepieces that are sold by the wagonload one season and have disappeared by the next. And you'll see. The fashionable watch, the watch one simply must have and display, is still the luxury watch. Dad's watch, a traditional watch, the watch of the wealthy, an heirloom. A watch that tells the time, of course, but also a watch that whispers: "I am not of your time. I was born before you. I have pedigree. I shall survive you". Rolex. Audemars Piguet. Vacheron Constantin. Omega. Panerai. Bréguet. Patek. Rolex. Rolex. Rolex.

Strange isn't it? Strange for a period, 2013–2015, that saw the arrival of objects or bracelets that serve to quantify us, counting our paces, our heartbeats, our actions and vicissitudes, feeling the pulse of our inner clocks, and even telling the time. Strange that these new gadgets, bearers of utopias and progress, rationality and fiction, have not (yet) taken the place of archaic watches with minute and hour hands. Even the first iWatches, those web-linked bracelets unveiled with a great fanfare by Apple, have copied as closely as possible the design of a traditional watch.

There is certainly a whole heap of reasons for the present fondness for aesthetic values so firmly rooted in the past. Firstly, there is the fact that at the end of the last decade the large luxury manufacturers got their hands on a fair number of designers and bought back several fashion brands. Then, without the consumer realizing it properly, they introduced the idea that what makes an article desirable is status as a luxury item. It should come with a designer label and carry a price tag with a lot of zeros and not be, as people had believed since roughly the 1960s, something that emerged from a rupture, a rejection of certain conventions, or from a kind of rebellion. We have not yet come to terms with the influence this change in paradigm has had on globalised taste. In other words, for two decades these brands that have such a big say in the way we declare who we are have moved away from the sphere of innovation towards asset creation.

If we except a small group of designers on the borders of contemporary art presented by *Eloge de l'Heure*, watchmaking and the manner of choosing a timepiece follow this retro infatuation. Rather than being in tune with one's times, it is preferable to have a comfortable niche in a tradition. Duration. Diachrony.

And it's easy to understand. There's no need to insult the reader's intelligence by mentioning how much a timepiece has to do with recording the passage of time and drawing attention to loss, death, absence. Watches, the watches we see all around us today, seem to bind us to suspended time, to hold back fleeting instants, to long for past times, rather than encouraging us to rush into the present. This is what the famous remark of the French adman Jacques Séguéla expressed in its uncouth way. Hoping to defend Nicolas Sarkozy and his conspicuously flashy taste, in February 2009 Séguéla said that if you haven't got a Rolex by the time you're fifty, you're a failure. The result was an outcry, howls of rage, streams of abuse. This example of bad taste and sheer rubbish actually reveals far more about contemporary life than at first glance.

There is another context in which wearing a traditional, expensive, luxury watch has become standard. It is confined to trendy, affluent consumers, but says everything, or almost, about our contemporary relationship with objects and the way we imbue them with autobiographical power. Take Jérôme, thirty-nine, found hanging out in a fashionable restaurant in Lausanne. Tattoos well to the fore. Unkempt beard. Lumberjack shirt. Skull rings. But an 11,000 franc Rolex on his wrist. And already a fine career in the hotel business. This way of setting his prestige watch off against his tough rocker look is anything but fortuitous. Inventing looks through patchwork, draping an explorer's neckerchief over a banker's suit, wearing a blazer with a pair of tight shorts, having Brazilian lucky charms poking out from beneath the cuffs of a classical shirt. Turning up at the office wearing a parka designed for an assault on Everest. And wearing, whether ironically or not, a Rolex over tattoos. All this expresses a rejection of twenty-first century canons and the very idea of confining oneself to a single identity, of considering the narrative of one's existence as being coextensive with just one social category. This highly contemporary and relatively novel type of fashion statement, a kind of do-it-yourself aesthetics, is a repudiation, whether heroic or childish, of the finite and definitive side of our lives. Our stylish ragbag interiors, where holiday souvenirs lie cheek by jowl with neo-vintage designer items, our spurning of total-looks or uniforms, our way of developing hybrid, motley cultural tastes, are only examples of our attempts to draw back the borders of our existences, to entertain the illusion that our choices are unfettered, our decisions never final.

And it's this denial of death and refusal to acknowledge that the days assigned to us are drifting by that is reflected in the faces of these luxury watches perched on the wrists of bearded hipsters. A Rolex on a tattooed wrist: a seemingly fortuitous juxtaposition. And yet. Nothing reveals our relationship with objects better. Nothing better encapsulates the power we accord them nowadays. The power to act as the metaphor of our lives. The power, even, to shape them. Forget that you don't have limitless time, say these timepieces.

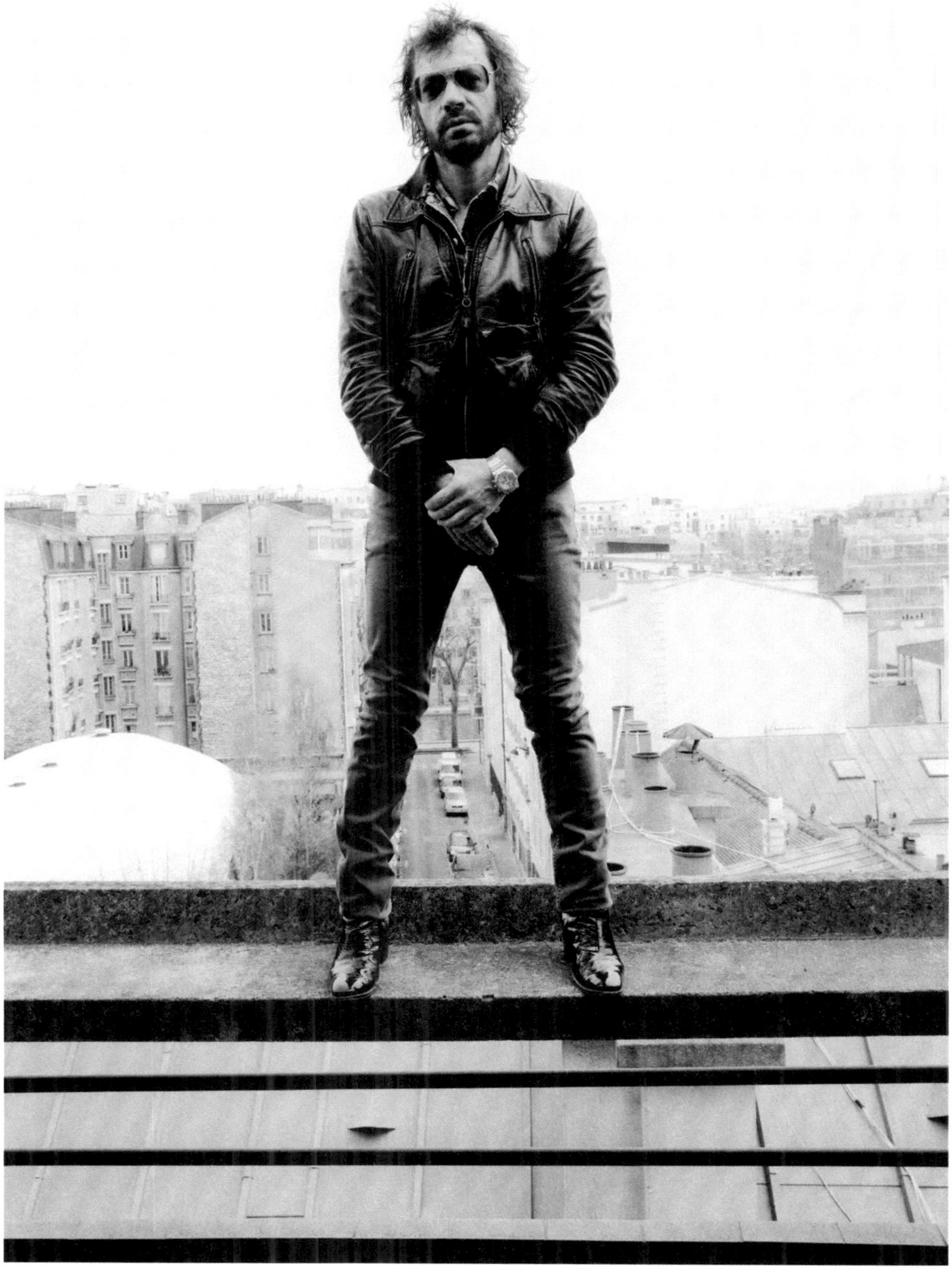

**Olivier Zahm**

# INTERVIEW WITH MAARTEN BAAS

## A DESIGNER EXPLORING THE FOURTH DIMENSION

LORETTE COEN

ill. see p. 151



Before Maarten Baas had even completed his course at the Eindhoven Design Academy he found himself propelled into his chosen career. He created his very first work, the *Knuckle* candleholder, while still a student and it was immediately taken up by a publisher. In 2002, his two diploma works suddenly shot this young Dutchman into the limelight. His *Smoke* impressed viewers with its cheeky radicalism to the extent that Moooi, Marcel Wanders's company, immediately added three of his pieces to its collection; *Smoke*, now expanded, still features. It was bought and exhibited by leading design galleries and museums. His other diploma work was a solar clock, which with a play of shadows and letters projected Galileo's famous phrase, "Eppur si muove". Thus did a designer announce his arrival, confidently stating his main themes right at the outset: telling the time and recording the passage of time.

Maarten Baas was only twenty-four at the time, and is thirty-six when I visit him for this interview, which he has asked with a certain sense of humour to be conducted in the Olivier, a former church that has been turned into a beer hall and café in the heart of the old town of Utrecht. The huge farm where he makes most of his creations is in the flat countryside around 's-Hertogenbosch, the capital of the province of northern Brabant, near Eindhoven. He converted it in 2005 with his associate Bas den Herder, turning it into the Baas & den Herder Studio, where he manufactures his unique pieces, while he creates his prototypes and small-scale series in the barn.

This designer, who so assiduously woos metaphysics, is nonetheless reluctant to speak. Too many interviews and a notoriety he now finds excessive have led him to shy away, defensively. What is certain is that he will not be pigeonholed, fond as he is of unstable equilibrium. There are no certainties to be had from him. Every work comes with a question mark attached.

**Lorette Coen: How did you develop an interest in telling the time?**

Maarten Baas: Time has always been part of my work. It's the result of an unconscious process rather than of any conscious decision. When I burn furniture for my *Smoke* series, and seal the items by covering them with transparent epoxy-resin, I highlight their transient nature. The pieces in the *Clay Furniture* series, which are made entirely without any mould and modelled completely by hand, still have their makers' fingerprints; the industrial clay they're made of and these signs of human agency suggest the evanescence of time. The hourglass titled *Just about Now* is deliberately imprecise and I made it for just those occasions when it's not necessary to measure time exactly.

**LC: You make time vibrate at the heart of the things you create so as to enrich them with a new freshness. You uncouple objects from official boundaries in order to make them cheerful and give them fresh impetus.**

MB: First of all, I respond to demand. I have no interest in creating objects that already exist. I try to understand what needs to be done that would have a reason to exist and would make sense. And what could, without being provocative, change the way we look at things. I immediately responded positively to Amnesty International when they asked me to design a poster for its campaign in defence of the freedom of expression. *The Empty Chair* became its symbol. I like playing, too. In 2014, at the last Milan Furniture Fair, the posters announced: "Baas is in town"! I exhibited the most savage of my creations, made up entirely of improvisations and spontaneous works created on the spot. A sort of circus echoing the one that performs in town every year.

**LC: When you launched your big *Where There's Smoke...* exhibition at the Murray Moss Gallery in New York in 2004 you calmly torched twenty-five original, sacred even, items of furniture by Eames and Rietveld. How did you feel letting fly against these major works in the history of design?**

MB: I tried to do my job as well as I could, concentrating above all on making as many of these pieces as possible. I'm not particularly keen on icons, but they don't bother me too much either. Altering them the way I do, I raise this question: since everything is constantly on the move, is it reasonable to want to stop time by religiously preserving these works? I don't claim to give an answer. My only ambition is to make objects. And in order to imagine them, I trust certain hunches.

That's how I explain the success of the *Smoke* series, which I created after the events of 11 September 2001, at a time when people's minds were receptive. Before the Twin Towers collapsed, everything seemed immobile and hopeless. The design scene needed inspiration. That's when I had the idea that we should burn the things we possess so that the air could circulate freely and we could find the freedom to go forward. The way farmers burn their fields to fertilise them.

**LC: You even used fire to sculpt a 1934 Steinway and created a *Smoke Pleyel*, commissioned by the Pleyel piano manufacturers and your own Carpenters Workshop Gallery! You definitely express the spirit of the times, as demonstrated by the enthusiasm that greeted your *Hey Chair, Be A Bookshelf!* "Treasure Furniture", made from discarded materials in a factory, and "Flatpack Furniture", made by combining elements from different IKEA kits, at the 2005 Milan Furniture Fair. Then, with the *Real Time* series, you were catapulted into the serious exploration of the fourth dimension.**

MB: I feel more at ease after this success. I picked up some self-confidence and gave myself some time. I presented three twelve-hour videos in Milan in 2009, which were actually filmed performances where I showed different ways of telling the time. Each one pursues a goal and expresses a specific theme. In *Sweepers Clock* two men sweep up piles of rubbish, which they use to make the hands of a clock, moving them around as the time changes. Just like the act of sweeping rubbish itself, the infinite movement in this film also continues ceaselessly. There's no ecological allusion (I'm no activist). It's just meant to illustrate monotony. In *Analog Digital Clock*, I put the accent on unfailing precision. A little man hidden behind the numbers constantly sweeps them away and reforms them without ever stopping. At 12 o'clock, he rubs everything out and starts all over again. This person changing the time has turned it into his job and his very destiny. The third story, *Grandfather Clock*, takes as its subject the classic upright clock, with its long wooden case and large clock face. In this case it's actually a screen with a man behind it. He can be made out drinking, smoking and eating, but he regularly rubs out the clock hand and redraws it in charcoal one minute further on. He continues doing exactly the same thing for hours.

**LC: The following year we saw this announcement in Milan: "The new Maarten Baas, for only 99 cents"! You turned these videos you made for galleries into applications for smartphones. Without seeming to, your conceit actually had a lot to say. It was a way of investigating what watches are for, since, stripped of their original purpose, they hark back to the past and become luxury items.**

MB: Well, it's true, the videos were prototypes I used to make very expensive museum pieces – like *Grandfather Clock*, followed later by *Grandmother Clock* – as well as applications that anyone could afford. It shouldn't be seen as a game, but as a profound type of design research. What does telling the time mean? I try to capture both time itself and the subjective feeling of its duration. In order to explore this paradox, I combine storytelling and the art of creating an illusion, and to do this I use tools I'm passionate about: video, theatre and performance.

# INTERVIEW WITH IVÁN ARGOTE.

## AN ARTIST TRAVELLING THROUGH THE UNCERTAINTIES OF TIME

LORETTE COEN

ill. see p. 65



He set up his studio in a warren of rooms in an abandoned factory in La Courneuve, in Paris, which he shares with other artists. "I realise I'm the one who's taken over all the space," admits Iván Argote with a burst of laughter, pointing to the courtyard packed with his works. It seems a natural consequence of the thirty-one-year-old Colombian's eclecticism, since he tries his hand in all mediums – video, sculpture, installations, performances, software and painting – and his ready smile acknowledges the fun he has. One thing is for sure: all he touches turns to gold. He arrived in France in 2006 thanks to a prize, he studied at the École des Beaux-Arts and five years later he was taken up by Emmanuel Perrotin, one of the most fashionable gallery owners in Paris, who organized his first solo exhibition in 2011, followed by another big one in 2014.

A few images picked from the videos. *Glup glup (Monument)*, 2009, was shot on the campus of the National University of Colombia, where Argote went to study at the age of sixteen. He is seen in an art class as he picks up a heavy plaster bust of Simon Bolivar and drops it up to its nose, itself lopped off, in the middle of a round bowl of water, where the Libertador, almost humanised, bobs up and down blowing bubbles. Irreverent in Bogota and more of the same in Paris. In *Feeling*, 2009, slim and youthful, he dances in a museum in front of a black cross painted by Malevich to music on his portable radio. On another occasion, he is shown in an exhibition room quickly tattooing a long, black undulating wave on a Mondrian – actually added later, in post-production (*Retouche*, 2008).

Meticulous in his preparation and quick in execution, Iván Argote uses few props but makes the most of the unlimited possibilities inherent in public spaces when shooting his short videos, turning passers-by and passengers on the metro or bus into the involuntary protagonists of scenes that capture time. The sense of bizarreness he arouses acts as an engine, but this approach is not intended as a challenge. Above all, he is not interested in provocations and is not an activist on behalf of any cause. The artist cajoles, questions, astonishes and aims to share experiences as happens in a moment of meditation. "It would be a mistake to see only a superficial irony in my work. My approach engages action, thought and poetry. For me, art is an excellent way of addressing serious and difficult topics."

"I started by making videos, but I also enjoy exploring other mediums, adding layers of complexity, avoiding cosy partitioning and asking myself awkward questions," he goes on. This is what led him to devise his clock software Global Time, which shows the time at any given moment in a series of towns chosen at random throughout the world. It is a work he intends to develop and reinforce by extending the list of towns still further.

**Lorette Coen: You exploit a clock's regular, expected rhythm to then go off on a tangent in a totally unexpected direction and thus turn marking time into an unpredictable journey... What are you trying to highlight here?**

Iván Argote: Knowing that everyone's relationship with the time of day and with time in general is determined to a large extent by geography and history, I've invented a global, democratic clock that makes it impossible to tell the time locally, the time we have here and now, and in so doing contradicts itself! I play on the idea of simultaneousness, a wholly relative concept, and I undermine this certainty. By constantly choosing smallish, often unknown, towns I give a sense of reality to places that never catch anyone's attention. In this way, I give a little power to the small and vulnerable. I'm not saying anything really profound; I'm just kindling an awareness of elsewhere.

**LC: In *Time is Money* you're even more explicit.**
IA: Yes, this work questions the ambiguous status of an artwork. It's a multimedia watch that tells the real time using banknotes and coins. Its simplicity and deliberately utilitarian nature enable me to take my critical approach to its natural consequences. Because this watch matches the one it's illustrating: you spend time looking at it – hence the money! There are two versions, one in euros and the other in dollars. It is delivered to buyers in the form of a computer with this software already in it and its only job is to tell the time. I'd love to make a version in the form of a mobile telephone application, which anyone could afford.

**LC: You greet your Internet visitors with an unnerving video, *Geometria*, 2012. Two smiling young women are chatting cheerfully in a hot, humid jungle as they pass a pistol backwards and forwards from one to the other. "I was born here… I grew up there… and that's where I went to school… I'm here now, but I'd like to be there…" Each time, they take aim and there's a sudden report. Another of your partitions where you tease space and time?**
IA: It's true. This topic has been on my mind ever since the work I did for my graphic art diploma in Bogota. Throughout 2004 I worked on how the sense of time develops – starting from fixed images, independently of what they show. How to give meaning to images? That was when I got the idea of creating software where the meaning of the image and movement have a mutual effect on each other.

**LC: We see you dodging the issue in one work after another. What are you running away from and what are you looking for?**
IA: I was brought up in a highly politicised trade union environment. Although I share many of the ideas and opinions of that milieu, I reject its rigid radicalism, its fixed, knee-jerking, dogmatic approach. On the whole, I consider it crucial to question the authority of forms and to ensure that they question themselves. How should subjects be approached? We can't do without a politics of outlook as applied to tone and forms, whether they're objects, images or words. It's symbolism I find interesting, and not just in art, but in politics, too, and why not?

**LC: Is that what leads you to explore history and to ponder about the best way to approach it?**
IA: Absolutely. I made a film in 2011 titled *La Estrategia*, in which I resurrected the spirit of 1970s Colombian militants who were preparing for imminent revolution, as they saw it. Together with amateur actors, we revived speeches made by old members of underground groups and we slipped into their heads and under their skins. We created phoney archives of the period and gave history a second innings, as well as making a few breaches in it, too. I turned it into a sort of fictional reality and set it in the present. I follow the same approach in a new film, *The Messengers*, in which I adopt the point of view of two young American militants who are not the least interested in Marxism, but are nonetheless against the market economy and the present cultural system. I propel them into two historical villages, one in southern Colombia and the other in Andalusia. In these contexts, heavily influenced by colonisation, tradition and local culture, their developed world outlook falls apart and all its ambivalence shows through.

# AHEAD OF ITS TIME!

ALEXIS GEORGACOPOULOS

ECAL is always up to date when it comes to watchmaking. Our institution has entered into countless collaborative ventures with prestigious watchmakers. After being associated with illustrious manufacturers like Audemars Piguet, Hamilton, Hublot, Rado and Swatch, ECAL has been collaborating for two years with Vacheron Constantin, as the main partner in the Master of Advanced Studies in Design for Luxury and Craftsmanship. Our students often choose to work on watch designs for their diploma projects, and several of these innovative ideas are to be seen at this exhibition. It is, therefore, with the greatest enthusiasm that we accepted the proposal of Chantal Prod'Hom, the Director of mudac, to work on the design of *Telling Time.*



How to reinvent the timeless concept of the case so dear to watchmakers? What is required in order to ensure works are protected while still making them visible to the visitor? How to handle the varying scales of the objects on display, from the traditional pocket watch to grander timepieces, such as one designed by Valentin Carron? Third-year students studying for the BA in Industrial Design were asked to tackle these problems in the "Exhibit Design" semester course held by the Swiss designer Adrien Rovero. Among the dozens of projects proposed by the teams of students, the one by Iris Andreadis, Anna Heck, Pauline Lemberger and Jérôme Rütsche was the stand-out contribution.

By dematerialising the concept of the display case and simply hanging transparent panels on the walls of the exhibition space, with the objects placed behind, the young designers came up with a perfect solution, combining simplicity with high security. A frame encloses the pieces, highlighting them and providing a fresh perspective as the viewer changes position, coming close to achieving a three-dimensional quality. This system, along with the sheer size of the cases, enables different designs and types of watches to be displayed elegantly together and at the same time set apart.

This well-conceived display scheme is testimony to our students' skill in adapting to all situations and proves that ECAL is always just a little bit ahead of its time!

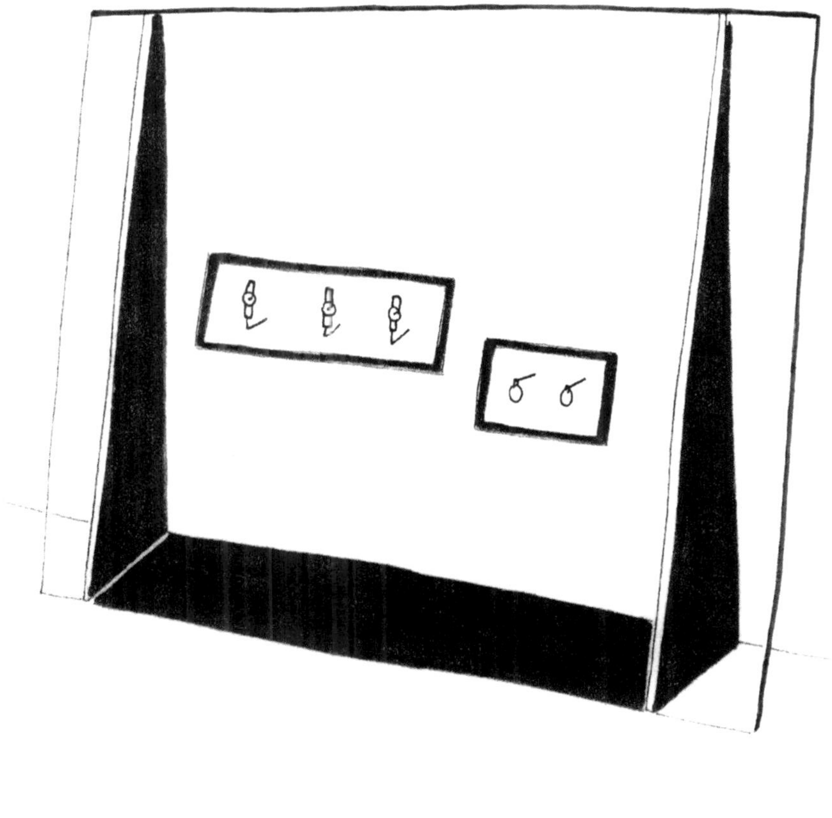



Sketch of the exhibition design proposal by
Iris Andreadis, Anna Heck, Pauline Lemberger and Jérôme Rütsche
Production Actoform

# TIME INTERRUPTED

LUC DEBRAINE



What happens when you can't see the time any more? Or more precisely, when it's stuck on never? I've been captivated for years by the way duration can be frozen. It's a weird passion: seeking and photographing broken clocks and watches that carry within them the memory of a precise event. Timekeepers, in a very literal sense of the term.

"Per non dimenticare". Lest we forget. These few words stand out on a glass plaque on the façade of Bologna's railway station. They explain why just above there is a large clock whose hands are forever still. They are stuck at 10:25 am, the time when a Fascist bomb took the lives of eighty-five people on 2 August 1980.

Some time later, the civic authorities placed a large commemorative sculpture in front of the station in memory of the tragedy. But, as if this gesture were not a sufficient memorial, or lacked the appropriate evocative power, they also decided to preserve one of the station clocks which had been stopped by the shock wave from the blast.

The symbolism is straightforward, powerful and packs a curious emotional punch. Especially if one considers it's just a mechanical device, an inanimate assemblage of cogwheels, clock face and hour and minute hands. Now, all of a sudden, it's as if once the hands stopped at that fateful moment, the inanimate object suddenly acquired a soul. As if the interrupted workings activated a completely different, inner, almost metaphysical mechanism, prompting memories as surely as a Madeleine did with Proust.

There are other clocks, of all types, and watches that stopped as a result of a sudden event, whether it was a war, a storm, a flash flood, a terrorist attack or a simple accident. Timepieces that fall into these various categories include the clocks that were melted by the atomic bombs dropped on Hiroshima at 8:15 am on 6 August 1945 and on Nagasaki at 11:02 am on 9 August 1945; the clocks smashed by the terrorist attacks on New York and the Pentagon on 11 September 2001; the titanium watch of a passenger on the London Underground who barely survived the explosion that went off at 8:49 am on 7 July 2005. These are rare objects. They were left where they were, as in Bologna, or displayed in museums, or kept by private individuals.

Weighed down by a heavy allegorical load, conscious of the evident impact they have on anyone who lays eyes on them, broken clocks demand respect, like a stele or a talisman that protects against oblivion. Preserving them in a safe place seems like a natural gesture, like the behaviour of the staff at the bus depot at the former AZF factory in Toulouse. The building was completely destroyed by an explosion on 21 September 2001 and they decided to keep one of the big bus depot clocks that had stopped at 10:17 am. It mattered not at all that the minute hand moved while the clock's cumbersome mechanism was shifted to a workshop. The important thing was that the machinery should testify to the accidental catastrophe in which thirty people lost their lives and 2,500 were injured, including several employees of the Toulouse transport company. Lest we forget.

–1–
Hiroshima, atomic bomb,
6 August 1945, 8:15 a.m.

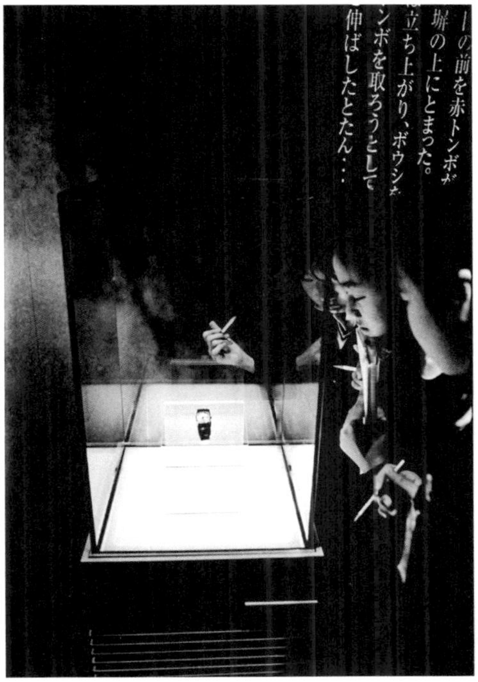


–2–
London, bomb,
7 July 2005, 8:49 a.m.

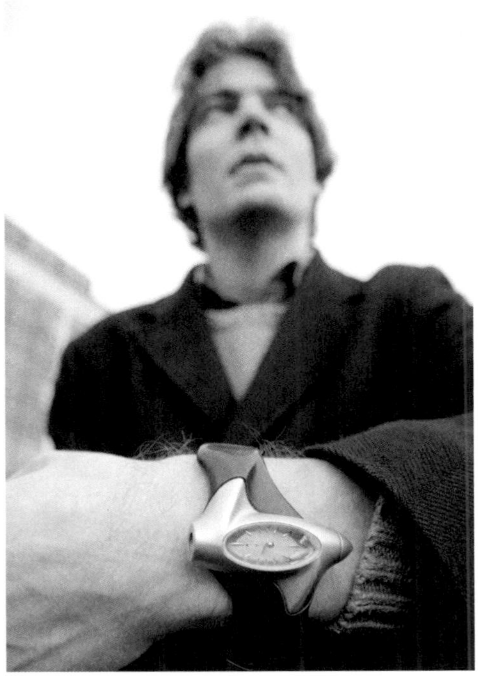

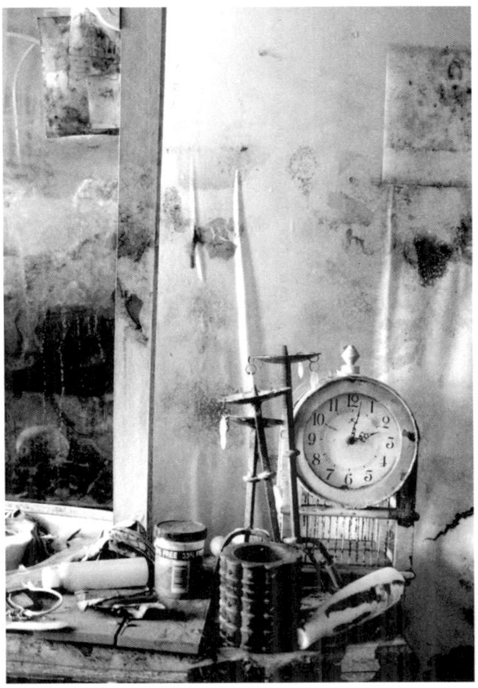

–3–
New Orleans, hurricane,
30 August 2005, 2:02 a.m.

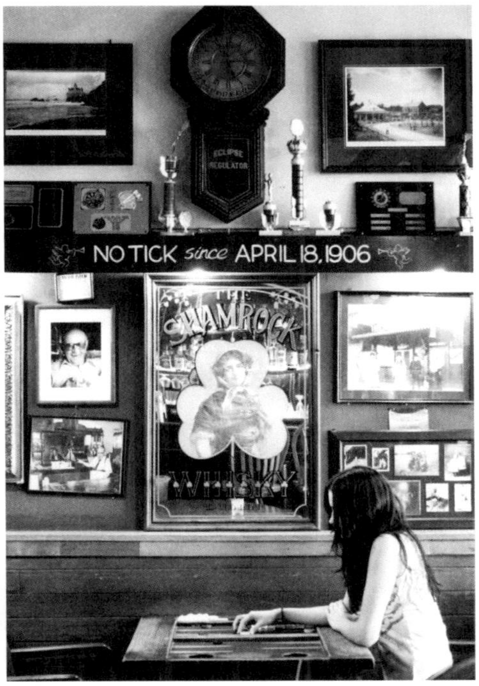


–4–
San Francisco, earthquake,
18 April 1906, 5:14 a.m.

–5–
New York, terrorist attack,
11 September 2001, 9:04 a.m.

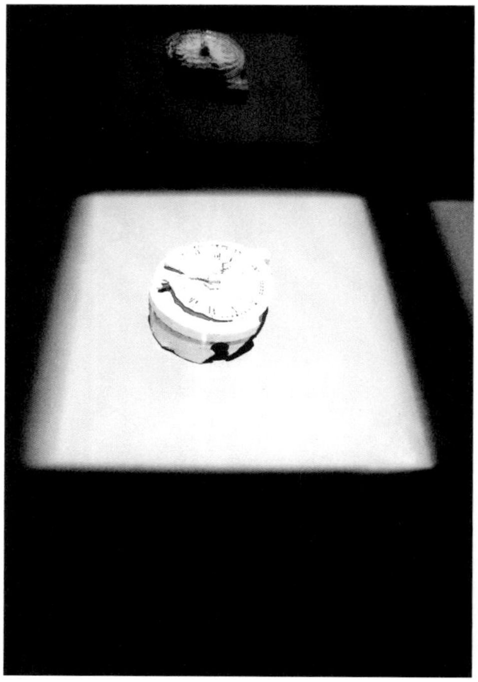

–6–
Bologna, bomb,
2 August 1980, 10:25 a.m.

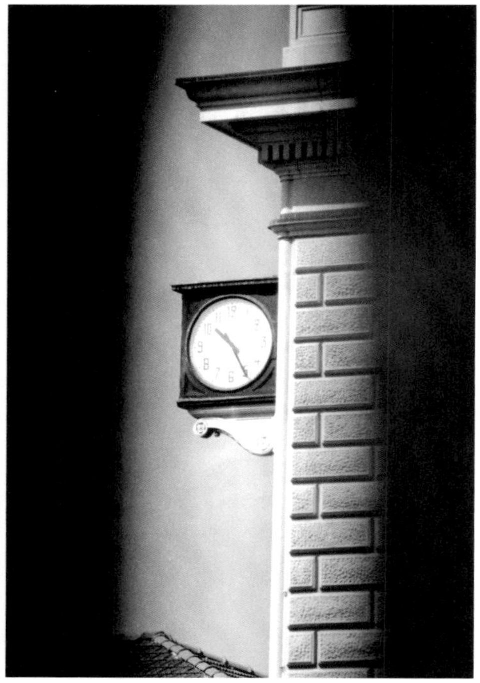

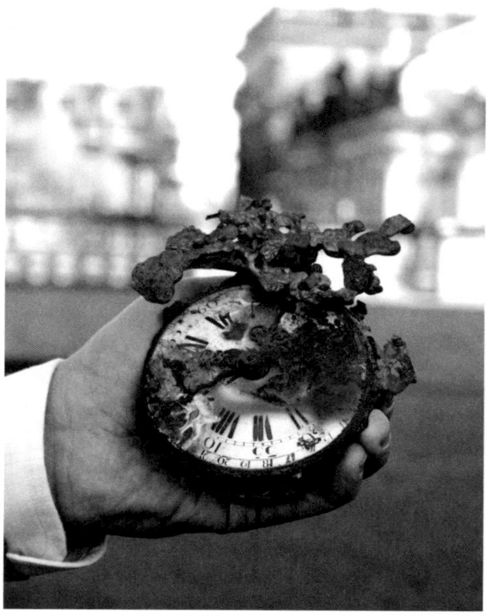

–7–
Dresden, Allied bombing,
13 February 1945, at night.

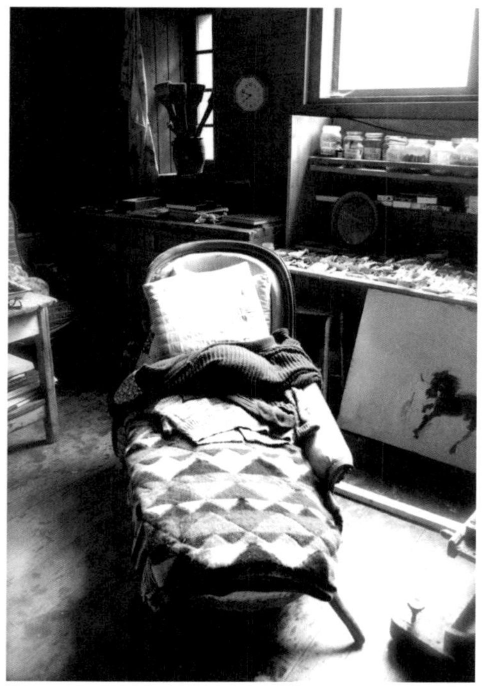

–8–
Rossinière,
after 18 February 2001.

And lest we remain in the dark, too. A team from the Louisiana Hurricane Center took advantage of the numberless clocks that stopped in the houses of New Orleans, when the flood barriers that were meant to protect the city burst under the devastating impact of Katrina in August 2005. For a long time the investigators did not know where and when the barriers collapsed. In order to solve the mystery, they decided to gather all the wall clocks, pendulum clocks, watches and alarm clocks that had stopped in the flooded houses. These were mostly electric and had stopped immediately when they came into contact with the salt water. The pendulums in old grandfather clocks stopped in just the same way when the water reached them.

The scientists compared all the times on the sixty-odd silent witnesses to the disaster. The clocks on St Bernard's Church stopped at 6:30 in the morning, while in the neighbouring Ninth Ward the clocks continued undisturbed until 7:30. Downtown, near 17th Avenue, they weren't brought to a standstill until 10:15 am. Working their way backwards in time, the investigators followed the direction of the crazed floodwaters. They were able to pinpoint the exact time and place the barrier was first breached. Broken clocks in this case played the role of dumb witnesses in a totally unprecedented forensic investigation.

I began photographing these frozen timepieces to use them to compose a fresco of history's upheavals. Because something strange happens when a broken watch appears on the sensitive surface of a photograph. Two contraptions which at first sight seem so different, a timekeeper and a box using light as its ink, converge only to find themselves in the same metaphorical boat. Both have the capacity to suspend time and evoke memories. These two black boxes, the former full of cogwheels that have seized up and the latter packed with lenses, mirrors or sensors, have the astonishing ability to fix duration on a single point. A point it would be nice to think of as absolute, but in fact is only fragile.

***Time Interrupted*, photo captions**
**Photo credits: Luc Debraine**

**1. Hiroshima, atomic bomb, 6 August 1945, 8:15 a.m.** Schoolchildren visiting the Peace Memorial Museum, where there are several clocks and watches that were stopped by the explosion.

**2. London, bomb, 7 July 2005, 8:49 a.m.** Jean-Christophe Le Saux, a young Frenchman, was in the Underground train where the bomb went off and his watch was broken by the blast.

**3. New Orleans, hurricane, 30 August 2005, 2:02 a.m.** Scientists from the University of Louisiana went from house to house gathering clocks that were stopped by the rising seawater. They were all essential clues in tracing the course of the devastating flood and in determining exactly where the city's flood barriers burst.

**4. San Francisco, earthquake, 18 April 1906, 5:14 a.m.** When the great earthquake struck, this bar's regulator fell to the ground and stopped working. Put back on the wall, it has remained stuck at that time ever since in memory of the disaster.

**5. New York, terrorist attack, 11 September 2001, 9:04 a.m.** This clock was in the south tower of the World Trade Center. It stopped when United Airlines flight 175 struck the building.

**6. Bologna, bomb, 2 August 1980, 10:25 a.m.** A bomb in the railway station, in which eighty-five people lost their lives, stopped the large clock outside the building. It has shown the same time ever since. A plaque beneath explains the reason: "Per non dimenticare", lest we forget.

**7. Dresden, Allied bombing, 13 February 1945, at night.** Belonging at the time to the Mathematisch-Physicalischer Salon in the palace of the prince elector of Saxony, this carriage clock dating from 1740 was melted by bombs raining down from the sky.

**8. Rossinière, after 18 February 2001.** The clock in Balthus's workshop stopped after the painter's death. It has been kept as it was in the room occupied by the artist until his very last breath.

**9. Buchenwald, 11 April 1945, 3:15 p.m.** The clock on the main gate was deliberately stopped when the concentration camp was liberated by the Allies.

**10. Aix-en-Provence, after the Second World War.** As one of the main internment and deportation camps in France, Camp des Milles was the antechamber to Auschwitz. This old tile factory went back into production after the war and was then closed down again before being turned into a memorial site in 2012. The clock on the façade was never fixed.

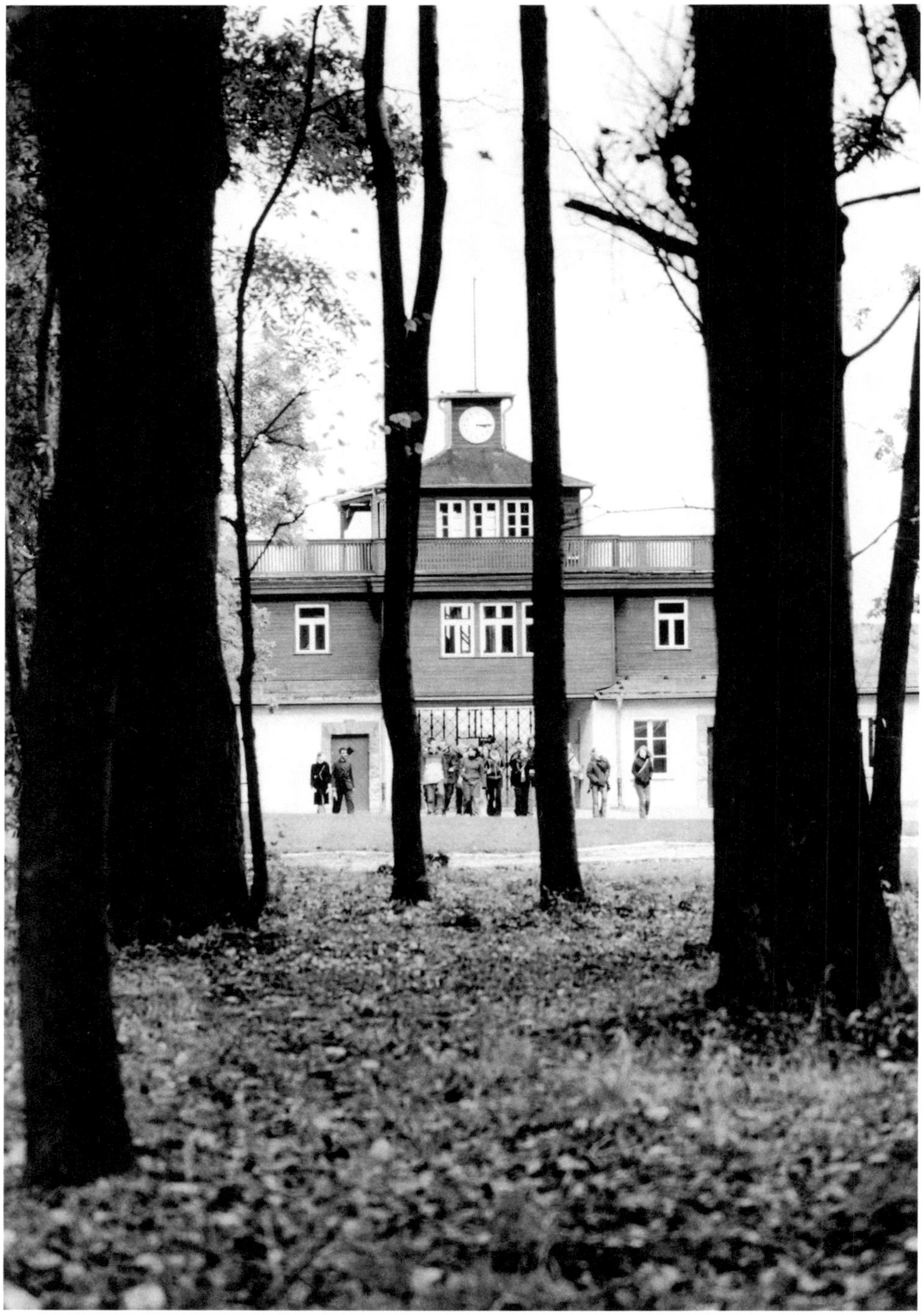

–9–
Buchenwald,
11 april 1945, 15:15

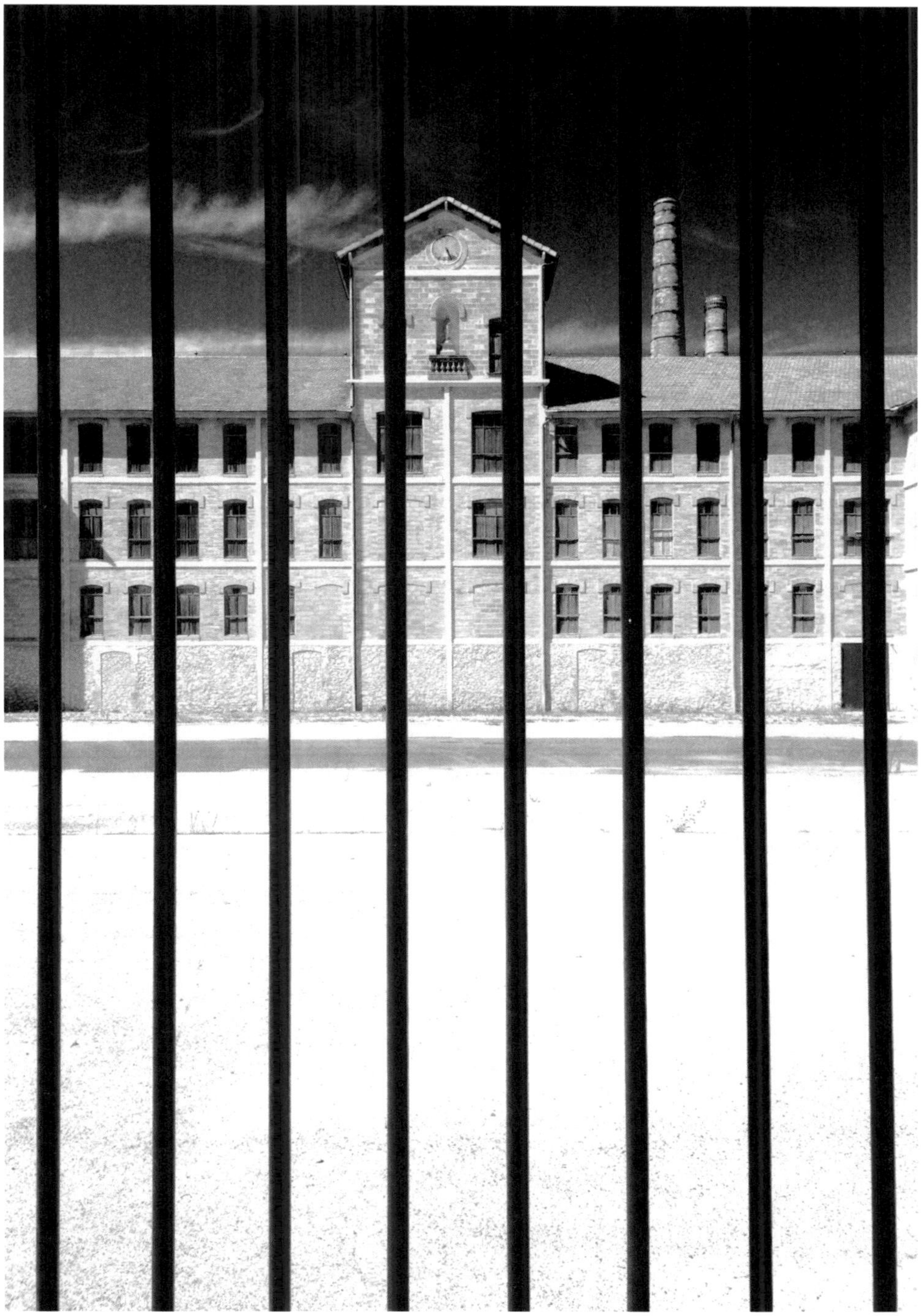

–10–
Aix-en-Provence, post-World War II

# LÉGENDES
# CAPTIONS

**MEMENTO MORI**
VANITAS VANITATUM, ET OMNIA VANITAS

*« Vanité des vanités, tout est vanité », L'Ecclésiaste, 1-2 ; la représentation du crâne rappelle à l'homme sa mortalité.*
*"Vanity of vanities. All is vanity", Ecclesiastes 1-2; the depiction of a skull reminds man of his mortality.*

**44 – F. J. Pompej, montre pendentif en forme de crâne, heures arabes** skull-shaped pendant watch, Arabic hours
Vienne Vienna, vers around 1810
Or et émail Gold and enamel
3,9 x 2,8 x 3,4 cm
Prêt et photo © Musée de l'horlogerie Beyer Zurich

**45 – John Armleder (Suisse** Switzerland**, 1948) / RJ-Romain Jerome, montre-bracelet** wristwatch ***Art-DNA***
Genève Geneva, 2012
Acier Steel / 15 x 6 x 5 cm
Prêt et photo © RJ-Romain Jerome

**46 – Fiona Krüger (Grande-Bretagne** Great Britain**, 1985), *Black Skull*, 2014**
Boîtier en acier, traitement PVD Steel case, PVD coating
5,74 x 4,13 x 1,03 cm
© Fiona Krüger / ECAL / Photo © Cédric Widmer

**47 – Crispin Jones (Grande-Bretagne** Great Britain**, 1974), montre-bracelet *The Last Laugh*, heures et minutes arabes dans la mâchoire** *The Last Laugh* wristwatch, Arabic hours and minutes in the jaws
Londres London, 2009
Boîtier en acier, mouvement mécanique
Steel case, mechanical movement / Ø 3,8 x 24,5 cm
Courtesy of Mr Jones Watches / Photo © Crispin Jones

**49 – Gianni Motti (Italie** Italy**, 1958), *Big Crunch Clock*, 1999 / 5 000 000 000**
85 x 11 x 6 cm
Courtesy Galerie Perrotin, Paris / Photo © Gianni Motti

À la veille de l'an 2000, Gianni Motti a enclenché cette horloge digitale à vingt chiffres : cinq milliards d'années calculées au dixième de seconde. C'est le temps à rebours qui reste au soleil avant son explosion finale et donc avant notre propre extinction.
On the eve of the year 2000, Gianni Motti activated this digital watch with twenty numerals: five billion years calculated to a tenth of a second. This is the time the sun has left before its final explosion, thus signalling mankind's extinction.

**VIVRE, CONSTRUIRE, ÉCRIRE L'HEURE**
**LIVING, BUILDING, WRITING TIME**

**50-51 – Mark Formanek (Allemagne** Germany**, 1967), *Standard Time*, 2007**
Vidéo (affichage de l'heure sur 24 heures)
Video (24-hour display)
© Collection mudac, Lausanne / Photo © Marc Formanek / Datenstrubel

**52 – Christiaan Postma (Pays-Bas** The Netherlands**, 1983), *Time Pattern*, 2008**
Métal, mécanisme horloger Metal, clock mechanism
140 x 140 x 12 cm
Prêt et photo © Christiaan Postma

**53 – Constance Guisset (France, 1976), *Éclipse*, 2013**
Horloge, aluminium, verre, Plexiglas
Clock, aluminium, glass, Plexiglas / Ø 30 x 4 cm
Prêt de l'artiste / Éditeur : Petite Friture / Photo © Gla Rindal

**54 – Nicolas Le Moigne (Suisse** Switzerland**, 1979), *Quelle heure est-il ?*, 2004**
Métal thermolaqué Stove-enamelled metal / 409 x 28 x 25 cm
Ville de Genève / Photo © Nicolas Le Moigne

**55 – Darren Almond (Grande-Bretagne** Great Britain**, 1971), *Perfect Time*, 2012**
Horloges murales numériques, électro-mécanique, acier, vinyle, système de contrôle informatisé, composants électriques
Digital wall clocks, electro-mechanical, steel, vinyl, computerized control system, electric components
103 x 90 x 17 cm
Courtesy Galerie Xippas, Genève / © Darren Almond

**56 – Francis Alÿs (Belgique Belgium, 1959),**
***Zocalo, May 20, 1999*, 1999**
Vidéo (720') Video (720'). FNAC 04-406
Centre national des arts plastiques, France Photo © Francis Alÿs / CNAP / Courtesy Lisson Gallery, Londres

Plan fixe sur le Zocalo, la grande place de Mexico City. Ce film présente, en temps réel, la journée qui s'écoule à partir du lever du drapeau mexicain sur le grand mât au centre de la place jusqu'à sa descente en fin de journée. L'image montre la progression de l'ombre portée faisant office de gigantesque cadran solaire, ombre à l'abri de laquelle les passants viennent se rassembler en file indienne. Still shot of Zocalo, the main square in Mexico City. The film shows a day rolling by in real time, from the raising of the Mexican flag on the large flagpole in the middle of the square until it is taken down again at the end of the day. The shadow of the flagpole acts as the hand on a giant sundial, along which passers-by come to seek the shade in a long queue.

## PARFOIS ALLUSIVE, ALÉATOIRE, ILLISIBLE, PRÉCISE, L'HEURE AUSSI DIT L'ÂGE
## SOMETIMES ALLUSIVE, FLEETING, UNREADABLE OR PRECISE, AN HOUR CAN ALSO DENOTE AGE

**58-59 – Alexandra Martini (Allemagne Germany, 1972),**
***On Time*, 2012 (1992-2012)**
Livre, poster Book, poster
Dimensions variables Variable dimensions
Prêt et photo © Alexandra Martini

**60 – Iván Argote (Colombie Colombia, 1983),**
***Global Time*, 2007**
Application informatique en temps réel
Computer application in real time
Courtesy Galerie Perrotin, Paris / © Iván Argote

**61 – Mathieu Lehanneur (France, 1974), *Demain est un autre jour*, 2011**
Acier, résine, LED Steel, resin, LED / 94 x 94 x 25.3 cm
Courtesy Carpenters Workshop Gallery, Paris
© Carpenters Workshop Gallery

En réponse à la commande de l'unité de soins palliatifs du groupe hospitalier Diaconesses Croix Saint-Simon à Paris que dirige le docteur Gilbert Desfosses, Mathieu Lehanneur a créé cet objet donnant à voir ce que sera le ciel le jour suivant. Chaque chambre accueille ce cercle lumineux qui est à la fois écran et sculpture murale. Il permet au patient de se projeter au lendemain, de rêver et de partager ses impressions avec les siens. On se trouve devant un objet qui permet d'aborder le temps météorologique autant que le temps qu'il reste à vivre. Mathieu Lehanneur created this object showing the way the sky will look the following day in response to a request from the palliative care unit of the Diaconesses Croix Saint-Simon hospital group in Paris, which is run by Dr Gilbert Desfosses. Each room has one of these glowing circles that is both a screen and a wall sculpture. It enables the patient to project himself into the future, to dream and share his impressions with others. This is an object that matches meteorological time with the time one still has to live.

**62 – Bertrand Planes (France, 1975), *Life Clock #2*, 2008**
Horloge, mécanisme modifié Clock, modified mechanism
51 x 51 x 6 cm
Courtesy Bertrand Planes / Photo © Lucille Blanche

Horloge dont le mécanisme est ralenti 61 320 fois afin que l'aiguille des heures ne fasse un tour de cadran que tous les 84 ans, soit un tour dans une vie, en se basant sur l'espérance de vie la plus élevée en 2007. A clock whose mechanism has been slowed down by a factor of 61,320 so that the hour hand goes round the clock face only once every 84 years, or once in a lifetime, based on the highest life expectancy in 2007.

**63 – Bina Baitel (France, 1977), *Lash Clock*, 2014**
Composants mécaniques, métal, fibres
Mechanical components, metal, fibres / Ø 35 cm
Prêt et photo © Bina Baitel

L'heure se lit au moyen des fentes écartant les « cils » qui définissent, en négatif, les aiguilles de l'heure et de la minute. The time can be read through the gaps between the "eyelashes" defining the hour and minute hands in negative.

**64 – Adrienne Garbini (États-Unis United States, 1982),**
***Cognitive Clock #1*, 2011**
Photo, c-print / 27,94 x 35,56 cm
Prêt de l'artiste / Photo © Atelier de numérisation – Ville de Lausanne, Marie Humair

**65 – Iván Argote (Colombie Colombia, 1983),**
***Time Is Money*, 2007**
Application informatique en temps réel
Computer application in real time
Courtesy Galerie Perrotin, Paris / Photo © Iván Argote

Montre multimédia qui affiche l'heure, les minutes et les secondes en temps réel sous la forme de billets et de monnaie. Multimedia watch showing the hour, minutes and seconds in real time in the form of banknotes and coins.

**66 – Martí Guixé (Espagne Spain, 1964), *Time To Eat*, 2011**
Bois, diffuseur de parfums Wood, perfume atomiser
20 x 50 x 50 cm
Courtesy Triennale Design Museum, Milan / Photo © Guixé design

## L'HEURE AU MUR, AU SOL ET SUR SOI
## TIME ON THE WALL, ON THE GROUND AND ON ONESELF

**68 – Lenora de Barros (Brésil Brazil, 1953),**
***Tempinhos (from Tiny Times series)*, 2008**
Vidéo (10'20")
Courtesy Galeria Millan, São Paulo / Photo © Lenora de Barros

**69 – Valentin Carron (Suisse Switzerland, 1977),**
***La Grande Classique*, 2006**
Mouvement d'horlogerie, aluminium, acrylique, plâtre, polystyrène Clock movement, aluminium, acrylic, plaster, polystyrene / 260 x 210 x 20 cm
Collection privée, Suisse

**70-71 – Maarten Baas (Allemagne** Germany **/ Pays-Bas** The Netherlands**, 1978), *Grandmother Clock*, 2013**
Laiton, équipement digital Brass, digital equipment
200 x 72 x 39 cm
Courtesy Carpenters Workshop Gallery, Paris / Photo © Adrien Millot

## L'HEURE ET QUELQUES FORMES
## THE TIME AND A FEW SHAPES

**72 – Nicolas Lemaindre (1596-1652/1653), montre carrée à une aiguille et à devise sur le cadran : JE NE CRAINS RIEN, heures romaines** Nicolas Lemaindre (1596–1652/1653) square watch with single hand and motto on the face: JE NE CRAINS RIEN, Roman numerals
Blois, vers around 1650
Or émaillé et gravé Enamelled and engraved gold / 1,5 x 3,1 cm
© Musée du Louvre, département des Objets d'art, Paris
Photo © RMN-Grand Palais (musée du Louvre) / Daniel Arnaudet

**73 – Anonyme, montre primitive ovale à une aiguille et à décor de chasse, heures romaines**
Anonymous, primitive oval watch with single hand and hunting scene decoration, Roman numerals
Allemagne Germany, vers around 1550
Laiton doré Gilt brass / 6 x 5 cm
Prêt et photo © Collection du Musée international d'horlogerie, La Chaux-de-Fonds

**73 – Anonyme, montre fantaisie en forme de mouton, heures arabes** Anonymous, fancy watch in the shape of a sheep, Arabic numerals
Genève Geneva, vers around 1810
Or, émail peint et perles Gold, painted enamel and pearls
3 x 3,5 x 1,18 cm
Prêt et photo © Musée de l'horlogerie Beyer, Zurich

**74 – Samuel Betts, montre ronde à une aiguille à godrons et décor floral, heures romaines** Samuel Betts, round watch with single gadroon-decorated hand and floral decoration, Roman numerals
Londres London, vers around 1650
Argent gravé et ciselé Engraved and chased silver
Ø 4,9 cm
Prêt et photo © Collection du Musée international d'horlogerie, La Chaux-de-Fonds

## CADRAN DOUZE HEURES
## TWELVE-HOUR DIAL

**75 – Antoine Pelletier, montre oignon à deux aiguilles, heures romaines dans cartouches à godrons**
Antoine Pelletier, onion watch with two hands, Roman numerals in gadroon scrolls
Paris, vers around 1700-1710
Laiton doré Gilt brass / Ø 6 cm
Prêt et photo © Collection du Musée international d'horlogerie, La Chaux-de-Fonds



**76 – Jean-Antoine Lépine (1720-1814), montre de poche aux chiffres romains et arabes mêlés** Jean-Antoine Lépine (1720-1814) pocket watch with mixed Roman and Arabic numerals
Paris, vers around 1789
Or et émail Gold and enamel / Ø 4,6 x 2 cm
© Musée de l'horlogerie Beyer, Zurich / Photo © Dominique Cohas

**77 – Vacheron Constantin, montre de poche, affichage heures romaines de I à XII en noir et arabes de 13 à 24 en rouge, jour et quantième dans un guichet, secondes à 6h**
Vacheron Constantin pocket watch, Roman hours from I to XII in black and Arabic hours from 13 to 24 in red, day and date in a window, seconds at 6 o'clock
Genève Geneva, 1901
Or Gold / Ø 5,3 cm
© Patrimoine Vacheron Constantin / Photo © Dominique Cohas

## CADRAN VINGT-QUATRE HEURES
## TWENTY-FOUR-HOUR DIAL

**78 – Anonyme, montre Cadran automatique, sur un disque apparaissent dans des guichets : de I à XII, les heures d'avant midi ; de 13 à 24, les heures d'après midi**
Anonymous, automatic dial watch, on a disk appearing in windows: hours before midday from I to XII; afternoon hours from 13 to 24
France, vers around 1900
Acier noirci Blackened steel / Ø 5,5 cm
Prêt et photo © Collection du Musée international d'horlogerie, La Chaux-de-Fonds

**79 – Longines, montre-bracelet avec cadran aux heures arabes de 1 à 24, minutes arabes sur le pourtour**
Longines, wristwatch with Arabic hours from 1 to 24, minutes in Arabic along rim
Saint-Imier, 1954. Acier Steel / Ø 4,75 cm
Prêt et photo © Compagnie des Montres Longines Francillon SA

## CADRAN DIX HEURES
## SIX-HOUR DIAL

*L'heure et le calendrier décimaux ont été imposés par les révolutionnaires français soucieux de rompre avec le passé. Ils prirent effet le 22 septembre 1793, jour de la proclamation de la République (1er vendémiaire an I), correspondant au jour de l'équinoxe d'automne. Désormais, l'année compte 12 mois composés de 3 décades ; les semaines ont donc 10 jours. Le jour est divisé en 10 heures, allant de minuit à minuit. À chaque fin d'année, on rajoute cinq ou six jours complémentaires. L'heure décimale compte 100 minutes et la minute décimale 100 secondes ; pour nous, sa durée réelle est 2 heures 24 minutes. Ce système compliqué fut abandonné le 7 avril 1795.* *French revolutionaries anxious to break away from past practices imposed the decimal system in the calculation of time and dates. It was effective from 22 September 1793, the day of the proclamation of the Republic (1st Vendémiaire, year I), corresponding to the autumn equinox. Years were thenceforth to be made up of 12 months divided into 3 ten-day periods; weeks thus lasted ten days. Days were broken down into 10 hours, from midnight to midnight. Five or six extra days were added on at the end of the year. The decimal hour had 100 minutes and the decimal minute 100 seconds, one hour thus being the equivalent of 2 hours 24 minutes under the traditional reckoning. This complicated system was dropped on 7 April 1795.*

**80 – Anonyme, montre révolutionnaire à quadruple cadran : heures arabes de 1 à 10 et calendrier républicain ; heures arabes de 1 à 12 et calendrier grégorien** Anonymous, revolutionary watch with quadruple dial: Arabic numerals from 1 to 10 and republican calendar; Arabic numerals from 1 to 12 and Gregorian calendar
France, vers around 1793-1795. Argent Silver / Ø 5,8 cm
Prêt et photo © Collection du Musée international d'horlogerie, La Chaux-de-Fonds

**81 – Louis Leroy et Cie, tropomètre servant à réduire le nombre de calculs pour la détermination des longitudes en navigation, montre à système J. de Rey-Paillade : heures arabes de 0 à 40 dites décagrades, minutes de 0 à 100 dites décigrades, secondes de 0 à 100 dites milligrades** Louis Leroy et Cie tropometer serving to reduce the number of calculations needed to determine longitude when sailing, watch employing J. de Rey-Paillade system: Arabic numerals from 0 to 40, known as decagrades, minutes from 0 to 100, known as decigrades, seconds from 0 to 100, known as milligrades
Paris, vers around 1900. Argent Silver / Ø 6 cm
© Arnaud Tellier / Photo © David Baumann / Mathieu Bosa

## HEURES DIURNES ET NOCTURNES
## DAY-TIME AND NIGHT-TIME HOURS

*Cf Arnaud Tellier, pp. 11/177*

**82 – Robert et Fils et Compagnie, montre de poche double face. Au verso : en haut heures diurnes arabes de VI à 12 et de 1 à 6 sur fond blanc ; en bas heures nocturnes romaines sur fond noir de 6 à XII et de I à 6** Robert et Fils et Compagnie, double-faced pocket watch. On verso: day-time hours in Arabic numerals from VI to 12 and from 1 to 6 on white ground; below, night-time hours in Roman numerals from 6 to XII and from I to 6 on black ground
La Chaux-de-Fonds, vers around 1790. Or Gold / Ø 6 cm
Prêt et photo © Collection du Musée international d'horlogerie, La Chaux-de-Fonds

**83 – Klaus Botta (Bamberg, 1959), montre-bracelet *UNO24 Neo*, heures diurnes de 6 à 18 et heures nocturnes de 18 à 6, quantième à 6h** Klaus Botta (Bamberg, 1959) *UNO24 Neo* wristwatch, day-time hours from 6 to 18 and night-time hours from 18 to 6, dates from 6 o'clock
Königstein im Taunus, 2013
Acier inoxydable Stainless steel / Ø 4,4 cm
Prêt et photo © Botta-Design

## HEURES VAGABONDES
## WANDERING HOURS

*Cf Arnaud Tellier, pp. 11/177*

**84 – Paul Lullin, montre à heures romaines vagabondes dans un guichet, minutes arabes sur le pourtour, quarts au centre, portrait peint sur émail** Paul Lullin, watch with Roman wandering numerals in a window, Arabic minutes on the rim, quarter-hours in the centre, portrait painted on enamel
Londres, vers around 1720. Argent Silver / Ø 5,3 cm
Prêt et photo © Collection du Musée international d'horlogerie, La Chaux-de-Fonds

**85 – Perrin frères, montre de poche à heures arabes vagabondes sur cartouche, minutes arabes sur le pourtour** Perrin frères, pocket watch with wandering Arabic numerals on a scroll, Arabic minutes on the rim
Neuchâtel, vers around 1810. Or Gold / Ø 6 cm
© Fondation Édouard et Maurice Sandoz
Photo © Renaud Sterchi, Neuchâtel

**86 – Audemars Piguet, montre-bracelet *Starwheel*, heures arabes vagabondes réparties par 4 sur 3 disques de verre, minutes arabes sur le pourtour** Audemars Piguet, *Starwheel* wristwatch, wandering Arabic numerals in groups of 4 on 3 glass disks, Arabic minutes on the rim
Le Brassus, 1991. Or Gold / Ø 3,6 cm
Prêt et photo © Patrimoine Audemars Piguet

**87 – Le Phare SA, montre-bracelet à affichage à secteurs : un index rétrograde large pour les heures arabes de 1 à 6 puis de 6 à 12, un index rétrograde fin pour les minutes arabes de 0 à 30 puis de 30 à 55** Le Phare SA, wristwatch with sector display: broad retrograde hourmarker for Arabic numerals from 1 to 6 and from 6 to 12, slim retrograde hourmarker for Arabic minutes from 0 to 30 and from 30 to 55
Le Locle, 1971. Laiton Brass / 3,56 x 3,65 cm
© Musée d'horlogerie du Locle – Château des Monts
Photo © David Baumann / Mathieu Bosa

## HEURES SAUTANTES
## JUMPING HOURS

*Le principe est d'inscrire les chiffres sur un disque et de faire apparaître les heures, les minutes, parfois les secondes, successivement dans un guichet. The idea is to put numbers on a disk and subsequently to make hours, minutes and sometimes seconds appear in a window.*

**88 – Anonyme, montre de poche à heures et minutes arabes sautantes dans deux guichets et cadran de secondes à 6h, sur fond de paysage alpin, acier et émail peint** Anonymous, pocket watch with hours and minutes in jumping Arabic numerals in two windows and a seconds dial at 6 o'clock, on Alpine landscape ground, steel and painted enamel
La Chaux-de-Fonds, vers around 1900. Argent Silver / Ø 5,2 cm
Prêt et photo © Collection du Musée international d'horlogerie, La Chaux-de-Fonds

**89 – Robert Cart, montre de poche à heures arabes sautantes dans un guichet, index pour les minutes arabes sur le pourtour** Robert Cart, pocket watch with jumping Arabic numerals in a window, hourmarker for Arabic minutes on the rim
Le Locle, 1930. Or et argent Gold and silver / Ø 4,55 cm
© Musée d'horlogerie du Locle – Château des Monts
Photo © David Baumann / Mathieu Bosa

**89 – Girard-Perregaux, *MIMO*, montre-bracelet à heures, minutes et secondes arabes sautantes dans trois guichets superposés** Girard-Perregaux, *MIMO*, wristwatch with hours, minutes and seconds in jumping Arabic numerals in three overlapping windows
La Chaux-de-Fonds, 1935. Acier Steel / 3,76 x 2,37 cm
© Musée Girard-Perregaux / Photo © David Baumann / Mathieu Bosa

**90 – Vacheron Constantin, montre-bracelet à heures sautantes dans un guichet à 12h, triangle en onyx pour les minutes indexées sur un segment ajouré** Vacheron Constantin, wristwatch with jumping hours in a window at 12 o'clock, onyx triangle for minutes marked on an openwork segment
Genève Geneva, 1995. Platine Platinum / Ø 3,6 cm
© Patrimoine Vacheron Constantin / Photo © Studio Bouchet Ferrazzini

**91 – Bell & Ross, *WWI Heure Sautante*, montre-bracelet à heures arabes sautantes dans un guichet à 12h, aiguille de minutes arabes au centre, index de réserve de marche dans un guichet à 6h** Bell & Ross, *WWI Jump Hour*, wristwatch with hours in jumping Arabic numerals in a window at 12 o'clock, Arabic-numeral minute hand in the centre, power reserve display in a window at 6 o'clock
Paris, 2012. Platine Platinum / 4,2 x 1,17 cm
Prêt et photo © Bell & Ross

## HEURES SONNANTES ET CHANTANTES
## RINGING AND SINGING HOURS
*Cf Arnaud Tellier*

**92 – Anonyme, montre à jaquemart tenant un marteau qui frappe sur une cloche les heures et les quarts d'heure écoulés** Anonymous, Jacquemart watch with hammer striking the hours and quarter-hours on a bell
Suisse Switzerland, vers around 1800
Or Gold / Ø 5,8 cm
Prêt et photo © Collection du Musée international d'horlogerie, La Chaux-de-Fonds

**93 – Paul Édouard JeanRichard, montre de poche à répétition, dite *carillon*, sonnant les heures, les quarts d'heure et les minutes écoulés, sur six timbres en jouant le *Ranz des Vaches* (célèbre chant patriotique helvétique)** Paul Édouard JeanRichard, repeater pocket watch, known as "carillon", sounding the hours, quarter-hours and minutes, with six chimes playing *Ranz des Vaches* (famous patriotic Swiss tune)
Le Locle, vers around 1920. Or Gold / Ø 5,75 cm
Prêt et photo © Musée d'horlogerie du Locle – Château des Monts

**93 – Vacheron Constantin, montre-bracelet à répétition minutes par verrou sur la carrure** Vacheron Constantin, minute repeater wristwatch activated by bolt on case middle
Genève Geneva, 1941. Or rose Pink gold / Ø 3,72 cm
© Patrimoine Vacheron Constantin Photo © Lysiane Blanchet

**94 – Kari Voutilainen (Finlande, 1962), montre-bracelet *Minute Repeater 10*, à répétition à la demande, sonnant les heures, les groupes de dix minutes et les minutes écoulées** Kari Voutilainen (Finland, 1962) *Minute Repeater 10*, repeater wristwatch on demand, sounding the hours, groups of ten minutes and minutes elapsed
Fleurier, 2012. Or gris Grey gold / Ø 3,8 cm
Prêt et photo © A L'Émeraude, Lausanne

**95 – ECAL / Jordi Pla (Espagne Spain, 1979), *Gong Repeater*, 2014**
Métal et composants électroniques
Metal and electronic components / 40 x 54 x 9 cm
Prêt et photo © ECAL / Jordi Pla

## HEURES UNIVERSELLES DU VOYAGEUR
## THE TRAVELLER'S UNIVERSAL HOURS
*Cf Arnaud Tellier pp. 12/178*

**96 – Louis Cottier (Carouge, 1874 – Genève, 1966), pour Vacheron Constantin, montre de poche aux heures universelles : disque tournant avec 41 villes, disque tournant avec les heures diurnes de 6 à 18 et nocturnes de 18 à 6** Louis Cottier (Carouge, 1874 – Geneva, 1966) universal hour pocket watch: spinning disk with 41 cities, spinning disk with day-time hours from 6 to 18 and night-time hours from 18 to 6
Genève Geneva, 1949. Or Gold / Ø 4,8 cm
© Patrimoine Vacheron Constantin / Photo © Dominique Cohas

**97 – Modeste Anquetin (1817-1909), montre de poche, dite montre de voyageur avec indication de l'heure universelle, donnant la différence du temps exprimée en minutes de 24 différentes villes, principalement de l'Europe de l'Ouest** Modeste Anquetin (1817–1909), pocket watch, known as traveller's watch universal hour indicator, giving the time difference between 24 different cities, mainly in Europe and the West, expressed in minutes
Paris, vers around 1860. Argent Silver / Ø 4,8 cm
© Arnaud Tellier / Photo © David Baumann / Mathieu Bosa

**97 – Jaeger Lecoultre, montre-bracelet *Duomètre Unique Travel Time* : heure locale cadran droit, deuxième fuseau horaire cadran gauche, à 6 h carte du monde et indication jour/nuit** Jaeger Lecoultre, *Duomètre Unique Travel Time* wristwatch: local time on right-hand dial, second time zone on left-hand dial, world map and day/night indicator at 6 o'clock
Le Sentier, 2013. Or Gold / Ø 4,2 cm
© Patrimoine Jaeger Lecoultre / Photo © Claude Joray

## HEURES LUMINEUSES
## LUMINOUS HOURS
*La luminescence au radium des chiffres et des aiguilles se développe lors de la Première Guerre mondiale, en particulier pour les soldats et les pilotes. Radium luminescence in the numbers and hands was introduced during the First World War for the use of soldiers and airmen.*

**98 – Vacheron Constantin, montre-bracelet forme dite coussin aux chiffres arabes et aiguilles luminescents** Vacheron Constantin, so-called "pillow" wristwatch with Arabic numerals and luminous hands
Genève Geneva, 1919. Or Gold / Ø 3,5 cm
© Patrimoine Vacheron Constantin / Photo © Studio Bouchet Ferrazzini

**99 – International Watch Co, montre spéciale pour pilote aux chiffres arabes et aiguilles luminescents** International Watch Co, special pilot's watch with Arabic numerals and luminous hands
Schaffhausen, 1936. Acier Steel / Ø 3,7 cm
Prêt et photo © IWC Museum

**99 – Officine Panerai, *Luminor 1950 8 days GMT*, montre-bracelet aux chiffres arabes, index et aiguilles luminescents, date à 3h, seconde et 24 heures à 9h, réserve de marche 8 jours à 6h** Officine Panerai, *Luminor 1950 8 days GMT*, wristwatch with Arabic numerals and luminous hands, date at 3 o'clock, seconds and 24 hours at 9 o'clock, 8-day power reserve at 6 o'clock
Neuchâtel, 2006. Acier brossé Brushed steel / Ø 4,4 cm
Prêt et photo © Officine Panerai

## HEURES MYSTÉRIEUSES
## MYSTERIOUS HOURS

*Cf Arnaud Tellier p. 12*

**100 – Armand Schwob et Frères, montre de poche mystérieuse aux heures arabes** Armand Schwob et Frères, mysterious pocket watch with Arabic numerals
La Chaux-de-Fonds, vers around 1890. Argent Silver / Ø 5,5 cm
Prêt et photo © Collection du Musée international d'horlogerie, La Chaux-de-Fonds

**101 – Cartier, montre Rotonde de Cartier *L'Heure Mystérieuse*, mouvement mécanique manufacture à remontage manuel** Cartier, *Rotonde* mysterious wristwatch with decreasing Roman numerals
9981 MC Cartier, 2013. Ø (boîte) 4,2 cm
Manufacture Cartier / Photo Vincent Wulveryk © Cartier

## HEURES SECRÈTES
## SECRET HOURS

*Une action particulière – glisser, pousser, presser – est nécessaire pour accéder à la lecture de l'heure. A special action – sliding, pressing, pushing – has to be performed in order to read the time.*

**102-103 – Vacheron Constantin, montre de sac ou de poche, à ouverture surprise par pression sur les flancs de la boîte, heures arabes sur cadran carré** Vacheron Constantin, pocket or handbag watch, opened by pressing on the sides of the case, Arabic numerals on square dial
Genève Geneva, 1928. Or gris Grey gold / 3,56 x 2,48 cm
© Patrimoine Vacheron Constantin / Photo © Studio Bouchet Ferrazzini

**104 – Cartier, montre dite de voyage, ouverture par rideau coulissant faisant office de chevalet** Cartier, so-called travel watch, opened by means of sliding curtain acting as an easel
Paris, 1931. Or Gold / 4,4 x 3,05 cm
© Collection Cartier / Photo © Éric Sauvage, Cartier

**104 – Movado, montre de sac et de voyage *Ermeto*: heures arabes, jour et mois dans deux guichets, quantième sur le pourtour, phases de lune ; le remontage se fait par tirages, puis pressions des parties latérales de la boîte** Movado, *Ermeto* travel and purse watch: Arabic numerals, days and months in two windows, date on the rim, phases of the moon; rewinding is by the rack method, followed by pulling apart the two wings of the outer shell
La Chaux-de-Fonds, vers around 1950
Acier et cuir Steel and leather / 5,1 x 3,6 cm
Prêt et photo © Collection du Musée international d'horlogerie, La Chaux-de-Fonds

**105 – Jaeger Lecoultre, montre-bracelet *Reverso* : pour protéger le cadran et sa glace, la montre se coulisse et se retourne sur elle-même, index** Jaeger Lecoultre, *Reverso* wristwatch: this reversible watch slides and spins round in order to protect the dial and crystal, hourmarker
Le Sentier, 1932. Acier Steel / 3,6 x 2,3 x 0,7 cm
© Patrimoine Jaeger Lecoultre / Photo © Claude Joray

**105 – Vacheron Constantin, montre-bracelet à persiennes s'ouvrant par une glissière sur la lunette au centre en bas, heures arabes** Vacheron Constantin, louvered wristwatch opened by sliding a bezel in the centre at the bottom, Arabic numerals
Genève Geneva, 1929. Or Gold / 2,4 x 3,6 cm
© Patrimoine Vacheron Constantin / Photo © Studio Bouchet Ferrazzini

**106-107 – Piaget, bracelet à secret avec une montre : un verrou invisible sur la tranche actionne l'ouverture du logement de la montre carrée au centre du bracelet, heures romaines sur onyx** Piaget, bracelet with secret watch compartment: an invisible bolt on the side opens the square watch compartment in the middle of the bracelet, Roman numerals on onyx
Genève Geneva, 1972. Or Gold / 3,38 x 1,03 cm
© Collection privée Piaget / Photo © Fabien Cruchon, Genève

**108 – Breguet et fils, montre de poche dite de *souscription* à aiguille unique des heures arabes, possède un mouvement simplifié autour d'un barillet central, s'acquérait par souscription et paiement du quart à la commande** Breguet et fils, so-called *souscription* pocket watch with single Arabic hour hand, simplified movement around a central barrel, bought by subscription with down payment of a quarter with the order
Paris, vers around 1820
Argent et or Silver and gold / Ø 6,2 cm
Prêt et photo © Collection du Musée international d'horlogerie, La Chaux-de-Fonds

**109 – Klaus Botta (Bamberg, 1959), montre-bracelet *UNO+ Alpin*, aiguille unique, heures arabes de 1 à 12, quantième à 6h** Klaus Botta (Bamberg, 1959) *UNO+ Alpin* wristwatch, single hand, Arabic numerals from 1 to 12, dates at 6 o'clock
Koenigstein im Taunus, 2014
Acier inoxydable Stainless steel / Ø 4,4 cm
Prêt et photo © Botta-Design

## BRAS-EN-L'AIR
## ARMS IN THE AIR

*Cf Arnaud Tellier, p. 12*

**110 – Alois Fleury, montre de poche dite « bras-en-l'air », à soldat automate : heures arabes de 12 à 12 bras gauche, minutes arabes bras droit** Alois Fleury, so-called "arms in the air" pocket watch, with soldier automaton: Arabic numerals from 12 to 12 left arm, Arabic minutes right arm
Munich, 1823. Or Gold / Ø 5,4 cm
Prêt et photo © Collection du Musée international d'horlogerie, La Chaux-de-Fonds

**111 – Vacheron Constantin, montre de poche dite «bras-en-l'air», à chinois automate: heures arabes de 12 à 12 bras droit, minutes arabes bras gauche** Vacheron Constantin, so-called "arms in the air" pocket watch, with automaton chinaman: Arabic numerals from 12 to 12 right arm, Arabic minutes left arm
Genève Geneva, 1930. Or gris Grey gold / Ø 4,86 cm
© Patrimoine Vacheron Constantin / Photo © Dominique Cohas

**111 – Jean-Marc Wiederrecht (Suisse, 1950) pour Hermès, montre-bracelet *Arceau Le temps suspendu*: un poussoir sur le boîtier permet d'une pression d'immobiliser les aiguilles des heures et des minutes vers le chiffre 12, puis une nouvelle pression redonne l'heure exacte, l'aiguille du petit cadran court à rebours entre 24 et 6** Jean-Marc Wiederrecht (Switzerland, 1950) for Hermès, *Arceau Le temps suspendu wristwatch*: a button on the case stops the hands on either side of noon, when pressed again it gives the correct time, the hand on the small seconds dial runs counterclockwise between 24 and 6
Paris, 2011. Acier Steel / Ø 4,3 cm
© Hermès / Photo © Calitho

## AIGUILLE EXTENSIBLE
## EXTENDABLE HAND

*Cf Arnaud Tellier p. 12*

**112 – William Anthony (1765-1844), montre ovale à aiguilles extensibles des heures et des minutes qui suivent le contour du boîtier en s'approchant le plus possible de l'heure, faite pour le marché chinois et revendue par Vardon & Stedman** William Anthony (1765–1844) oval watch with extendable hour and minute hands following the edge of the case, getting as close as possible to the hour, manufactured for the Chinese market and resold by Vardon & Stedman
Londres London, 1794-1795.
Or et émail Gold and enamel / 8,95 x 6,72 cm
© Fondation Édouard et Maurice Sandoz
Photo © Renaud Sterchi, Neuchâtel



**113 – Parmigiani Fleurier SA, *Ovale pantographe*, montre-bracelet à aiguilles dites pantographes du nom de l'instrument qui permet la multiplication d'une longueur par un facteur donné pour atteindre une échelle de taille plus grande ou plus petite** Parmigiani Fleurier SA, *Ovale pantographe*, wristwatch with so-called "pantographic" hands, from the name of the instrument that multiplies length by a given factor to obtain a larger or smaller scale
Fleurier, 2014. Or blanc White gold / 4,5 x 3,76 cm
© Parmigiani Fleurier / Photo © L'Affaire Édith

## L'AIGUILLE MONTRE L'HEURE DU DOIGT
## HAND INDICATING THE HOUR WITH A FINGER

**114 – Anonyme, grammaire d'aiguilles – de montre, de pendule et de pendulette – sur étoffe** Anonymous, grammar of hands – for watches, pendulum clocks and miniature clocks – on cloth
Suisse Switzerland, vers around 1900. 20 x 10 cm
Prêt et photo © Collection du Musée international d'horlogerie, La Chaux-de-Fonds

## LES CADRANS SONT LE VISAGE DE LA MONTRE
## DIALS ARE A WATCH'S FACE

**115 – Maison E. Dalphin, grammaire de chiffres arabes et turcs en paillons or** Maison E. Dalphin, grammar of Arabic and Turkish numerals in gold foil
Genève, vers around 1900. Émail Enamel / Ø 7 cm
Prêt et photo © Collection du Musée international d'horlogerie, La Chaux-de-Fonds

**115 – Alice Gentil, grammaire d'index pour le IIII romain** hourmarker grammar for Roman numerals
Suisse Switzerland, vers around 1900
Émail Enamel / Ø 7 cm
Prêt et photo © Collection du Musée international d'horlogerie, La Chaux-de-Fonds

**115 – Angello Mangiarotti pour Portescap, pendulette de table *Secticon*, heures à index dégressifs, secondes au centre** Angello Mangiarotti for Portescap, *Secticon* small table clock, hourmarkers of diminishing size, seconds in the centre
La Chaux-de-Fonds, 1960. Plastique Plastic / Ø 9 cm
Prêt et photo © Collection du Musée international d'horlogerie, La Chaux-de-Fonds

**116-118 – Typologie de cadrans de montre de poche, de gauche à droite**
Heures romaines, minutes arabes sur le pourtour signé Coulin & Amy Bry / heures romaines, minutes arabes à 6h / heures arabes, minutes arabes à 6h / heures arabes, jour, mois, quantième, minutes arabes à 6h / heures arabes de 1 à 24 et de 1 à 12 / heures arabes de 1 à 12, de 13 à 24, minutes arabes de 1 à 60 / double cadran: heures arabes de 1 à 10 et de 1 à 12 / division décimale arabe de 1 à 100 / heures de 1 à 12 turques en rouge, minutes turques / heures turques de 1 à 12 en noir, minutes turques / heures hébraïques de 1à 12, petite seconde à 6h / heures chinoises sur double rang, heures romaines de I à XII au centre, minutes arabes / cadran pour aveugle: picots sur le pourtour, double à 12, 3, 6 et 9h, heures arabes au centre / cadran maçonnique triangulaire à 12 symboles, minutes arabes / 12 figures de Raphaël dans rayons sur le pourtour, heures arabes au centre.
Types of pocket watch dials, from left to right
Roman numerals, Arabic minutes on the rim signed Coulin & Amy Bry / Roman numerals, Arabic minutes at 6 o'clock / Arabic numerals, Arabic minutes at 6 o'clock / Arabic numerals, day, month, date, Arabic minutes at 6 o'clock / Arabic numerals from 1 to 24 and from 1 to 12 / Arabic numerals from 1 to 12, from 13 to 24, Arabic minutes from 1 to 60 / double dial: Arabic numerals from 1 to 10 and from 1 to 12 / division by decimals in Arabic numerals from 1 to 100 / numerals from 1 to 12 in red, Turkish minutes / Turkish numerals from 1 to 12 in black, Turkish minutes / Hebrew numerals from 1 to 12, small seconds dial at 6 o'clock / Chinese numerals on double row, Roman numerals from I à XII in centre, Arabic minutes / dial for the blind: pitting on the rim, double at 12, 3, 6 and 9 o'clock, Arabic numerals in the centre / triangular masonic dial with 12 symbols, Arabic minutes / 12 figures by Raphael in sections along the rim, Arabic numerals in the centre

## L'HEURE SE DÉSARTICULE...
TIME IS DISINTEGRATING...

**120 – Tristan Zimmermann (Canada, 1979),**
***Oblique Clock*, 2010**
Bois stratifié, mécanisme d'horloge
Layered wood, clock mechanism / 122 x 122 x 13 cm
Prêt de l'artiste / Photo © Kris Belchevski

**121 – Nazar Sigaher (Turquie Turkey, 1981),**
***Meyer Frame Clock*, 2009**
Injection matière plastique Injected plastic / 30 x 30 x 5 cm
© Meyer Objects / Photo © 3Ds MAX

**122 – Dominic Wilcox (Grande-Bretagne Great Britain, 1973), *Unrequited Handshake*, 2011**
Montre mécanique, verre, plastique
Watch mechanism, glass, plastic / 23 x 3 x 4,5 cm
Prêt de l'artiste / Photo © Joe McGorty

**123 – Dominic Wilcox (Grande-Bretagne Great Britain, 1974), *Sitting Man*, 2011**
Montre mécanique, verre, plastique
Watch mechanism, glass, plastic / 23 x 3 x 4,5 cm
Prêt de l'artiste / Photo © Joe McGorty

**124 – Pierre Charrié (France, 1983),**
***Horloge aide-mémoire*, 2008**
ABS, Plexiglas, composants électroniques
ABS, Plexiglass, electronic components / 35 x 25 x 15 cm
Prêt de l'artiste / Photo © Véronique Huyghe

**125 – breadedEscalope (collectif fondé en collective founded in 2008 par by Sascha Mikel, Martin Schnabl et and Michael Tatschl, Autriche), *Your Clock*, 2012**
Horloge à clapet, composants électroniques
Hinged clock, electronic components / 31 x 16 x 14 cm
Prêt et photo du collectif

**126 – Éric Morzier (Suisse Switzerland, 1983),**
***Horloge tactile*, 2005**
Écran tactile, ordinateur Touchscreen, computer
80 x 55 x 10 cm
Prêt et photo © Éric Morzier / SIGMASIX / ECAL

**127 – Pauline Saglio (France, 1989), *Rewind (nº 2)*, 2013**
Cadre en bois laqué blanc, clé en laiton, écran 13 pouces
White lacquered wood frame, brass key, 13-inch screen
32,4 x 22,5 x 6,8 cm
© ECAL / Pauline Saglio / Photo © ECAL / Nicolas Genta

**128 – Alicja Kwade (Pologne Poland, 1979),**
***Gegen den Lauf (ref: 12)*, 2014**
Horloge, mécanisme électrique Clock, electric mechanism
Ø 32 x 10 cm
Courtesy kamel mennour, Paris / © Alicja Kwade / Photo © Fabrice Seixas

**129 – Ruth Ewan (Grande-Bretagne Great Britain, 1980),**
***We Could Have Been Anything That We Wanted To Be*, 2011**
Horloge décimale Decimal clock / Ø 76 x 17 cm
© Collection FRAC Champagne-Ardenne, Reims / Photo © Tim Meier

## L'HEURE DU COUCOU
THE HOUR OF THE CUCKOO

**131 – Martino d'Esposito (Suisse Switzerland, 1976) et and Alexandre Gaillard (Suisse Switzerland, 1976),**
***Heidi Land*, 2014**
Bois, laiton Wood, brass / 60 x 32 x 22 cm
Prêt et photo © Swiss Koo

**132 – Martino d'Esposito (Suisse Switzerland, 1976) et and Alexandre Gaillard (Suisse Switzerland, 1976),**
***Poya*, 2014**
Bois, laiton Wood, brass / 42 x 24 x 14 cm
Prêt et photo © Swiss Koo

**133 – Joëlle Aeschlimann (Suisse Switzerland, 1989), Mathieu Rivier (Suisse Switzerland, 1986), Pauline Saglio (France, 1989), *Cukoo Clock*, 2014**
Bois, Arduino Wood, Arduino / 31 x 21 x 6 cm
Prêt et photo © Joëlle Aeschlimann, Mathieu Rivier, Pauline Saglio

**134 – Mathilde Petit (France, 1992) et and Roland Kawczynski-Pillonel (Suisse Switzerland, 1987),**
***Coucou Bijou*, 2013**
Pierre semi-précieuse, mécanisme d'horloge, chaîne
Semi-precious stones, clock mechanism, chain
30 x 28 x 28 cm
Courtesy HEAD – Genève / Photo © Sandra Pointet / HEAD – Genève

**135 – Benoît Billotte (France, 1983), *À la bonne heure*, 2009**
2 horloges, 1 coucou, 3 plaques gravées
2 clocks, 1 cuckoo clock, 3 engraved panels / 50 x 80 x 15 cm
Prêt de l'artiste
Photo © Atelier de numérisation – Ville de Lausanne, Marie Humair

**136 – Solkin Keizer (Pays-Bas The Netherlands / Mexique Mexico, 1982), *Peeping Clock*, 2013**
iPad, cable, bois sculpté, film iPad, cable, carved wood, film
30 x 60 x 10 cm
Courtesy HEAD – Genève / Photo © Sandra Pointet / HEAD – Genève

**136 – Wendy Gaze (France, 1989) et and Arnaud Imobersteg (Suisse Switzerland, 1991),**
***Semaphore*, 2013**
Métal, bois, papier Metal, wood, paper / 200 x 100 x 15 cm
Courtesy HEAD – Genève / Photo © Sandra Pointet / HEAD – Genève

**137 – Michael Sans (Allemagne Germany, 1969),**
***Cuckoo Clock*, 2006**
Coucou empaillé, horloge digitale, métal, bois
Stuffed cuckoo, digital clock, metal / 60 x 40 x 20 cm
Prêt de l'artiste / Photo © Dominik Butzmann

**L'HEURE ABSENTE, POÉTIQUE, RÊVEUSE**
**THE HOUR GOES MISSING…**

**139 – Jean-François d'Or (Belgique Belgium, 1974),**
***Expression Of Time*, 2013**
Bois, plume, mécanisme d'horloge
Wood, feather, clock mechanism / 24 x 10 x 10 cm
Courtesy CID – Centre d'innovation et de design au Grand-Hornu, Belgique / © Jean-François d'Or, « Expression Of Time », édition Grand-Hornu, 2013 / Collection Province de Hainaut / Grand-Hornu
Photo © LENZER Photographers

Les secondes sont signalées par le rythme de chaque plume marquant, de manière poétique, le passage du temps. Émotion et abstraction annulent la précision et la lecture réelle de l'heure. The seconds are indicated by the rhythm of each feather, poetically marking the passage of time. Emotion and abstraction offset precision and the actual reading of the time.

**140 – Shiro Kuramata (Japon Japan, 1934), *Just In Time*, 1986**
Brindilles, mélamine, mécanisme d'horloge
Twigs, melamine, clock mechanism / 51,5 x 37,5 x 0,7 cm
Courtesy Paris, musée des Arts décoratifs, département moderne et contemporain / Photo © Les Arts Décoratifs, Paris / Jean Tholance

**141 – Shiro Kuramata (Japon Japan, 1934),**
***Clock With Five Hands*, 1986**
Aluminium, papillon, coccinelle, anchois, mélamine, mécanisme d'horloge Aluminium, butterflies, ladybirds, anchovies, melamine, clock mechanism / 33 x 33 x 2,5 cm
Courtesy Paris, musée des Arts décoratifs, département moderne et contemporain / Photo © Les Arts Décoratifs, Paris / Jean Tholance

**142 – Siren Elise Wilhelmsen (Norvège Norway, 1982),**
***365 Knitting Clock*, 2010**
Bois, acrylique, laine Wood, acrylic, wool / 36 x 15 x 50 cm
Prêt de l'artiste / Photo © Miriam Lehnart

**143-144 – Thorunn Arnadottir (Islande Iceland, 1982),**
***The Sasa Clock*, 2007**
Acier inox poli, hêtre, batterie et mécanisme d'horloge
Polished stainless steel, beech, batteries and clock mechanism
Ø 13,5 x 7,5 cm + collier necklace 160 cm
Courtesy Daniel Estes Designs, Housatonic, États-Unis
Photo © Matthew Booth

**145 – Natalia Brilli (Belgique Belgium, 1970),**
***Nolex*, 2007-2008**
Cuir, montre Leather, watch / 22,5 x 4 cm
Courtesy Paris, musée des Arts décoratifs, département moderne et contemporain / Photo © Les Arts Décoratifs, Paris / Jean Tholance

Montre-bracelet corsetée dans une gaine en cuir noir empêchant la lecture de l'heure. La pièce conserve toutefois l'identité de la montre de marque évoquée par le titre. Wristwatch in a black leather sheath preventing it being read. The piece nonetheless retains the identity of the designer watch suggested by the title.

**146 – Raqs Media Collective (collectif fondé collective founded en in 1992 par by Jeebesh Bagchi, Monica Narula et Shuddhabrata Sengupta, Inde India),**
***When The Heart Skips a Beat*, 2012**
Vidéo (affichage de l'heure sur 24 heures)
Video (24-hour display of the time)
Courtesy des artistes et de Frith Street Gallery, Londres
Photo © Raqs Media Collective

**L'OMBRE DE L'HEURE**
**THE HOUR'S SHADOW**

**148 – Jorge Macchi (Argentine Argentina, 1963), *10:51*, 2009**
Vidéo (17'47") Video (17'47")
Courtesy et copyright Jorge Macchi et Galerie Peter Kilchmann, Zurich / Photo © Jens Weyers

Jamais l'aiguille ne passera à la minute suivante. Le passage du temps bégaie à la limite du plafond de la salle d'exposition. Le temps est arrêté mais il bouge encore. The hand will never move on to the next minute. The passage of time thuds into the edge of the ceiling of the exhibition hall. Time has been stopped but it still moves.

**149 – Poetic Lab (collectif fondé à Londres en 2012 par collective founded in London in 2012 by Hanhsi Chen et and Shikai Tseng), *Shadow Clock*, 2011**
Alliage aluminium, acier inoxydable, halogène, ampoule
Aluminium alloy, stainless steel, halogen, light bulb
Ø 52 x 40 cm
Prêt et photo © Poetic Lab

**LE DESIGN À L'HEURE**
**TIMELY DESIGN**

**151 – Maarten Baas (Allemagne Germany / Pays-Bas The Netherlands, 1978), *Sweepers clock*, 2009**
Vidéo (affichage de l'heure sur 24 heures)
Video (24-hour display of the time)
© Collection mudac, Lausanne / Photo © Maarten Baas

Vidéo de la série *Real Time* du designer hollandais qui nous dit : deux hommes poussent des tas de détritus avec lesquels ils composent les aiguilles d'une montre et les déplacent à mesure que l'heure avance. Comme le travail de nettoyage, le mouvement infini ici filmé, se répète interminablement. La performance indique l'heure en temps réel. Video of the series *Real Time* by the Dutch designer, which seems to say: two men sweep piles of rubbish up into the shape of the hands of a clock and move them round as the time changes. Just like sweeping itself, the endless movement filmed here just goes on and on. The performance gives the correct time.

**152 – Sebastian Wrong (Grande-Bretagne Great Britain, 1971), *Font Clock*, 2007**
Plastique ABS blanc, Plexiglas, acrylique
White ABS plastic, Plexiglass, acrylic / 42 x 16 x 56,5 cm
Courtesy Established&Sons, Londres – Font Clock by Sebastian Wrong
Photo © Peter Guenzel

**153 – Humans Since 1982 (Per Emanuelsson, Suède Sweden, 1982 et and Bastian Bischoff, Allemagne Germany, 1982), *The Clock Clock*, AP2, 2008-2009**
Aluminium, composants électroniques
Aluminium, electronic components
45 x 130 x 9 cm (table non comprise table not included)
Prêt des designers / Photo © Tim Meier

À chaque minute, les 24 horloges analogiques tournent très rapidement sur elles-mêmes pour recomposer, en lecture digitale, l'heure qu'il est à la minute suivante. Every minute the 24 analogical clocks spin round to show the next minute on a digital display.

**154 – Martí Guixé (Espagne Spain, 1964), *Wall Clock*, 2010**
Horloge, aluminium Clock, aluminium / Ø 40 x 5 cm
© Collection mudac, Lausanne / Photo © Imagekontainer / Knölke / Atelier numérique – Ville de Lausanne, Arnaud Conne

**155 – Martino d'Esposito (Suisse Switzerland, 1976), *Espace Temps*, 2007**
Céramique émaillée Enamelled ceramic
31,5 x 28 x 4 cm par partie per section
© Collection mudac, Lausanne / Photo © Martino d'Esposito

## L'HEURE ÉLECTRONIQUE
## ELECTRONIC TIME

*Cf Arnaud Tellier p.13/179*

**156 – Derby Swissonic, montre-bracelet à affichage digital**
Derby Swissonic, digital wristwatch
Marin, vers around 1974
Métal Metal / 4 x 3,5 cm
Prêt et photo © Collection du Musée international d'horlogerie, La Chaux-de-Fonds

**156 – Girard-Perregaux, montre-bracelet *Casquette* à affichage digital** *Casquette* digital wristwatch
La Chaux-de-Fonds, 1976. Acier Steel / 4,3 x 3,7 x 1,1 cm
© Musée Girard-Perregaux / Photo © David Baumann / Mathieu Bosa

**157 – HP Hewlett-Packard, montre à quartz à affichage digital, avec calculatrice** digital quartz watch, with calculator
États-Unis United States, 1977
Métal doré Gilt metal / 4,1 x 3,7 cm
Prêt et photo © Collection du Musée international d'horlogerie, La Chaux-de-Fonds

**158 – Seiko, montre-bracelet à écran avec récepteur radio et télévision** radio and television receiver wristwatch with screen
Tokyo, 1983. Métal Metal / Montre Watch : 4 x 3,5 cm, récepteur receiver : 15 x 10 cm
Prêt et photo © Collection du Musée international d'horlogerie, La Chaux-de-Fonds

**159 – Samsung Electronics, *Smartwatch Samsung Gear S*, applications multiples sur un incurvé** *Smartwatch Samsung Gear S*, multiple applications on a curved watch
Séoul Seoul, 2015. Matière synthétique, caoutchouc Synthetic materials, rubber / 5,8 x 4 cm
Prêt et photo © Samsung Electronics

**160 – Sony, *SmartWatch 2 SW2*, montre-bracelet « intelligente » à écran tactile connectée Android** *SmartWatch 2 SW2*, "intelligent" wristwatch with Android-compatible touchscreen
Suède Sweden, 2013
Écran LCD, aluminium LCD screen, aluminium
4,1 x 4,1 x 0,9 cm
Collection mudac, Musée de design et d'arts appliqués contemporains, Lausanne / Photo © Atelier de numérisation – Ville de Lausanne, Marie Humair

**161 – METAWATCH, *STRATA – Optic Green*, montre-bracelet avec connexion Bluetooth** *STRATA – Optic Green*, wristwatch with Bluetooth connection
Finlande Finland, 2012
Écran LCD, aluminium et plastique LCD screen, aluminium and plastic / 4,4 x 4,1 x 1,4 cm
Collection mudac, Musée de design et d'arts appliqués contemporains, Lausanne / Photo © Atelier de numérisation – Ville de Lausanne, Marie Humair

## L'HEURE DES DESIGNERS
## THE HOUR OF THE DESIGNERS

**162 – Hannes Wettstein (Suisse Switzerland, 1958-2008) pour for Ventura, montre-bracelet** wristwatch ***SPARC FX 2000***
Allemagne Germany, 2000
Titane Titanium / 4 x 3,6 x 1,1 cm
Prêt et photo © Ventura

**163 – Hannes Wettstein pour for Ventura, montre-bracelet** wristwatch ***v-tec Alpha*** Ventura
Allemagne Germany, 2003
Titane Titanium / 3,9 x 3,4 x 6,5 cm
Prêt et photo © Ventura

**164 – EAA Genève, montre pendentif ou de poche *ERIS*, l'heure est indiquée sur « l'équateur » de la sphère, les heures en bas, les minutes en haut** *ERIS* pendant or pocket watch, the time is indicated on the "équator" of the sphere, the hours below, the minutes above.
Genève Geneva, 2007
Aluminium coloré Coloured aluminium / Ø 3,6 cm
© Montres Pierre Junod / Photo © EAA Genève

**164 – Tokujin Yoshioka (Japon Japan, 1967) pour Seiko-Issey Miyake, montre-bracelet TO** for Seiko-Issey Miyake, TO wristwatch
Tokyo, 2005. Acier Steel / Ø 3,8 cm
Prêt et photo © Seiko Nextage Co., LTD

**165 – Issey Miyake (Japon, 1938) et and Yves Béhar (Suisse Switzerland, 1967) pour Fuseproject, montre-bracelet *Vue Watch*** for Fuseproject, *Vue Watch* wristwatch
Tokyo, 2005
Acier inoxydable Stainless steel / 10 x 2 x 0,7 cm
© Fuseproject

**166 – Adrian et** and **Jeremy Wright (Grande-Bretagne** Great Britain, **1975/1976), montre-bracelet *Script LM 125*, heures, minutes et secondes digitales** *Script LM 125* wristwatch, hours, minutes and seconds digitally displayed
Londres London, 2013. Acier Steel / 3,7 x 3,3 cm
© Collection mudac, Lausanne / Photo © Atelier de numérisation – Ville de Lausanne, Marie Humair

**167 – Philippe Starck (Paris, 1949), Rafiel Rexach, Brad Piercey pour Fossil, montre-bracelet *Led Cub*, heures, minutes et secondes digitales** for Fossil, *Led Cub* wristwatch, hours, minutes and seconds digitally displayed
États-Unis United States, 2004
Polyuréthane Polyurethane / 7,2 x 3,2 x 7,3 cm
© Collection mudac, Lausanne / Photo © Atelier de numérisation – Ville de Lausanne, Marie Humair

**168 – Mathieu Lehanneur (Rochefort, 1974) pour LEXON, montre *Take Time* analogique avec bracelet à double enveloppe** for LEXON, *Take Time* analogical watch with double-sheathed strap
Paris, 2012. Gomme siliconée Silicone-coated gum / Ø 3 cm
© Collection mudac, Lausanne
Photo © Atelier de numérisation – Ville de Lausanne, Marie Humair

**168 – Seraina Lareida (Suisse,** Switzerland **1986) / ECAL, prototype de montre-bracelet *ARA*, l'heure, la minute et la seconde sont indiquées par trois demi-cercles mimant le mouvement d'aiguilles** prototype *ARA* wristwatch, the hours, minutes and seconds are indicated by three semi-circles imitating the movement of hands
Düdingen, 2014
Aluminium et acier Aluminium and steel / Ø 4 cm
© Seraina Lareida / Photo © Cédric Widmer

**169 – Benoît Mintiens (Belgique** Belgium, **1972), montre-bracelet *Ressence Type 3*, à affichage des heures, minutes, secondes arabes, jours sur disques tournant dans un bain d'huile, quantième sur le pourtour avec index à 6h** *Ressence Type 3* wristwatch, with hours, minutes and seconds in Arabic numerals, days on disks turning in an oil bath, date on the rim with hourmarker at 6 o'clock
Belgique Belgium, 2012. Titane Titanium / 4,5 x 5,5 x 2 cm
© Ressence / Photo © Erwin Maes

**170 – Félix Baumgartner (Suisse** Switzerland, **1975) et** and **Martin Frei (Suisse** Switzerland, **1966) pour Urwerk, montre-bracelet mécanique *UR-CC1*, cylindre pour les heures arabes sautantes linéaires, cylindre pour les minutes arabes rétrogrades linéaires, secondes linéaires digitales** for Urwerk, *UR-CC1* mechanical wristwatch, cylinder for linear jumping Arabic hours, cylinder for linear retrograde Arabic minutes, digital linear seconds
Genève Geneva et and Zurich, 2009
Or gris et titane Grey gold and titanium / 4,26 x 5,3 x 1,6 cm
© URWERK / Photo © Anita Schlaefli

**170 – Maximilian Büsser & Friends, montre-bracelet *Moonmachine*, moteur conçu par Jean-Marc Wiederrecht : dôme de droite heures arabes rotation en 12 heures, dôme de gauche minutes arabes rotation en 60 minutes, complication conçue par l'horloger finlandais Stepan Sarpaneva : les phases de lune s'affichent par deux lunes tournant sous un anneau** Maximilian Büsser & Friends, *Moonmachine* wristwatch, motor created by Jean-Marc Wiederrecht: on the right-hand dome Arabic numerals rotating in 12 hours, on the left-hand dome Arabic minutes rotating in 60 minutes, a complication conceived by the Finnish watchmaker Stepan Sarpaneva: the phases of the moon are indicated by two moons turning under a ring
Genève Geneva, 2012. Titane Titanium / 4,7 x 5 x 1,9 cm
© MB&F / Photo © Maarten van der Ende

**171 – Parmigiani Fleurier SA, montre-bracelet *Bugatti Super Sport*, deux cadrans en cascade : dessus la réserve de marche, dessous l'heure et la minute** Parmigiani Fleurier SA, *Bugatti Super Sport* wristwatch, two dials at an angle to each other: power reserve indicator at the top, hours and minutes below
Fleurier, 2011. Or blanc White gold / 3,6 x 5,07 cm
© Parmigiani Fleurier / Photo © L'Affaire Édith

**171 – Hublot, montre-bracelet *MP-05 «LaFerrari»*, à droite deux cylindres superposés indiquent les heures et les minutes arabes, les secondes sont indiquées par des cylindres fixés au tourbillon suspendu, à gauche un cylindre porte la réserve de marche** Hublot, *MP-05 "LaFerrari"* wristwatch, on the right two overlapping cylinders indicate the Arabic numerals and minutes, the seconds are indicated by cylinders attached to the suspended tourbillon, the cylinder on the left indicates the power reserve
Nyon, 2013. Titane Titanium / 1,99 x 5,11 x 5,97 cm
Prêt et photo © Hublot

**224 – Maxim Velcovsky (Tchécoslovaquie** Czechoslovakia, **1976), *Digi Clock*, 2001**
Porcelaine Porcelain / 8,5 x 26 x 32 cm
Courtesy Qubus Design Studio, Prague / Maxim Velcovsky
Photo © Gabriel Urbanek

# BIOGRAPHIES
# BIOGRAPHY

### CHANTAL PROD'HOM

Chantal Prod'Hom est directrice du mudac depuis son ouverture en 2000. Auparavant, elle a été la co-directrice de la FAE Musée d'art contemporain de Pully/Lausanne et conservatrice au Musée cantonal des Beaux-Arts de Lausanne. Membre de plusieurs jurys comme la Commission fédérale des beaux-arts, le Prix culturel de Manor et la Commission d'experts Pro Helvetia pour le design, elle a obtenu le Prix Merit du Design Preis Schweiz en 2013. Elle est Chevalier de l'ordre des Arts et Lettres depuis 2010. Tout au long de sa carrière, elle a assuré le commissariat de nombreuses expositions temporaires.

Chantal Prod'Hom has been the Director of mudac since it opened in 2000. Prior to this, she was the Co-Director of the FAE Museum of Contemporary Art/Lausanne and curator of the Musée cantonal des Beaux-Arts in Lausanne. She is a member of several juries and panels, such as the Federal Fine Arts Commission, the Prix Culturel Manor and the Pro Helvetia Committee of Experts as the design specialist. Prod'Hom was awarded the Design Preis Schweiz's Merit Prize in 2013 and was granted the title "Chevalier de l'ordre des Arts et des Lettres" in 2010. She has organized numerous temporary exhibitions throughout her career.

### FABIENNE XAVIÈRE STURM

Historienne de l'art, Fabienne Xavière Sturm est conservateur honoraire du Musée de l'horlogerie et de l'émaillerie de Genève dont elle a géré les collections pendant trente ans et les a présentées à travers le monde. Depuis 2003, elle continue à publier, à honorer divers mandats dans la sphère de l'horlogerie et à l'université des Seniors de Genève. Elle est Chevalier des Arts et Lettres depuis 1998.

Fabienne Xavière Sturm is an art historian and honorary Curator of the Musée de l'horlogerie et de l'émaillerie, where she was responsible for the timepiece and enamel collections for thirty years, exhibiting them throughout the world. Since 2003 she has continued to publish and to occupy various positions in the field of watchmaking and at the University of the Third Age in Geneva. She was granted the title "Chevalier de l'ordre des Arts et des Lettres" in 1998.

### ARNAUD TELLIER

Arnaud Tellier a grandi en Normandie dans une famille d'amateurs d'art. Sa passion pour l'horlogerie démarre très tôt. Après une formation d'horloger-rhabilleur et de restaurateur en horlogerie ancienne à La Chaux-de-Fonds dans les montagnes neuchâteloises, il travaille durant dix ans pour la maison de ventes aux enchères Antiquorum à Genève, devenant au fil du temps expert en horlogerie de collection. Il exerce ensuite pendant onze ans les fonctions de directeur et conservateur du Musée Patek Philippe de Genève. À l'automne 2011, il monte un cabinet d'expertise, de conseils et de négoce en objets d'art, principalement dédié à l'horlogerie de collection et aux objets de vitrine (orfèvrerie, argenterie et émaillerie). Cette activité débouche à l'été 2012 sur l'ouverture d'une galerie d'art, sise à Morges sur la Côte vaudoise, où la peinture – son autre passion – tient une place importante.

Arnaud Tellier grew up in Normandy in a family of art lovers. His passion for timepieces developed while very young. After training as a clock repairer and ancient clock restorer in La Chaux-de-Fonds, in the mountains above Neuchâtel, he worked for ten years for Antiquorum, an auction house in Geneva, gradually becoming an expert in collectable timepieces. He then spent eleven years as Director and curator at the Patek Philippe Museum in Geneva. In autumn 2011, he set up an art expertise, consultancy and trading agency, specialising in collectable timepieces and showcase objects (gold, silver and enamelwork). In summer 2012, he opened an art gallery in Morges, on the Vaud bank of Lake Geneva, where painting – another of his passions – plays an important role.

**KARINE TISSOT**
Karine Tissot est historienne de l'art et directrice du Centre d'art contemporain d'Yverdon-les-Bains. Après avoir travaillé au Musée d'art et d'histoire de Genève et au Musée d'art moderne et contemporain (Mamco, Genève), elle s'est concentrée sur des projets d'art public d'envergure pour l'État de Genève. Parallèlement à ses engagements, elle a toujours exercé d'autres activités comme l'enseignement de l'histoire de l'art, la critique d'art ou la direction de publications.
Karine Tissot is an art historian and director of Yverdon-les-Bains Contemporary Art Centre. After working at the Museum of Art and History in Geneva and the Museum of Modern and Contemporary Art (Mamco) in Geneva, she concentrated on large-scale public art projects for the State of Geneva. Tissot has always combined her regular employment with other activities, such as teaching the history of art, working as an art critic or editing publications.

**ANDRÉ WYSS**
André Wyss a été professeur de littérature française moderne à la Faculté des lettres de l'Université de Lausanne (il en a été aussi le doyen). Ses domaines de prédilection sont la stylistique, la poésie depuis Baudelaire et les relations musique/littérature (*Éloge du phrasé*, 1999). Il a dirigé l'*Anthologie de la littérature jurassienne, 1965-2000*, dont il a écrit la préface. Depuis 2011, il préside l'Université des seniors de Genève.
André Wyss has been professor of Modern French Literature in the Faculty of French at Lausanne University (also serving as head of faculty), specializing in stylistics, poetry since Baudelaire and the relationship between music and literature (*Eloge du phrase*, PUF, 1999). He edited *Anthologie de la littérature jurassienne*, 1965–2000, contributing its preface. Since 2011, Wyss has presided over Université des Seniors in Geneva.

**JOËL VACHERON**
Joël Vacheron est un sociologue et journaliste indépendant basé à Londres. Il s'intéresse aux mutations contemporaines des cultures populaires, en particulier dans le domaine de la musique, de la photographie et du design. Il est également chercheur et enseignant pour le département de communication visuelle à l'ECAL/École cantonale d'art de Lausanne.
Joël Vacheron is a sociologist and journalist based in London. He is interested in contemporary changes in popular cultures, especially in the field of music, photography and design. He is also a researcher and teacher in the Department of Visual Communication at ECAL/University of Art and Design Lausanne.

**STÉPHANE BONVIN**
Un début de carrière au *Nouveau Quotidien* où il pilotera les pages « Culture » et d'où il chronique la danse et le théâtre. Puis 15 ans de journalisme de mode entre Genève, Milan et Paris pour le quotidien *Le Temps*, dont il dirige la rubrique « Société » et où il écrit sur les phénomènes de société. Désormais indépendant, Stéphane Bonvin se partage entre le journalisme free lance, le consulting pour diverses maisons de luxe et l'enseignement – écriture journalistique et mode, sans oublier, de temps en temps, une plage de yoga.
Stéphane Bonvin's career began at the Nouveau Quotidien, where he edited the "Culture" section and covered dance and the theatre. He subsequently spent fifteen years following the fashion industry, shuttling between Geneva, Milan and Paris, for the daily newspaper *Le Temps*, where he was editor of the "Société" column and wrote about social trends. Bonvin now works independently and divides his time between freelance journalism, consultancy for various fashion houses and teaching journalism and fashion writing, while finding room for the occasional item on yoga.

**LORETTE COEN**
Lorette Coen, essayiste, journaliste et commissaire d'expositions. Écrit sur l'architecture, l'urbanisme, le design, l'art contemporain. Préside la Commission fédérale du design entre 2001 et 2008. Membre de plusieurs jurys suisses et européens.
Lorette Coen is an essayist, journalist and exhibition curator. She writes on architecture, town planning, design and contemporary art. Coen chaired the Federal Design Commission from 2001 to 2008 and has been a member of several Swiss and European juries.

**ALEXIS GEORGACOPOULOS**
Diplômé de l'ECAL/École cantonale d'art de Lausanne, Alexis Georgacopoulos en devient le directeur en juillet 2011. Il n'en continue pas moins d'enseigner et de pratiquer le design. Entre plusieurs partenariats et collaborations, il a initié « Delirious Home », un projet récompensé au Salon international du meuble de Milan en avril 2014. Le magazine *Wallpaper** l'a cité parmi les 100 personnalités les plus influentes du monde du design.
Alexis Georgacopoulos is a graduate of ECAL/University of Art and Design Lausanne and became its director in July 2011. He continues nonetheless to teach and design objects. He has joined several partnerships and collaborative ventures, including "Delirious Home", an award-winning project at Milan's International Furniture Fair in April 2014. The magazine *Wallpaper** included him among the 100 most influential people in the design world.

**LUC DEBRAINE**
Luc Debraine est journaliste culturel au magazine *L'Hebdo*. Il est également curateur d'expositions (« Tous photographes » au Musée de l'Élysée de Lausanne en 2007, « Jeune photographie suisse », au Salon du livre de Genève en 2014) et professeur de culture visuelle à l'Académie du journalisme et des médias de l'Université de Neuchâtel.
Luc Debraine is a journalist specializing in culture at *L'Hebdo* magazine. He is also an exhibition curator (*Tous photographes* at the Musée de l'Elysée, Lausanne, in 2007; *Jeune photographie suisse*, at the Salon du livre, Geneva, in 2014) and lecturer in visual culture at the Académie de journalisme et des médias in the University of Neuchâtel.

# REMERCIEMENTS
# ACKNOWLEDGMENTS


**LES COMMISSAIRES REMERCIENT**

**Pour leur contribution à ce livre**
Arnaud Tellier / Karine Tissot / André Wyss / Joël Vacheron / Stéphane Bonvin / Lorette Coen / Alexis Georgacopoulos / Luc Debraine

**Pour son partenariat confiant**
Olivier Gabet, Directeur, Musée des Arts décoratifs, Paris

**Pour leur soutien généreux à l'exposition**
- Juan Carlos Torres, Directeur Général, Vacheron Constantin
- Julien Marchenoir, Directeur Marketing, Vacheron Constantin
- Vincent Helg, Brand Equity & Heritage Department, Vacheron Constantin
- Fabienne Lupo, Présidente Directrice Générale de la Fondation de la Haute Horlogerie
- Jean-Luc Moner-Banet, Directeur Général de la Loterie Romande
- Jean-Pierre Beuret, Président du Conseil d'Administration de la Loterie Romande
- Me Olivier Verrey, Secrétaire général, Sandoz – Fondation de Famille
- Pierre Landolt, Président du Comité de direction, Sandoz – Fondation de Famille
- Gustave Muheim, Président Lausanne Région
- Federico D. Andreani, Délégué économique, Lausanne Région – Promotion économique
- Pierre-Luc Maillefer, Président du Conseil, Fondation Leenaards
- Peter Brey, Directeur, Fondation Leenaards
- Pierre Wavre, Président de la Commission culturelle, Fondation Leenaards
- Michel Ferla, Président, Fondation du Casino Barrière, Montreux
- Me Cyrille Piguet, Président, Société Académique Vaudoise
- Christian Pilloud, Secrétaire général Société Académique Vaudoise
- Lorraine Clément, Responsable de la communication, Retraites Populaires Vaud
- Sébastien Perrin, Publicité et sponsoring, Retraites Populaires Vaud
- Urs Berger, Président du Conseil de Fondation, Fondation du Jubilé de la Mobilière Suisse, Société coopérative
- Thierry Barbier-Mueller, administrateur délégué, Société privée de gérance (SPG), Genève
- Joëlle Mainguet-Suarès et Adelita Genoud, magazine *Femina*, Lausanne

**Pour leur prêt**
Les Institutions
*En Suisse*
- Musée international d'horlogerie, La Chaux-de-Fonds, Jean-Michel Piguet
- Musée d'horlogerie du Locle – Château des Monts, Morghan Mootoosamy et Marlène Rufenacht
- Musée de l'horlogerie Beyer Zurich, Monika Leonhardt
- Fondation Édouard et Maurice Sandoz, Pully, Me Olivier Verrey
- Ville de Genève

*En France*
- CNAP – Centre national des arts plastiques, Paris, Yves Robert et Laetitia Dalet
- Musée du Louvre, Paris, Jannic Durand et Laurent Creuzet
- Musée des Arts décoratifs, Paris, Dominique Forest
- FRAC Champagne-Ardennes, Reims, Florence Derieux et Jean-Martial Dutheil

*En Belgique*
- CID Centre d'innovation et de design au Grand-Hornu, Marie Pok

*En Italie*
- Triennale Design Museum, Milan, Marilia Pederbelli

Les patrimoines des Maisons horlogères
- Manufacture Cartier, La Chaux-de-Fonds
- Collection Cartier, Genève
- Patrimoine Vacheron Constantin, Genève, Géraldine Hamouni-Calicchia
- Collection Privée Piaget, Genève, Alain Borgeaud
- Patrimoine Audemars Piguet, Le Brassus, Sébastian Vivas
- Patrimoine Jaeger Lecoultre, Le Sentier, Mélanie Didier et Stéphanie Paillat
- Compagnie des montres Longines Francillon SA, Saint Imier, Jennifer Bochud
- IWC Museum, Schaffouse, David Seyffer
- Musée Girard-Perregaux, La Chaux-de-Fonds, Xavier Markl

Les marques horlogères
Bell & Ross, Paris / Hermès, Paris / Hublot, Nyon / Maximilian Büsser & Friends, Jean-Marc Wiederrecht, Genève / Meta Watch, Dallas et Espoo / Officine Panerai, Genève / Parmigiani, Fleurier / Pierre Junod, Bienne / Ressence, Benoît Mintiens, Anvers / RJ-Romain Jerome, John Armleder, Genève / Urwerk, Félix Baumgartner & Martin Frei, Genève & Zurich / Samsung Electronics Switzerland / Sony, Tokyo / Ventura Hannes Wettstein, Zurich / Kari Voutilainen, Môtiers

Les artistes et les designers
Joëlle Aeschlimann, Mathieu Rivier, Pauline Saglio, ECAL / Darren Almond / Francis Alÿs / Iván Argote / Thorunn Arnadottir / François Azambourg / Maarten Baas / Bina Baitel / Lenora de Barros / Yves Béhar, Fuseproject pour Issey Miyake / Benoît Billotte / Klaus Botta / breadedEscalope / Natalia Brilli / Dongjin Byeon / Valentin Carron / Pierre Charrié / Martino d'Esposito & Alexandre Gaillard / Swiss Koo / Jean-François d'Or / Ruth Ewan / Mark Formanek / Adrienne Garbini / Wendy Gaze & Arnaud Imobersteg, HEAD-Genève / Constance Guisset / Martí Guixé / Humans Since 1982 / Crispin Jones / Solkin Keizer, HEAD-Genève / Fiona Krüger, ECAL / Shiro Kuramata / Alicja Kwade / Seraina Lareida, ECAL / Mathieu Lehanneur / Nicolas Le Moigne / Jorge Macchi / Alexandra Martini / Éric Morzier, Sigmasix / Gianni Motti / Mathilde Petit & Roland Kawczynski-Pillonel, HEAD-Genève / Jordi Pla, ECAL / Bertrand Planes / Poetic Lab / Christiaan Postma / Qubus Design Studio / Raqs Media Collective / Pauline Saglio, ECAL / Michael Sans / Nazar Sigaher pour Meyer Group / Philip Starck pour Fossil / Maxim Velcovsky / Dominic Wilcox / Siren Elise Wilhelmsen / Jeremy and Adrian Wright pour Lexon / Sebastian Wrong / Tokujin Yoshioka pour Seiko / Tristan Zimmermann

Les galeries et éditeurs de design
Carpenters Workshop Gallery, Paris / Established&Sons, Londres / Frith Street Gallery, Londres / Peter Kilchmann, Zurich / kamel mennour, Paris / Galeria Millan, São Paulo / Galerie Perrotin, Paris / Galerie Xippas, Genève

Les collectionneurs privés
Aaron R. / Arnaud Tellier / A l'Émeraude, Lausanne

**Pour leur soutien chaleureux à l'exposition**
- Anne Biéler
- Nicolas Le Moigne, Président, Association des amis du mudac
- Pierre Keller, ancien directeur de l'ECAL

**Pour leur précieuse et compétente collaboration**
- Thierry Dépraz, Actoform, Ecublens
- Flavia Cocchi, Ludovic Gerber, Charlotte Correia, Atelier Cocchi, Lausanne

À l'ECAL
- Alexis Georgacopoulos, Directeur, Lausanne
- Les lauréats ayant gagné le mandat du concept scénographique, Iris Andreadis, Anna Heck, Pauline Lemberger, Jérôme Rütsche, étudiants en Exhibit Design
- Adrien Rovero, designer, responsable du cours Exhibit Design
- Paolo Paoluzzo, assistant
- Stéphane Halmaï Voisard, responsable Bachelor Design Industriel

**Pour son engagement très apprécié, toute l'équipe du mudac**
Nuno Almeida, gardien / Michèle Bell, régie des transports / Dominique Binda, technicien / Gabrielle Chappuis, médiatrice / Carole Guinard, scénographe et responsable de collection / Susanne Hilpert Stuber, conservatrice / Françoise Khenoune, bibliothécaire / Christophe Krebs, adjoint administratif / Sylvie Niederer, secrétaire / Marie-Laure Offredi, responsable accueil et boutique / Danaé Panchaud, relations publiques / Françoise Rossich, accueil et boutique / Bettina Tschumi, conservatrice / Pedro Vemba, gardien / Nos remerciements particuliers s'adressent aux deux stagiaires, Karin Daguet et Maéva Besse, qui ont suivi le projet avec une intelligence et une tenacité remarquables.

**Pour la haute qualité de leur collaboration**
5 Continents Editions, Milan – Eric Ghysels, Laura Maggioni, Anna Acremoni, Silvia Riboldi

**Pour leur intérêt à l'exposition et la disponibilité de leurs réseaux**
- Maxline Stettler, directrice des relations internationales, Direction générale de l'Enseignement supérieur, Département de la Formation, de la Jeunesse et de la Culture, État de Vaud
- Miguel Perez – La Plante, Head of Culture and Public Affairs, Ambassade de Suisse au Japon, Tokyo
- Sylvia Xu, Responsable Pro Helvetia, Shanghai
- Jean-François Lichtenstern, Consulate General of Switzerland, Los Angeles
- Christian Simm, CEO, Swissnex San Francisco
- Yan Gong, Directeur, Power Station of Art, Shanghai
- Zhou Tiehai, Director, Westbund Art & Design, Shanghai
- Diane Charbonneau, Conservatrice des arts décoratifs modernes et contemporains, Musée des beaux-arts de Montréal

Partenaires principaux :

VACHERON CONSTANTIN
Manufacture Horlogère. Genève, depuis 1755.

FONDATION DE LA HAUTE HORLOGERIE

canton de vaud

Partenaire :

Retraites Populaires

Partenaire média :

FEMINA

Fondations :

LOTERIE ROMANDE

FONDATION LEENAARDS

SANDOZ - FONDATION DE FAMILLE

Société Académique Vaudoise

Fondation Casino Barrière Montreux

FONDATION DU JUBILÉ DE LA MOBILIÈRE
SUISSE SOCIÉTÉ COOPÉRATIVE

amis du mudac

Lausanne

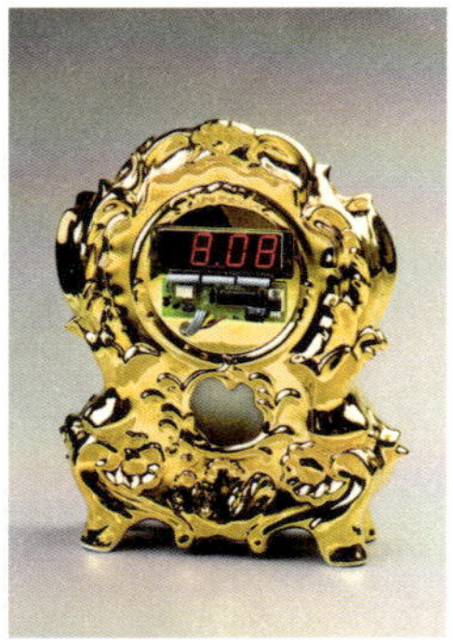

**Maxim Velcovsky, *Digi Clock*, 2001**
Courtesy Qubus Design Studio, Prague / Maxim Velcovsky



## IMPRESSUM

**CATALOGUE / CATALOGUE**
Ce catalogue paraît à l'occasion de l'exposition « L'Éloge de l'heure », présentée du 27 mai au 27 septembre 2015 au mudac de Lausanne. This catalogue is published on the occasion of the "*Telling Time*" exhibition, presented from 27 May to 27 September 2015 at mudac, Lausanne

**EXPOSITION / EXHIBITION**
Chantal Prod'Hom, directrice du mudac
Fabienne Xavière Sturm, conservateur honoraire du Musée de l'horlogerie, Genève

**AVEC L'APPUI DE / WITH THE SUPPORT OF**
Karine Tissot, Directrice du CACY, Yverdon-les-Bains
Arnaud Tellier, Galerie Arnaud Tellier, Morges
Claire Favre Maxwell et Susanne Hilpert Stuber, conservatrices, mudac

**ASSISTÉS DE / ASSISTED BY**
Karin Daguet et Maéva Besse

mudac/Musée de design et d'arts appliqués contemporains
Place de la Cathédrale 6, CH-1005 Lausanne
T.+41 21 315 25 30 / F.+41 21 315 25 39
info@mudac.ch / www.mudac.ch

**CATALOGUE / CATALOGUE**

**SUIVI ÉDITORIAL**
Claire Favre Maxwell, mudac

**AUTEURS / AUTHORS**
Chantal Prod'Hom, Fabienne Xavière Sturm, Arnaud Tellier, Karine Tissot, André Wyss, Joël Vacheron, Stéphane Bonvin, Lorette Coen, Alexis Georgacopoulos, Luc Debraine

**GRAPHISME / GRAPHIC DESIGN**
Atelier Cocchi, Flavia Cocchi, Ludovic Gerber, Charlotte Correia

**5 CONTINENTS EDITIONS**
Coordination éditoriale / Editorial Coordination
Laura Maggioni

Direction artistique / Art Direction
Annarita De Sanctis

Traduction en anglais / English Translation
Julian Comoy

Secrétariat de rédaction / Editing
Anne-Claire Juramie, Emily Ligniti

Photogravure / Color Separation
Eurofotolit, Cernusco sul Naviglio, Italy

Achevé d'imprimer en Italie sur les presses Musumeci, Aosta, pour le compte de 5 Continents Editions, Milan, en mai 2015
Printed and bound in Italy in May 2015 by Musumeci, Aosta, for 5 Continents Editions, Milan



www.fivecontinentseditions.com

ISBN 5 Continents Editions : 978-88-7439-720-4
ISBN mudac: 978-2-88244-029-7
Diffusion Seuil, France
Distributed in the United States and Canada by Harry N. Abrams, Inc., New York
Distributed outside the United States and Canada, excluding France, Italy and South America, by Yale University Press, London